Deutsche Reichsbahn intern

Erich & Reiner Preuß

Deutsche Reichsbahn intern

Geheime Akten,
brisante Tatsachen

GeraMond

Produktmanagement: Dr. Wolf-Heinrich Kulke
Lektorat: Thilo Kreier
Layout: Elke Mader, München
Repro: CROMIKA, Verona

Umschlaggestaltung: jarzina kommunikationsdesign unter Verwendung von Bildern aus der Sammlung der Verfasser

Herstellung: Anna Katavic
Printed in Italy by Printer Trento S. r. l.

GeraMond Verlag
Postfach 40 02 09
D-81673 München
e-mail: lektorat@geramond.de

Die Deutsche Nationalbibliothek verzeichnet diese Publikation in der Deutschen Nationalbibliografie; detaillierte bibliografische Daten sind im Internet über http://dnb.d-nb.de abrufbar.

ISBN 978-3-86345-109-8

Inhalt

Vorwort

Wer durchs Schlüsselloch guckt, sieht nicht alles, jedoch einiges. So soll es auch in diesem Buch sein. Wir sehen heute Zusammenhänge und Hintergründe vom Geschehen bei der Deutschen Reichsbahn neu, erfahren auch von manchen Episoden, die das Bild von der DDR-Staatsbahn schärfer, und manches, was damals unverständlich war, erklärbar werden lassen.

Zwei große deutsche Bahnen wurden vereint – seit 1. Januar 1994 besteht die Deutsche Reichsbahn nicht mehr. Doch das Interesse an ihr blieb.

Viele Geschichten um die Deutsche Reichsbahn sind nicht einmal allen Eisenbahnern dieser Bahn bekannt, der Öffentlichkeit noch weniger. Manches wird inzwischen falsch oder überhaupt nicht mehr dargestellt.

Es soll nicht verwundern, dass mitten in diesen Geschichten auch West-Berlin steht, von den DDR-Offiziellen als „Westberlin" tituliert. In dem westlichen Stadtteil gehörte der größte Teil der Eisenbahner zur Reichsbahn, und diese waren vom „Kalten Krieg" zwischen Ost und West in besonderer Weise betroffen. Der Status der Deutschen Reichsbahn in West-Berlin und das Umfeld machten Eisenbahnern und Nichteisenbahnern im Ministerium für Verkehrswesen der DDR zu jeder Zeit zu schaffen.

Ausführlich werden auch die umstrittenen Importe der Diesellokomotiven aus der UdSSR und aus Rumänien behandelt. Die Deutsche Reichsbahn delegierte die ohnehin knappen Triebfahrzeugführer zum Dauereinsatz in die Länder der Hersteller, wo sie die Lokomotiven zu übernehmen hatten. Davon handeln zwei Kapitel.

Der größte Teil der Fakten ist den Beständen des Bundesarchivs mit dem Archiv der Parteien und Massenorganisationen der DDR sowie dem Landesarchiv Berlin entnommen. Den Mitarbeitern beider Archive und Frau Gierens von der Historischen Sammlung der Deutschen Bahn sei besonders gedankt. Nicht zu jeder Geschichte fanden sich Bildbelege, auch wenn wir uns intensiv darum bemühten. Die Auffassungen zum Fotografieren von Orten und Abläufen bei der Eisenbahn waren damals wesentlich anders als heute. Wo bei Abbildungen kein Autorenname oder keine Quelle angegeben ist, stammt das Bild aus dem Bestand der Verfasser.

Wer mehr vom internen Hintergrund der Deutschen Reichsbahn erfahren will, dem sei das Sammelwerk „Das war die DR" im Verlag GeraMond, München, empfohlen.

Die **Abkürzungen** bei den Quellenangaben bedeuten:

Barch	Bundesarchiv
LAB	Landesarchiv Berlin
ZBDR	Zentrale Bildstelle Deutsche Reichsbahn

Berlin, 2011
Erich & Reiner Preuß

Einen Leerwagenzug von Aue (Sachs) brachte die Lokomotive 58 1073 nach Zwickau (Sachs) Hbf (1973)

Reichsbahn für immer?

Nur die Doppelstockzüge werden mit dem Traditionsnamen in Langschrift gekennzeichnet (1962)
Foto: Illner

„Bahn des Neuen" oder vielleicht auch anders?

Ungewöhnlich war es für die DDR, dass sie in der Bezeichnung für ihre Staatseisenbahn das „Deutsche Reich" beibehielt. War das Deutsche Reich nicht 1945 untergegangen? Auch sah man sich nicht als Nachfolgerin des Reiches, und im Westen war 1949 aus der Deutschen Reichsbahn (West) die Deutsche Bundesbahn geworden.

Hunderte Bürger beließen es nicht dabei, sich zu wundern, dass der alte Name auch in der sozialistischen Gesellschaftsordnung noch blieb, sie schrieben Briefe an die Zeitungsredaktionen, an staatliche Stellen und an die Deutsche Reichsbahn. Auch gegenwärtig hält das Wundern und Fragen an.

Unter den Vorschlägen, wie das Verkehrsunternehmen im sozialistischen Staat genannt werden sollte, fanden sich:

- Deutsche Bahn,
- Deutsche Eisenbahn,
- Deutsche Staatsbahn (D-St),
- Deutsche-Republik-Bahn (DRB),
- Bahn der Republik,
- Deutsche Demokratische Staatseisenbahn,
- Staatseisenbahn,
- Volkseisenbahn,
- Eisenbahn der DDR (EDDR),
- Bahn des Neuen,
- Deutsche Demokratische Staatsbahn (DDStb),
- Deutsche Sozialistische Bahn,
- Deutscher Demokratischer Zugverkehr,
- Deutsche Reisebahn.

Doch wurden solche Vorschläge in der Zeitung weder diskutiert, noch sind die Erklärungen der Leitung der Deutschen Reichsbahn bzw. der Abteilung Recht im Ministerium für Verkehrswesen veröffentlicht worden. „In Absprache mit dem Vorsitzenden des Presseamtes [beim Ministerrat] erfolgt in keinem Fall eine Veröffentlichung."[1] Wer gefragt hatte, erhielt entweder keine Antwort oder nach dem 14. Januar 1970 einen mit ideologischer Rhetorik gewürzten Einheitstext, der mehr Fragen offen ließ als er beantwortete. In der Presse sollte das Thema nicht behandelt werden. Auf Briefe antwortete das Ministerium für Verkehrswesen mit dem Standardtext vom 14. Januar 1970, in dem neben viel propagandistischen Schmus (Anerkennung der DDR, friedliche Koexistenz, Völkerverständigung, reaktionäres, revanchistisches und militaristisches Westdeutschland, hervorragende Einsatzbereitschaft der Eisenbahner zur allseitigen Stärkung unserer Republik) auch von „erheblichen juristischen Auswirkungen" auf die Mitgliedschaft in vielen internationalen Verbänden, Organisationen und Konventionen die Rede war. Dem Bürger wurde wie beim Rätsel von Delphi mit dem letzten Satz der Standard-Erklärung auf den Weg gegeben: „Sie können gewiß sein, daß die zuständigen Organe unserer Republik die Änderungen des Namens der Deutschen Reichsbahn veranlassen werden, wenn es die politische und ökonomische Situation zweckmäßig erscheinen läßt."

Dabei war eine ehrliche Erklärung zum Namen Deutsche Reichsbahn seit Jahren überfällig. Er beschäftigte mindestens seit 1960 die entsprechenden Abteilungen im Ministerium für Verkehrswesen und im Ministerium für Auswärtige Angelegenheiten.

Auf eine Frage von Günter Hellwig, Freiberg, in der Zeitung „Volksstimme" Karl-Marx-Stadt vom 11. Mai 1961 antwortete die Abteilung Recht: „Es ist richtig, daß der Name 'Deutsche Reichsbahn' für das sozialistische Eisenbahnwesen in der DDR nicht mehr zutreffend ist. Das imperialistische 'Deutsche Reich' gehört der Vergangenheit an und wird niemals wiederkehren."

Dann argumentierte der Jurist, das Recht, den Namen zu ändern und damit die Beschriftung des Wagenparks und die Bezeichnung der Dienststellen habe nach der Zerschlagung des faschistischen Staates nicht in der Befugnis deutscher Dienststellen gelegen, sondern der des Alliierten Kontrollrates.

Flügelrad und schwarz-rot-goldene Kokarde bleiben als Effekten an der Mütze – und nicht das DDR-Wappen

Foto: ZBDR/Schulz

Von dem sei zum Beispiel der Name Deutsche Post beschlossen worden.

Was die Antwort verschwieg: Niemand hatte, wie bei der Post, beantragt, den Na-

Obwohl die DDR 1949 gegründet war, tragen die Wagen noch eine Weile den Zusatz „USSR-Zone" zum Eigentumsmerkmal (1951)

Historische Sammlung der DB/Stephan

Ein feiner Kompromiss: Die DR wird mit der Staatsbezeichnung umkreist, das jedoch nur zur Probe (1952)
Foto: Zentrale Bildstelle der DR

men zu ändern. „Die Umbenennung der Deutschen Reichsbahn ist jedoch wegen der auch nach 1945 geltenden internationalen Eisenbahnabkommen und den sich für die einzelnen Bahnen ergebenden Verpflichtungen nicht erfolgt. Wenn sie trotzdem (sic!) der Eisenbahn keinen anderen Namen gab, sondern noch am 19. November 1960 im Statut den Namen 'Deutsche Reichsbahn' bestätigte, dann läßt sie sich von nationalen Interessen leiten."

Diese Firmenmarke mit der ausgeschriebenen DDR ist verpönt wegen möglicher Schwierigkeiten, wenn das Fahrzeug in den Westen kam, wo man vom „Arbeiter- und-Bauern-Staat" nichts wissen will und womöglich das Fahrzeug zurückweist. Zudem ist der Wagen nur für den „Ost-Verkehr" (MC) zugelassen
Historische Sammlung der DB/Stephan

Standardtext fürs Volk

Diese Begründung war falsch, gehörte zum genannten Standardtext und geisterte in der Bevölkerung umher, wenn sich jemand über die Bezeichnung Deutsche Reichsbahn mokierte. Die Begründung, ein anderer Name hätte die DDR womöglich den Sitz in den internationalen Organisationen gekostet, wurde von den Bürgern als bare Münze genommen. Noch 2003 schrieb ein ehemaliger Funktionär des Freien Deutschen Gewerkschaftsbundes: „Eine Namensänderung hätte unweigerlich die Löschung der DR in den internationalen Gremien zur Folge gehabt. Ein neuer Aufnahmeantrag wäre mit Devisen für die DDR verbunden gewesen." Davon blieb übrigens die Deutsche Bundesbahn unberührt, als sich 1949 die Deutschen Reichsbahn (West) diese Bezeichnung gab.

In der Abteilung Recht und auch in der Abteilung Internationale Angelegenheiten (II)[2] des Ministeriums für Verkehrswesen wusste man es anders. Aus einem internen Gutachten: „Die Vorteile einer Umbenennung liegen ausschließlich auf politischem Gebiet. Sicher ist, daß die Änderung des Namens von der Bevölkerung der DDR, in erster Linie auch von den Eisenbahnern selbst, begrüßt werden würde. Auch die sozialistischen Eisenbahnverwaltungen und die interessierten Bürger der sozialistischen Staaten würden die Umbenennung sicher mit Genugtuung registrieren. Im Verhältnis zu den kapitalistischen europäischen Eisenbahnverwaltungen (ohne DB), mit denen die Deutsche Reichsbahn im Güter- und Personenverkehr unmittelbar Kontakt und Beziehungen hat, sind zur Zeit eventuelle negative Auswirkungen nicht erkennbar.

Auch im Rahmen der internationalen Organisationen, Konventionen sowie Gesellschaften, in denen die Deutsche Reichsbahn mitwirkt bzw. beteiligt ist, ist bei Beachtung der erforderlichen Unterrichtungen bzw. offiziellen Mitteilung und Einhaltung der in den Satzungen, Abkommen usw. festgelegten Bestimmungen (insbesondere Neukennzeichnung der Fahrzeuge) kaum mit Komplikationen zu rechnen. Es haben in den letzten Jahren mehrere Mitglieder der UIC ihren Status (Reprivatisierung zur AG) geändert, ohne daß auch nur in einem Fall Komplikationen bekanntgeworden sind."

Auch das SED-Zentralorgan „Neues Deutschland" hatte sich wegen diesen Themas an die Pressestelle des Ministeriums für Verkehrswesen gewandt und war mit der Stellungnahme unzufrieden: „Die darin enthaltenen Argumente gehen nicht gründlich auf die Fragen der Leser ein, besonders auf die Schwierigkeiten, die sich aus der Umbenennung in der Zusammenarbeit mit den Verkehrsunternehmen der Bundesrepublik und des westlichen Auslands ergeben würden. Auch jetzt noch wird wiederholt die Umbenennung der Reichsbahn vorgeschlagen bzw. eine Antwort gefordert, warum die Umbenennung bisher noch nicht erfolgt ist."

Daraufhin bat die Abteilung Recht alle Referate im Ministerium um Stellungnahmen, deren Zusammenfassung in der Dienstbesprechung des Ministers am 6. Mai 1963 behandelt werden sollte. In dieser ging es dann um das Für und Wider der Umbenennung.

Das schlichte „DR" kann genügen (1969)

Neuer Versuch: „DR" mit Zierlinien

Es geht auch ganz ohne und spart Lack
Foto: Rbd Dresden

Der Inhalt der Vorlage glich dem Thema des internen Gutachtens, das ja Probleme verneinte. Trotzdem sollte alles beim Alten bleiben, weil „rein politisch motivierte Reaktionen naturgemäß nicht von vornherein auszuschließen“ sind. Völlig verunsichert war man, wie die Deutsche Bundesbahn und die Bundesrepublik Deutschland (konsequent westdeutsche Bundesbahn und westdeutscher Staat genannt) reagieren. Allerdings war „kaum anzunehmen, daß die westdeutsche Bundesbahn Züge mit von uns neu beschrifteten Wagen nicht übernehmen würde. Bei der durch Hessen verlaufenden Strecke Eisenach – Gerstungen rechnete man mit keinerlei Komplikationen, höchstens mit Reaktionen der dort beschäftigten Eisenbahner [auf den Bahnhöfen Herleshausen und Wommen], wohl aber mit Schwierigkeiten im grenzüberschreitenden Verkehr.

Die Ansprüche in West-Berlin

Der Kernpunkt, mit der Umbenennung zu warten, betrafen das auf 1,3 Milliarden Mark geschätzte Vermögen und die Betriebsrechte der Deutschen Reichsbahn in West-Berlin. Als Nachteile der Umbenennung wurden aufgezählt, dass die „Westberliner Seite“ versuchen wird, die Rechte und Zuständigkeiten der Deutschen Reichsbahn in West-Berlin weiter einzuengen, über die Fragen einer Rechtsnachfolge zu polemisieren und den Anspruch, das Reichsbahnvermögen zu verwalten, weiter auszubauen. Es sei nicht auszuschließen, „daß eine Begleichung der nach dem 8. Mai 1945 entstandenen angeblichen Verbindlichkeiten der Deutschen Reichsbahn zu Lasten des Vermögen der Deutschen Reichsbahn zu erreichen. Bei diesen angeblichen ‘Schulden’ handelt es sich vorwiegend um Forderungen aus Urteilen westberliner Arbeitsgerichte, mit denen festgestellt wurde, dass die wegen Teilnahme am ‘UGO-Putsch’[3] 1948 bis 1950 ausgesprochenen Kündigungen gegenüber Eisenbahnern unwirksam sind.“[4] Auch wurden weitergehende Boykottmaßnahmen als die seit dem 13. August 1961 bekannten, die Trennung der S-Bahn vom Gesamtnetz und Beschneidung der Befugnisse der auf dem Bahngelände in West-Berlin tätigen DDR-Organe, wie die Bahnaufsicht, befürchtet. Kurioserweise fehlte das Argument nicht, das gegen eine Namensänderung sprach, dass „interessierte Sammler“ Devotionalien mit dem bisherigen Kurzzeichen DR an den Fahrzeugen entwenden könnten.

Als Aufwand der Namensänderung wurde mindestens 1 Million Mark genannt. „Muß alles schlagartig geschehen, erhöht sich die Summe um ca. das Doppelte.“ Für die Sicherung der Patentrechte im kapitalistischen Ausland sollte ein Betrag von etwa 50.000 Valutamark notwendig sein.

Kompliziert wäre das Kurzzeichen für den neuen Namen. Denn „zur Abgrenzung gegenüber der westdeutschen Bundesbahn dürfte im Zusammenhang mit ‘Bahn’ das Wort ‘deutsche’ nicht mehr erscheinen.“

Auch waren geeignete Kürzel wie DSB bereits besetzt. Kurzbezeichnungen mit fünf Buchstaben, gar mit Schrägstrich, wie von einigen Leuten vorgeschlagen, erschienen ganz indiskutabel.

Die Kosten und die Unsicherheit, wie sich eine Namensänderung für die Betriebsrechte und die Position der Deutschen Reichsbahn in West-Berlin insgesamt auswirkten, ließen es geraten sein, auf die Umbenennung zu verzichten. Aufwand und Nutzen, den Namen zu verändern, standen in keinem günstigen Verhältnis.

Da man sich aber hinsichtlich der von der SED propagierten Abgrenzung zur Bundesrepublik Deutschland nicht ganz abweisend verhalten wollte, wurde in der genannten Dienstbesprechung des Ministers festgelegt, „die Entwicklung der mit einer Namensänderung zusammenhängenden Faktoren ständig weiter zu verfolgen“ und „unter Beachtung der erforderlichen Geheimhaltung die Vorbereitungs- und Realisierungsmaßnahmen weiter zu untersuchen […], damit zum geeigneten Zeitpunkt die erforderlichen vielfältigen politischen, technisch-organisatorischen und rechtlichen Maßnahmen zeitgerecht mit geringstem Aufwand und höchstem Effekt realisiert werden können.“

Die Vorsicht der DDR-Organe gegenüber einer Statusänderung in West-Berlin zeigte sich an einer für jedermann sichtbaren Kleinigkeit, die aber kaum beachtet wurde: die Kokarde an der Uniformmütze der Eisenbahner. Während es bei anderen Uniformen und Dienstbekleidungen, die es in der DDR reichlich gab, sogar eine für Schweinemäster, längst üblich war, an der Mütze das DDR-Wappen (Hammer, Zirkel und Ährenkranz als Symbole für Arbeiter, Intelligenz und Bauern) mit Eichenkranz zu tragen, blieb es bei den Reichsbahnern bei der schwarz-rot-goldenen Kokarde.

Ein Versuch, das Eigentumsmerkmal auffällig und gefälliger zu gestalten (1984)
Historische Sammlung der DB/Stephan

DR in West-Berlin und der Transitverkehr

Im Reichsbahnausbesserungswerk Tempelhof wird 78 Beschäftigten gekündigt (1961)
Foto: ZBDR

Zwischen den Stühlen

Die Deutsche Reichsbahn war für die gesamte Eisenbahn in den drei Westsektoren zuständig, nicht nur für den S-Bahn-Verkehr. Die Alliierten übertrugen ihr 1945 ganz selbstverständlich die Betriebsrechte, wie sie diese auch bis zum Kriegsende hatte. Dass es infolge des „kalten Krieges" und der rigorosen Trennung der Stadt in Ost und West am 13. August 1961 einmal zu abnormen Verhältnissen kommen könnte, ahnte 1945 niemand.

Bis 1949 war die Tätigkeit der Eisenbahner in den vier Sektoren der Stadt nichts Besonderes, egal, wo sie wohnten und arbeiteten. Erst der sogenannte UGO-Putsch, wie die Funktionäre im Osten den Streik der Eisenbahner 1949 nannten, warf ein Schlaglicht auf die Verhältnisse, mit denen das Reichsbahn-Personal in den drei Westsektoren zurecht kommen musste.

Am 18. Juni 1948 teilten die westlichen Alliierten der sowjetischen Seite mit, dass sie in ihren Zonen eine Währungsreform beabsichtigen, aber nicht in den drei Westsektoren von Berlin. Am 22. Juni 1948 kamen die vier Alliierten zusammen, um über die Währungsreform in den drei Westsektoren zu sprechen. Die Westmächte waren bereit, eine ostdeutsche Währung in ihren Sektoren anzuerkennen, wenn die alliierte Kommandantur diese Währung in ihren Sektoren kontrollieren könnte.

Mit diesem Wenn war, wie man erwarten konnte, die Sowjetische Militäradministration nicht einverstanden. Sie erließ am 22. Juni 1948 den Befehl 111, in ganz Berlin die Kuponmark – zunächst als Notbehelf – einzuführen. Ein bestimmter, nun verfügbarer Betrag wurde mit einer Marke beklebt, und nur die machte den Geldschein gültig. Am 25. Juni 1948 wurde die Westmark in den Westsektoren mit einem B-Stempel versehen. Diese „Bärenmark" war im sowjetischen Sektor verboten und wurde als „Spalter-Währung" bezeichnet. In den Westsektoren konnte jedoch bis zum 20. März 1949 mit der Kuponmark bezahlt werden.

Am 30. Mai 1948 trafen sich die Vertreter der vier Mächte und erließen namens ihrer Regierungen eine Direktive, nach der die Deutsche Mark in der Sowjetzone als einzige Währung in Berlin einzuführen und die B-Mark (mit dem Stempel!) aus dem Umlauf zu ziehen sei. Diese Direktive wurde nicht umgesetzt, stattdessen die Deutsche Mark, also die West-Mark auch in den Westsektoren allgemeines Zahlungsmittel.

Für die in West-Berlin wohnenden Eisenbahner führte diese Entwicklung zu fatalen Folgen, galt für sie doch ein Gesetz, das ihnen nicht viel nützte: „Vermögensbesitzer in West-Berlin mit Wohnsitz in Ostberlin müssen in West-Berlin ein Konto einrichten, damit das erworbene Westgeld auch in West-Berlin bleibt. Wer kein Konto einrichtet, muss mit dem Einsatz eines Treuhänders rechnen."

Das traf auf die Deutsche Reichsbahn bzw. die Reichsbahndirektion Berlin zu, die ihren Sitz im noch von der preußischen Eisenbahn errichteten Gebäude am Schöneberger Ufer hatte. Und das lag im amerikanischen Sektor. Damit war man im gleichen Währungsgebiet, doch das sollte nicht so bleiben. Sowohl US-Militärpolizei, die den Zu- und den Ausgang kontrollierte, als auch 200 Polizisten, die das Gebäude besetzten, störten dort den Dienstbetrieb. Das Personal verließ allmählich das Gebäude, um sich in einem ehemaligen jüdischen Krankenhaus in der Wilhelm-Pieck-Straße (Torstraße) einzurichten. Damit lag die Reichsbahndirektion Berlin im Ost- bzw. „demokratischen" Sektor und musste ihr Vermögen in West-Berlin treuhänderisch verwalten lassen.

Über dieses bewegliche Vermögen in Höhe von seinerzeit 1,3 Milliarden Mark sowie über die Mieten für Wohnungen, Pachten für Kioske, Lagerplätze etc., die mit der Betriebsführung nicht im Zusammenhang standen, verfügte die West-Berliner Finanzverwaltung, die dafür eine besondere Verwaltungsstelle einrichtete und sie, zum Verdruss von Ost-Berlin, mit Beschäftigten der Deutschen Bundesbahn besetzte.

Die Bahnpolizei verhandelt für ein Ende des Streiks

Keine großen Sprünge

Der Deutschen Reichsbahn blieben nur die Fahrgeldeinnahmen und Frachtzahlungen in Westgeld, mit denen sie keine großen Sprünge machen bzw. Investitionen vorsehen konnte. Deshalb braucht man sich nicht

Die Streikleitung besetzt das Gebäude auf dem Hamburger und Lehrter Bahnhof

Fotos: Ullstein-Bild

SEITE 10 — SPANDAUER VOLKSBLATT — BERLIN

27.05.80

250 „Reichsbahner" gehen stempeln

Nach dem gescheiterten Streik haben sich allein gestern vormittag rund 80 ehemalige „Reichsbahner" bei West-Berliner Arbeitsämtern als arbeitslos gemeldet. Insgesamt haben sich bisher 250 „Reichsbahner" bei den Ämtern registrieren lassen. Sie alle erhalten Arbeitslosengeld, unabhängig davon, ob sie selbst gekündigt haben oder entlassen wurden. Auch die Krankenversicherung wird während der Arbeitslosigkeit vom Arbeitsamt getragen. Ebenso ist die spätere Rente gesichert, obwohl keine Beiträge an einen

250 Reichsbahner meldeten sich bei den Berliner Arbeitsämtern

Nach dem Streik: Güterverkehr normalisiert sich / S-Bahn steht weiter still

Nach der Beendigung des Ausstandes West-Berliner Mitarbeiter der DDR-Reichsbahn haben sich bis gestern etwa 250 Reichsbahner bei den Berliner Arbeitsämtern als arbeitslos gemeldet. Wie Johannes Kernbach, Sprecher des Landesarbeitsamtes, dem VOLKSBLATT mitteilte, sind alleine etwa 190 Reichsbahner zum Arbeitsamt II in Neukölln überwiesen worden. Dieses ist für Verkehrsberufe zuständig, wie Schrankenwärter, Triebwagenführer oder Lokomotivführer.

Nach Auskunft von Kernbach besteht für alle diejenigen Reichsbahner, die sich aus gekündigt haben, können nach Prüfung des Einzelfalls AFG-Leistungen ihren bisherigen Wohnsitz in West-Berlin beibehalten, haben sie Leistungsansprüche gegen bundesdeutsche Rentenversicherungsträger. Das heißt, ihre Rente wird nach einem Arbeitseinkommen berechnet, das ein vergleichbarer Mitarbeiter der Deutschen Bundesbahn erzielt hätte.

Das sozialpolitische Prinzip, das diesem Vorgehen zugrunde liegt, ist das

SEITE 12 / Nr. 10 640 — DER TAGESSPIEGEL / BERLINER TEIL

Stellwerk Halensee von Reichsbahnpolizisten geräumt

Mit Äxten Zutritt verschafft — Sammlung unter Passanten

Von den „Kollegen" Bahnpolizisten vertrieben. Der Stellwerksmeister des Stellwerks Halensee wurde von Reichsbahn-Polizisten aus dem Gebäude an der Kurfürstendammbrücke gedrängt. Mit Äxten wurden die Türen aufgebrochen, die Streikenden mit Hunden vertrieben. Sichtlich gerührt nahm der „Reichsbahner" über 200 Mark entgegen, die innerhalb weniger Minuten auf der Kurfürstendammbrücke unter Umstehenden gesammelt wurden. Foto: dpa

Per Bus, durch die Luft oder über den Außenring

Senatswirtschaftsverwaltung, Fluglinien, Bundesbahn und „Reichsbahn" organisierten Ersatzverkehr nach Sperre

Interview mit Senator Wolfgang Lüder

Ohne S-Bahn auskommen?

Heute auflockernde Bewölkung. Morgen vorübergehend Regen. Schwacher, meist westlicher Wind. Höchste Temperatur bei 18 Grad. Tiefste nachts 11 Grad.

Der Abend

☎ 24 00 51 ☎

Streik-Komitee auf verlorenem Posten

Reichsbahner wollen ihren Arbeitskampf fortsetzen

Interview mit Streikführer Peter Herrmann

„Wir haben gewonnen"

Die West-Berliner Zeitungen berichten ausführlich über den Streik und die Reaktion des Senats. Nach einigen Tagen ist das Thema vergessen

zu wundern, dass die Bahnanlagen verlotterten und auf einigen Abschnitten der S-Bahn-Betrieb eingestellt werden musste, besonders als nach dem 13. August 1961 der Deutsche Gewerkschaftsbund zum Boykott der S-Bahn aufrief („Keine Mark für Ulbrichts Stacheldraht!"). Die Baulobby freute sich über die Aufträge für den U-Bahn-Bau und die Berliner Verkehrsbetriebe über die Verkehrseinnahmen des Bus-Parallelverkehrs.

Der Reichsbahndirektion Berlin blieb 1949 nichts weiter übrig, als die 13.000 in West-Berlin wohnenden Eisenbahner in Ost-Mark zu entlohnen. Davon, selbst wenn sie das Geld in den Wechselstuben im Verhältnis 1:5 umtauschten, konnte kein West-Berliner Eisenbahner leben. Die Mieten und die Lebenshaltungskosten unterschieden sich wesentlich von denen in Ost-Berlin, wenn es nun auch alles zu kaufen gab. Eine „Sonderkommission für Währungsfragen" richtete Lohnumtauschstellen ein, die das Entgelt auch der Eisenbahner im Verhältnis 1:1 umtauschten.

Am 20. März 1949 wurden plötzlich die Eisenbahner vom Umtausch ausgeschlossen. Auf Befehl der Westmächte musste der West-Berliner Magistrat doch wieder umtauschen, aber nur 14 Tage lang und nur die Hälfte des Monatsgehalts. Er übertrug die Verwaltung der Lohnumtauschstellen der Unabhängigen Gewerkschaftsorganisation (UGO). Diese hatte sich vom Freien Deutschen Gewerkschaftsbund (FDGB) in der sowjetischen Besatzungszone getrennt und wollte in West-Berlin eine eigene Organisation aufbauen.

Die UGO verlangte von der Reichsbahn, die Gehälter in West-Mark auszuzahlen. Das gaben die Verkehrseinnahmen nicht her. Im April 1949 wollte die UGO ihrem Verlangen mit einem Eisenbahnerstreik Nachdruck verleihen. Der Streikaufruf fand keine Resonanz, deshalb wurde dieser Versuch zunächst nicht weiter verfolgt. Am 5. und 6. Mai 1949 organisierte die UGO eine Urabstimmung über einen Streik mit der Hauptforderung: Bezahlung der Löhne und Gehälter durch die Deutsche Reichsbahn in Westmark. 12.275 Eisenbahner stimmten mit Ja, 548 mit Nein.

Willy Kreikemeyer, Generaldirektor der Deutschen Reichsbahn, verhandelte am 9. Mai mit dem West-Berliner Magistrat. Kreikemeyer wollte dem Magistrat alle Westgeldeinnahmen zur Verfügung stellen. Das Angebot wurde abgelehnt. Nun rief die UGO auf, vom 20. Mai 1949 an zu streiken. Sie wollte den Streik auch auf Ost-Berlin ausdehnen. Politische Absicht? Das verwirrte die Eisenbahner sehr, denn am 20. Mai, um 24 Uhr, kam nicht einmal ein Zehntel der Eisenbahner dem Streikaufruf nach; der Eisenbahnverkehr lief weiter.

Die UGO war enttäuscht, wollte aber unbedingt den Eisenbahnverkehr lahmlegen, organisierte Schlägertrupps, auch mit Nicht-

Der Bahnhof Lichterfelde West mit dem Bahnsteig für die Züge der amerikanischen Schutzmacht (rechts). Was mögen die US-Amerikaner über deutsche Bahnhöfe gedacht haben, denn die Reichsbahnanlagen wirken recht museal

Foto: ZBDR

eisenbahnern. Bahnhöfe und Anlagen wurden besetzt, Bahnanlagen zerstört, Eisenbahner im Dienst behindert und sogar zusammengeschlagen, wie der Dienstvorsteher des Bahnhofs Neukölln und der Werkdirektor des Reichsbahnausbesserungswerks Tempelhof.

Die wenigen Bahnpolizisten waren machtlos. Zusätzliche Kräfte der Bahnpolizei konnten den Schaden nur etwas begrenzen. Auf dem S-Bahnhof Westkreuz wurden ein S-Bahn-Wagen in Brand gesteckt und viele Signalanlagen zerstört. Auf manchen Bahnhöfen kam es zum Kampf Mann gegen Mann.

Am 26. Mai 1949 vereinbarte die Reichsbahn mit dem FDGB, vom 1. Juni 1949 an den Eisenbahnern in West-Berlin 60 Prozent ihres Entgeltes in Westmark auszuzahlen. Die UGO war damit nicht einverstanden. Inzwischen waren nun von der UGO-Aktion auch die Militärzüge der Westalliierten betroffen. Nach West-Berlin fuhr kein Zug mehr herein, und es kam keiner heraus. Vor Helmstedt stauten sich etwa 40 Güterzüge mit dem Ziel West-Berlin und über Berlin hinaus. Die UGO kam langsam in Bedrängnis. Als Streik wurde ihre Aktion schon lange nicht mehr bezeichnet. Sie schlug vor, zeitweilig einen „Eisenbahn-Notdienst" einzurichten „den Eisenbahnbetrieb in West-Berlin in die Hände des [West-] Berliner Magistrats zu legen."

Diese Absicht, den Eisenbahnverkehr in Berlin zu spalten, wurde von den Westmächten sofort zurückgewiesen. Die im US-Sektor erscheinende „Neue Zeitung" begründete am 16. Juni 1949 die Zurückweisung: „... da der gesamte Eisenbahnbetrieb nach einem Kontrollratsbeschluß unter sowjetischer Kontrolle stehe."

Am 25. Juni 1949 schrieben die drei westalliierten Stadtkommandanten an Bürgermeister Ernst Reuter, dass die UGO-Aktionen „nicht mehr gerechtfertigt sind und ein Hindernis zum freien Handel" darstellen. Am 28. Juni folgte die Anordnung, die Arbeit wieder aufzunehmen und die Vereinbarung zwischen der Deutschen Reichsbahn und dem FDGB zu akzeptieren.

Der angerichtete Schaden an den Zügen und Bahnanlagen wurde auf 50,673 Millionen Ostmark beziffert. Die UGO hatte nichts erreicht. Sie wurde nicht zum Verhandlungspartner mit der Deutschen Reichsbahn. Die Eisenbahner erhielten 60 Prozent ihrer Löhne und Gehälter in West, und die Lohnum-

Die West-Berliner Reichsbahner sollen bei guter Laune bleiben. Eine Veranstaltung mit dem Kabarettisten Kittner für die Hochbaumeisterei. Die Losung für den SEW-Parteitag darf nicht fehlen. Mancher DDR-Künstler nutzt den Auftritt für einen endgültigen Abschied aus der DDR

Foto: Henschel

Dem einst bedeutenden Eisenbahnknoten Gesundbrunnen sind ein Ferngleis und zwei S-Bahnsteige geblieben (1950)
Foto: Ullstein

tauschkassen wechselten 40 Prozent des Entgeltes von Ost in West um.

Spitzel der UGO

Allerdings wurden viele Eisenbahner aus politischen Gründen vom Umtausch ausgeschlossen, was widerrechtlich war. Die UGO baute für diesen Zweck in den Dienststellen und Betrieben der Reichsbahn ein Spitzelsystem auf. Diese Leute meldeten den Umtauschkassen, wer sich wie geäußert oder politisch organisiert hatte. Diesen Eisenbahnern blieb nichts anderes übrig, als mit den 60 Prozent ihres Entgeltes in West-Berlin zufrieden zu sein, und die übrigen 40 Prozent in Ost-Berlin auszugeben.

Sie erhielten dafür auch „Einkaufsbescheinigungen“ (bis 1961 musste sich jeder Käufer in Ost-Berlin zum Schutz vor Spekulation als Bewohner der Hauptstadt oder der DDR legitimieren). Die Leidtragenden waren die Frauen der Eisenbahner, die manchmal mit Kinderwagen und voll gepackten Einkaufstaschen mit der S-Bahn Lebensmittel nach Hause holten. Der Lohnumtausch und die Bezahlung in 60/40 dauerten bis 1964. Erst dann zahlte die Reichsbahn die Löhne und Gehälter voll in Westmark aus.

Um diese Zeit hörte die UGO auf zu bestehen. Manche schlossen sich der Gewerkschaft der Eisenbahner (West-) Deutschlands (GdED) an, die meisten aber wohl oder übel dem Ost-FDGB. Doch das Währungsproblem gärte weiter. Der Deutschen Reichsbahn waren die Betriebsrechte in West-Berlin Verlustbringer erster Güte, immerhin waren die Eisenbahner für die SEW, den West-Berliner Ableger der SED in der DDR, eine „Kampfreserve“. In der West-Berliner Bevölkerung konnte die SEW kaum Mitglieder gewinnen, wohl unter den Eisenbahnern. In den Dienststellen bestanden sogar SEW-Betriebsgruppen. Wollte ein Eisenbahner sich beruflich verbessern, ging das nur mit einer SEW-Mitgliedschaft. Dafür sorgte auch der bis 1989 anhaltende Einfluss der Politischen Abteilung bei der Reichsbahndirektion und der Gewerkschaftsleitung, die bar jeden Verständnisses für die Umstände im westlichen Berlin ihre Agitation und Propaganda entfalteten.

Die Betriebsrechte aufzugeben, dazu bedurfte es der Genehmigung der höchsten Parteigenossen im SED-Politbüro und vor allem der sowjetischen Besatzungsmacht. Aus politischen Gründen sollte es beim Status quo bleiben. Auch an der Struktur und Belegschaftsstärke wurde nicht gerüttelt, vielmehr versucht, die Eisenbahner mit ihren bescheidenen Vergütungen mit der Parole „sicherer Arbeitsplatz im sozialistischen Betrieb“ bei Laune zu halten.

Die Investitionen blieben dürftig. Die Einrichtung des Hamburger und Lehrter Bahnhofs als Containerumschlagplatz galt als große Errungenschaft. Das Reisepublikum bevorzugte von und nach West-Berlin den Luftverkehr, bei dem es nicht kontrolliert wurde; für den Güterverkehr hatte die Deutsche Bundesbahn Lkw-Linien eingerichtet, auch der Fernbusverkehr florierte. Von der einstigen Eisenbahn-Metropole war nichts übrig geblieben. Die Einnahmen aus dem Fernpersonen- und dem S-Bahn-Verkehr waren geradezu lächerlich.

Minister Otto Arndt forderte mehrmals eine Beteiligung des Senats an den Kosten für den S-Bahn-Verkehr, was abgelehnt wurde bzw. worauf man nicht reagierte. Nach verschiedenen vertraulichen Analysen über den Personalbestand und die Strukturen der Dienststellen in West-Berlin ging die Reichs-

Schichtablösung der West-Berliner Polizei auf dem Bahnhof Charlottenburg während des „UGO-Putsches“ (1949)
Foto: Ullstein

bahndirektion Berlin daran, etwas Personal abzubauen.

Diese, im Westen selbstverständliche, hier aber überhaupt nicht oder nur plump vorbereitete Rationalisierung führte letztlich zu dem wilden Streik 1980. Er ist als „S-Bahn-Streik“, obwohl er das gesamte Eisenbahnwesen in West-Berlin betraf, im Gedächtnis der Medien und der Bevölkerung geblieben. Kaum bekannt wurde, in welcher unbefriedigenden arbeitsrechtlichen und sozialen Lage die Eisenbahner in West-Berlin waren.

Die eine Seite sah sie als „Fünfte Kolonne Ulbrichts“, für die andere Seite waren sie unsichere Kantonisten. Von langer Hand hatte man die West-Berliner aus Leitungsfunktionen in Ost-Berlin entfernt; der Ersatz aller Eisenbahner in West-Berlin durch linientreue Ost-Berliner wurde zumindest erwogen.

Wiederholt wurde den Reichsbahnern in West-Berlin von den Funktionären im Osten versichert, im Unterschied zu den kapitalistischen Betrieben seien die Arbeitsplätze sicher. Das zu sagen, gab es allen Grund, denn unter den rund 2.000 Eisenbahner fehlten die Arbeitskräfte vor allem im ungeliebten Schichtdienst der Sparte Betrieb und Verkehr. Der „Wasserkopf“ bestand bei den Handwerkern, in den Reichsbahnausbesserungswerken Grunewald und Tempelhof sowie in der Verwaltung. Ende 1979 wollte Walter Grohs, Präsident der Reichsbahndirektion Berlin, in West-Berlin „Ordnung schaffen“. Überflüssige Planstellen sollten gestrichen, Kräfte dorthin umgesetzt werden, wo sie fehlten. Keine schlechte Idee. Derartige Maßnahmen wurden, wie in DDR-Betrieben üblich, mit den „gesellschaftlichen Kräften“ besprochen.

Bei Grohs verlief das so: Er bestellte am 14. Januar 1980 das Triumvirat „LPG“ (Leiter, Parteisekretär, BGL-Vorsitzender[5]) früh in sein Dienstzimmer in der Ost-Berliner Wilhelm-Pieck-Straße und gab Auflagen, in welcher Höhe die Planstellen gestrichen werden. Um 15 Uhr sollten die Drei mit einem Konzept wieder kommen. Am 15. Januar 1980, um 7.00 Uhr erschienen in beiden Reichsbahnausbesserungswerken Beauftragte des Präsidenten und zwei Mitglieder der Bezirksgewerkschaftsleitung. Sie übergaben den Werkdirektoren 78 namentlich ausgefertigte Entlassungsschreiben. Die BGL-Vorsitzenden sollten diese Briefe unterschreiben, zumal auf ihnen bereits vorgeschrieben war: „Die BGL hat mitgewirkt.“ Sie lehnten das ab, zumal die genannten Empfänger nicht mit den gestrichenen Planstellen überein stimmten und auch einem bereits Gestorbenen, zwei Schwangeren, Kranken und einem gewählten Gewerkschaftsfunktionär gekündigt wurde. Die Entlassungsschreiben mussten umgeschrieben werden.

Perfide war auch, dass Gewerkschaftsvertreter (des in der DDR bestehenden Freien Deutschen Gewerkschaftsbundes, FDGB) den Eisenbahnern die Entlassungen aushändigten, obwohl sie doch deren Interessen im Betrieb vertreten sollten. Die Eisenbahner in West-Berlin wurden von ihrer Gewerkschaft, vom FDGB, verraten. Das bewirkte eine Wende in der Haltung zu ihrem Betrieb.

Um die Maßnahmen zu erläutern, kam Gerhard Kuske, Leiter der Politischen Abteilung bei der Reichsbahndirektion Berlin, zu den Vorsitzenden der Betriebsgruppen der Sozialistischen Einheitspartei (SEW[6]), noch am 15. Januar. Er log, mit jedem Betroffenen sei gesprochen worden. Nur wer keinen anderen Arbeitsplatz haben wollte, dem sei gekündigt worden.

Eine S-Bahn der Baureihe ET 165 fährt von Halensee nach Charlottenburg (1961). Diese Baureihe war über Jahrzehnte der Standard der S-Bahn in West-Berlin

Foto: Ullstein/Krentschmann

Die Polizei versucht während des Streiks, die Massen vom Anhalter Bahnhof fernzuhalten (1949)

Foto: Ullstein

Am selben Tag besuchte Rudi Wilde, Vorsitzender der Bezirksgewerkschaftleitung, die es bei jeder Reichsbahndirektion gab, die BGL-Vorsitzenden der Dienststellen mit Ausnahme der beiden Vorsitzenden in den Reichsbahnausbesserungswerken. Er wiederholte das, was Kuske anderenorts sagte, eine Diskussion ließ er nicht zu. Als die Partei- und Gewerkschaftsfunktionäre bis zum nächsten Tag feststellten, dass sie belogen worden waren, standen sie gegen ihre Leitungen. Die Genossen Kuske und Wilde hatten das Gegenteil erreicht von dem, was sie beabsichtigten: die Eisenbahner hinzuhalten und zu beruhigen.

Der Vorgang mit den Kündigungen störte auch das Verhältnis der SEW zur DDR, wobei der SEW-Vorsitzende Horst Schmitt allein die Reichsbahndirektion Berlin für die Maßnahmen verantwortlich machte. Zu kurz gedacht, denn nichts geschah ohne den Segen des Ministeriums für Verkehrswesen und der Partei, insbesondere des Sekretariats im Zentralkomitee der SED.

Schienenersatzverkehr am Bahnhof Zoologischer Garten, weil die Fernzüge vor Berlin enden und beginnen (1949)
Foto: Landesarchiv Berlin

Am 15. Januar griffen die West-Berliner Medien den Vorgang auf. Die Massenentlasungen bei AEG waren vergessen, die Deutsche Reichsbahn in West-Berlin hatte „Verhältnisse wie im Frühkapitalismus" eingeführt.

78 mussten gehen

Infolge der Unruhe unter den Eisenbahnern wurden zwölf Kündigungen zurückgenommen, dafür andere ausgesprochen. Bei 78 Entlassungen blieb es! Die Lage schien sich zu beruhigen, zumal vom September 1975 an eine Lohnerhöhung um durchschnittlich fast 50 Mark angekündigt wurde. Das „Geschenk der Arbeiterklasse der DDR" wurde im Saal des 1975 nicht abgebrannten Teils des Reichsbahnausbesserungswerkes Grunewald mit gemischten Gefühlen entgegengenommen. „Zur frohen Botschaft" gehörten allerdings die öffentlich verbreiteten Meldungen, einige S-Bahn-Strecken in West-Berlin werden stillgelegt und um 21 Uhr die Betriebsruhe eingeführt.

Diese Rationalisierung war keine gegen die Eisenbahner gerichtete Schikane, sondern notwendig, weil der Aufwand der Betriebsführung und die Kosten im krassen Missverhältnis standen. Ausgelöst wurde das durch den von Walter Sickert, Vorsitzender des Deutschen Gewerkschaftsbundes (DGB) in West-Berlin, ausgerufenen Boykott nach dem Mauerbau am 13. August 1961. Statt der täglich 500.000 Fahrgäste benutzten nur noch 80.000 die heruntergekommene S-Bahn.

Doch die Ankündigungen versprachen nichts weiter, als dass neuerlich gekündigt wird. Der noch nicht verflogene Zorn reichte aus, um ohne Ankündigung die Arbeit niederzulegen. Der Streik begann am 18. September 1980 mit der Bildung eines Streikkomitees auf dem Containerumschlagplatz Hamburger und Lehrter Bahnhof. Spontan schlossen sich Fahrdienstleiter, die Aufsicht von Bahnhöfen des Fern- und S-Bahn-Verkehrs an sowie Triebfahrzeugführer, wenn auch nicht alle. Am 23. September konnten die Fernzüge wieder fahren, weil die Streikenden den Berlinern keine zu starken Härten auferlegen wollten.

Was dem Streikkomitee allerdings fehlte, waren nicht nur die Regeln für einen derartigen Arbeitskampf wie Urabstimmung und Friedenspflicht, sondern eine Gewerkschaft, die den Streik organisierte. Vom FDGB des Ostens konnte man nichts erwarten, und die Gewerkschaft der Eisenbahner Deutschlands (GdED) des Westens mischte sich nicht ein. Auch ließ sich die Reichsbahndirektion Berlin auf kein Verhandeln ein, sondern griff auf die Vokabeln „Terroristen" und „kriminelle Elemente" wie beim sogenannten UGO-Putsch 1949 zurück. Tatsächlich saß den Funktionären von Partei und Gewerkschaft in Ost-Berlin die Angst im Nacken, die polnische Gewerkschaftsbewegung „Solidarność" könnte auf Berlin und die DDR abfärben.

Unterdessen versuchte die Bahnpolizei, die Aufnahme des Eisenbahnbetriebes zu erzwingen, schlug zum Beispiel auf den Befehlsstellwerken der Bahnhöfe Halensee und Ruhleben die Türen ein, holte die streikenden Fahrdienstleiter ab und schleuste „linientreue" Eisenbahner ein.

Die „Elemente", das Streikkomitee, weigerten sich, mit der Deutschen Reichsbahn zu verhandeln. Vielmehr forderte das Streikkomitee den Senat von (West-) Berlin auf, Verhandlungen mit den Alliierten und den zuständigen Stellen der DDR zur Übernahme der Betriebsrechte der Eisenbahn in West-Berlin zu führen. Diesen Appell beant-

Ein S-Bahn-Zug des Vollrings auf dem Güterbahnhof Westend (1955)
Foto: Landesarchiv Berlin/Kiel

wortete der Regierende Bürgermeister Dietrich Stobbe (SPD) mit einem klaren Nein. Der Senat sei die falsche Adresse. Diese Erklärung schockierte die Streikenden. Wieder wurden sie mit ihren Ansprüchen allein gelassen. Gegenüber der DDR verhielten sich die Politiker feige.

Bar jeder Unterstützung endete der Streik am Abend des 23. September, indem sich das Streikkomitee vom Hamburger und Lehrter Bahnhof zurückzog. Bereits gegen 7 Uhr waren ein Vertreter der britischen Kommandantur und der Leiter der Dienststelle des Containerbahnhofes am Tor erschienen, gingen zum Gebäude, ohne daran gehindert zu werden. Ein britischer Offizier forderte den Wortführer der Streikenden auf, die Aktion sofort zu beenden.

Raus aus dem FDGB

Daraufhin bildete sich am Nollendorfplatz ein neues Streikkomitee, in dem einige militante Aktionen befürworteten, andere wollten wieder arbeiten. Letztere standen unter finanziellem Druck und sahen keine Möglichkeit, ihre Existenz kurzfristig zu sichern. Einige traten aus dem FDGB aus und der GdED bei. Die Reichsbahndirektion Berlin reagierte mit Kündigungen, so dass sich rund 250 Mitarbeiter bei den Arbeitsämtern meldeten und von diesen das Arbeitslosengeld erhielten, wie es Bundesbahnern gewährt wird, obwohl sie nie für diese Versicherung eingezahlt hatten. Geschätzte 500 Eisenbahner kehrten nicht mehr an den Arbeitsplatz zurück.

Um den Eisenbahnbetrieb aufrecht erhalten zu können, ordnete die Deutschen Reichsbahn eine Weile aus allen Reichsbahndirektionsbezirken „zuverlässige“ Eisenbahner nach West-Berlin ab, von denen sie nicht befürchten mussten, dass sie bei dieser Gelegenheit zum „Republikflüchtling“ werden.

Das für West-Berlin zuständige Reichsbahnamt Berlin 4 in der Invalidenstraße 4 setzte nun mit größerer Vehemenz als früher die längst überfälligen Organisationsänderungen um, insbesondere die Straffung der Dienststellenstruktur. Alle Dienststellen, auch die technischen, mit Ausnahme der Fahrleitungsmeisterei West, wurden dem Leiter des Reichsbahnamtes unterstellt. Dieser hatte nun drei Vertreter: für Betrieb und Verkehr, für technische Dienststellen und für den ökonomischen Bereich. Aller Einfluss der Verwaltungen der Reichsbahndirektion Berlin in West-Berlin entfiel.

Den Leitern der örtlichen Dienststellen wurde vorgeworfen, sie hätten sich zu labil verhalten, dem Treiben der Provokateure nichts entgegengesetzt. Jetzt sollte, in Verkennung der tatsächlichen Situation, mit noch größerer Agitation auf die Eisenbahner eingewirkt werden. Zum Leiter des Reichsbahnamtes Berlin 4 wurde der bisherige Leiter des Sektors West in der Politischen Abtei-

Wegen der Züge Berlin – Malmö kommen die Stralsunder Dreizylinder-03 auch zum Bahnhof Zoologischer Garten (1974)

lung der Reichsbahndirektion, Werner Engel, berufen. Er hatte sich mit dem Ausspruch „die DDR ist eine ganze Etappe voraus“ dafür qualifiziert. Walter Grohs, Präsident der Reichsbahndirektion, ging als Leiter der Verkehrspolitischen Abteilung in die DDR-Botschaft in Polen. Neuer Präsident wurde Jürgen Glaser. Ob die Ereignisse in West-Berlin diesen Wechsel bewirkten, wurde nicht bekannt.

Die „Fahrt frei“, Zeitung der DR-Eisenbahner, die für die West-Berliner Eisenbahner bisher nur ein Einlegeblatt enthielt, erschien von Anfang Oktober an als vierseitiges Blatt, freilich in der Aufmachung dem westlichen Blätterwald hohnsprechend. Obendrein enthielt sie entweder die Holzhammer-Agitation oder Banalitäten. Vermutlich beeindruckte sie keinen Leser.

Der DDR gelang es doch noch, mit Zustimmung der westlichen „Schutzmächte“ und der sowjetischen Allierten dem Senat von (West-)Berlin die S-Bahn pachtweise zu übergeben. Am 9. Januar 1984 übertrug dieser die Betriebsrechte an die Berliner Verkehrsbetriebe (BVG), die nun wenige und kurze Strecken sanierte, sich in Hamburg zusätzliches Personal borgte. Der Personenfernverkehr und der Güterverkehr blieben bei der Deutschen Reichsbahn.

Der Mauerbau ging ins Geld – in viel Geld

Die rigide Trennung der Stadtteile Ost- und West-Berlin durch den Mauerbau und die Abriegelung auf der Demarkationslinie zwischen der DDR und der BRD am 13. August 1961 führten zu einschneidenden Veränderungen in den zwischenmenschlichen Beziehungen. Der Mauerbau setzte zahlreichen Vorhaben bei den Verkehrswegen ein Ende und veranlasste die Leitung des Verkehrswesens anderseits auch zu Neubauten. Das Folgende beschreibt aus der Sicht der Hauptverwaltungen die getroffenen Maßnahmen im ersten Halbjahr nach dem Mauerbau und die damit verbundenen Kosten, die das Nationaleinkommen belasteten und von der Bevölkerung in verschiedener Weise ungefragt zu tragen waren. Ende 1961 erhielten die Hauptverwaltungen den Auftrag, dem Minister darzustellen, wie sich die „Maßnahmen vom 13. August“ – von den Offiziellen gern gebrauchte Umschreibung zum Ausbau der Grenze – in den Hauptdienstzweigen auswirkten.[7]

Für das Verkehrswesen ergaben sich die größten Änderungen im Raum Berlin und bei der Reichsbahndirektion Erfurt, jedoch betraf es nicht nur diese beiden Gebiete. In dem zusammenfassenden Bericht heißt es anfangs: „Durch die Beschlüsse des Ministerrates wurde der Verkehr zwischen beiden deutschen Staaten eingeschränkt und zwischen dem demokratischen Berlin[8] unterbunden. Zur Sicherung der Beschlüsse war es notwendig

- betriebliche Umstellungen im Reiseverkehr durchzuführen
- zwei getrennte S-Bahnsysteme zu schaffen
- den Binnenschifffahrtstransport um Berlin herumzuführen
- Verkehrsanlagen zu verändern, neu zu bauen usw.
- bereits in Bau befindliche einzuschränken.

Mit getrennten S-Bahnsystemen sind hier die unterbrochenen Gleisverbindungen der S-Bahn zwischen Ost- und West-Berlin sowie dem Umland (Bezirk Potsdam), nicht die von der so genannten Fernbahn traditionell getrennte Betriebsführung gemeint. Nur im Bahnhof Berlin Friedrichstraße lag eine besonders gesicherte Verbindung für Bauzüge und Versorgungsfahrten. Der Reisende musste an dieser einzigen S-Bahn-Übergangsstelle umsteigen und den Weg über die Grenzkontrollstelle gehen.

Für die Hauptverwaltung des Betriebs- und Verkehrsdienstes schien das Magistralenprogramm das Wichtigste zu sein und davon noch wichtiger die „Abfuhrstrecke Hafen Rostock“, deren Bauvorhaben bis 30. September 1961 um 18 Millionen Mark gekürzt wurde. Das wirkte sich mit Terminverschiebungen auf mehrere Abschnitte zwischen Oranienburg und Neustrelitz sowie auf den Abschnitt Vogelsang – Plaaz aus. Die Hauptverwaltung sah Disproportionen zwischen Umschlagmenge und Abfuhrmöglichkeiten auf sich zukommen, zumal sie die „grenznahe Strecke Magdeburg – Stendal – Wittenberge – Schwerin“ mit zusätzlichen Reisezügen über den westlichen Teil des Ber-

liner Ringes und über Oranienburg – Neustrelitz entlasten sollte.
Weitere wichtige Investitionsvorhaben waren betroffen:

- Rangierbahnhof Berlin Wuhlheide, dritte Ausbaustufe
- Dresden-Friedrichstadt, dritter und vierter Bauabschnitt
- Dresden-Neustadt – Radebeul Ost
- Schwedt
- Rübeland.

Die Vorhaben auf dem Bahnhof Dresden-Friedrichstadt (Gleisbildstellwerk Ost, Einbau der bereits gelieferten Gleisbremse) sollten Arbeitskräfte einsparen, da bei diesem Bahnhof die Arbeitskräftelage besonders kritisch war. Bisher musste der Bahnhof mehrmals entlastet werden, sollte das so bleiben? (Was noch keiner wusste: Anfang 1962 trat das Wehrpflichtgesetz in Kraft, nach dem auch junge Eisenbahner in großer Zahl an die Grenze und in die Kasernen geholt wurden. Die Arbeitskräftesituation wurde noch prekärer.) Von vier Streckengleisen zwischen Dresden-Neustadt und Radebeul Ost wurden nach Kriegsende drei als Reparationsleistungen abgefahren. Noch lag die dicht belegte Strecke eingleisig. Nun wurde das Vorhaben für ein zweites Gleis auf 1962 verschoben. Der Hauptverwaltung war nichts davon bekannt, dass das Chemieprogramm reduziert wird. Dennoch mussten die Gleisanlagen in Schwedt und die Stützmauer in Rübeland – beide Vorhaben des Chemieprogramms – zurückstehen.

Seit 13. August 1961 fertigte der Bahnhof Berlin Friedrichstraße kein Gepäck und Expressgut ab, solche Aufgaben übernahmen Berlin Ostbahnhof und Ostgüterbahnhof – nicht wie Friedrichstraße im Stadtzentrum gelegen. Für neue Leistungen im Berufsverkehr (Umfahrung von West-Berlin) erhielt die Reichsbahndirektion Berlin Doppelstockeinheiten, allerdings zu Lasten der abgebenden Bezirke. Der Fahrplanwechsel zwischen Sommer- und Winterfahrplan entfiel. Im Bürodeutsch noch: „Ab 1.10.1961 werden die Saisonzüge zum Ausfall gebracht." Auch: „Berechtigungskarten für die Benutzung der Züge des internationalen Verkehrs und des Verkehrs mit Westdeutschland wurden für ungültig erklärt und eingezogen." Freifahrscheine in die BRD erhielt kein Eisenbahner mehr – vorerst. Der beliebte Touristenverkehr auf dem Motorschiff „Warnemünde" und dem Fährschiff „Saßnitz" wurde eingestellt, vordem durfte man mitfahren ohne Erlaubnis, die Schiffe nach der Überfahrt in Gedser und Trelleborg zu verlassen. Manch einer der Touristen war dort von Deck gesprungen und der DDR verloren gegangen. Wie hießen doch Mauer und Stacheldraht? „Antifaschistischer Schutzwall"! Immer mehr zeigte sich, dass die „Maßnahmen" gegen die eigene Bevölkerung gerichtet waren.

Auf dem Bahnhof Griebnitzsee wurden seit 10. Dezember 1961 alle West-Berlin berührenden internationalen Züge kontrolliert.[9] Es galt ein neues Kontrollsystem. Für die skandinavischen Reisenden verkehrten Triebwagen (später Kurswagen) als „Zu- und Abbringer" zwischen Berlin Zoologischer Garten und Berlin Ostbahnhof. „Alle Züge nach und von Westdeutschland, die auf ihrem Lauf Berlin berühren, beginnen und enden nunmehr auf dem Bahnhof Berlin Friedrichstraße." Gemeint war nach dem öffentlichen Fahrplan. In Wirklichkeit sind die Wagenzüge auf dem Bahnhof Berlin-Rummelsburg (Rga) abgestellt und von einem Kommando der Transportpolizei dort und auf dem Ostbahnhof gefilzt worden.

Die „Maßnahmen" führten zur Verunsicherung der Öffentlichkeit, besonders bei den Westdeutschen und West-Berlinern. Sie hielten sich von Eisenbahnfahrten durch die Zone, wie es im westlichen Sprachgebrauch immer hieß, weitgehend zurück und bevorzugten das Flugzeug. Von September bis November 1960 benutzten auf dem Transitweg 299.277 Reisende die Eisenbahn, in den gleichen Monaten 1961 lediglich 77.474.

Die größten Veränderungen widerfuhren dem S-Bahn-Netz, und es dauerte Monate, bis sich die Berufspendler den Verhältnissen anpassen konnten. Stillgelegt wurden die Strecken (Zusätze „Berlin" und „Potsdam" werden hier weggelassen.)

- Schönhauser Allee – Gesundbrunnen
- Treptower Park – Sonnenallee
- Baumschulenweg – Köllnische Heide
- Frohnau – Hohen Neuendorf
- Spandau West – Albrechtshof
- Spandau West – Staaken
- Wannsee – Babelsberg
- Wannsee – Stahnsdorf
- Lichterfelde Süd – Teltow
- Buckower Chaussee – Mahlow.

Der eingemauerte Bahnhof Griebnitzsee mit Schutzweichen als westliche Schnittstelle zu West-Berlin. Hier besteigen die Bewacher und Kontrolleure die Transitzüge in westlicher Richtung, hier müssen sie diese verlassen, wenn die Züge aus dieser Richtung ankommen (1990)
Foto: Emersleben

Das Gebäude des Bahnhofs Beusselstraße bleibt Jahrzehnte als Ruine erhalten. Auch für West-Berlin fehlt der Reichsbahn das Geld (1961)
Foto: ZBDR

Das waren die Verbindungen zwischen Ost- und West-Berlin und dem Umland. Nicht mehr elektrisch befahren wurden die außen liegenden Stichstrecken:

- Albrechtshof – Falkensee
- Babelsberg – Potsdam Stadt
- Mahlow – Rangsdorf.

Für den öffentlichen Verkehr sperrte die S-Bahn die Stationen Nordbahnhof, Oranienburger Straße, Unter den Linden und Potsdamer Platz. Im Norden, außerhalb von Berlin, erhielten die Ferngleise eine Stromschiene, so dass in der Verbindung nach Oranienburg die Züge das Streckengleis gemeinschaftlich benutzten. Die S-Bahn genoss Vorrang. Am Bahnhof Berlin-Karlshorst wurden zwei Behelfsbahnsteige gebaut. Indem die Züge dort begannen und endeten, entlasteten sie den Ostbahnhof. Dessen Gleise wurden für Kontrollen der Züge zum abgesperrten Teil des Bahnhofs Friedrichstraße gebraucht. Die zwei Bahnsteige in Karlshorst waren vor allem den Zügen zum S-Bahn-Tarif zwischen Berlin und Potsdam über den Außenring gewidmet. Der Bahnhof Berlin Friedrichstraße stand für den Binnenverkehr nicht mehr zur Verfügung, diesen übernahmen die Bahnhöfe Ostbahnhof (in reduziertem Maße), Schöneweide und Lichtenberg. Auf der Strecke Schierke – Brocken wurde der Personenverkehr eingestellt, die Fahrt mit der Harzquerbahn durch ein Sperrgebiet an der Grenze zu Niedersachsen erlaubt. Intern erging eine Weisung, den Personenverkehr nach Berlin zu drosseln. Züge zwischen Dresden und Rostock verkehrten über den westlichen Außenring – Potsdam und über Leipzig – Magdeburg.

Die Veränderungen im S-Bahnverkehr führten zu Einnahmeverlusten von 50 Prozent, in West-Berlin sogar um 65 Prozent. Bei der von der DDR so bezeichneten „Boykott-Politik des Brandt-Senats“ wichen die einstigen S-Bahn-Fahrgäste auf U- und Busverkehr aus, der in West-Berlin ausgebaut wurde. „Keine Mark für Ulbrichts Stacheldraht“, hieß es in dem eingemauerten West-Berlin. Die Hauptverwaltung vermutete, dass der eingeschränkte Verkehr zwischen dem „demokratischen Berlin und Westberlin“ zum Fahrgeldrückgang beigetragen habe. Reisebeschränkungen für DDR-Bürger wirkten sich mit Fahrgeldausfällen von 70 Prozent aus, aber auch durch den Verzicht der West-Berliner Reisenden, die ins Ausland nicht mehr die Reichsbahn benutzten. Im Binnenverkehr mussten 5 Millionen DM Verlust verkraftet werden, insgesamt bei der Deutschen Reichsbahn minus 12,6 Millionen Mark.

Auch den Güterverkehr in Berlin veränderte der Mauerbau. Wurden vordem die Wagenladungen von und nach West-Berlin über Schöneweide – südlicher Innenring sowie Pankow – nördlicher Innenring und die Durchgangsgüterzüge sowie die Züge für die alliierten Streitkräfte aus Richtung (Helmstedt –) Magdeburg direkt nach Berlin-Grunewald gefahren, blieb nur der Güterverkehr aus Richtung Helmstedt unverändert. Wagenladungen vom Ausland nach West-Berlin (einschließlich Gegenrichtung) wurden über Seddin – Drewitz geleitet, die Wagenladungen aus (und nach) der DDR über Wustermark – Staaken. Sowohl in Seddin wie in Wustermark richtete die Deutsche Reichsbahn eine so genannte Transitgruppe ein, das war jeweils der abgetrennte Bahnhofsteil für die Zollkontrolle und Kontrolle der Wagen, die Flüchtlinge nach West-Berlin mitführen könnten. Die „Veränderungen zum 13. August 1961“ verdoppelten nahezu die Güterwagenbetriebstage. Stärker war der Stückgutverkehr betroffen. Die große Güterabfertigung am Nordbahnhof mit 5.980 m² Fläche wurde wegen der Grenznähe geschlossen. Die wieder eröffneten Güterabfertigungen am S-Bahnhof Greifswalder Straße, in Rummelsburg und in Köpenick mit insgesamt 2.800 m² glichen wenig aus. Es fehlten 4.000 m² Fläche.

Konnten beim Hauptdienstzweig Maschinenwirtschaft die Investitionsvorhaben fast sämtlich abgeschlossen werden, musste er den Abzug von Arbeitskräften aus dem Bereich Instandhaltung elektrischer Anlagen verkraften: 100 Eisenbahner nach Berlin und 22 an die Staatsgrenze West. Für die Lokomotivleistungen verschob die Hauptverwaltung zwischen den Reichsbahndirektionen und entlastete den „Raum Berlin [für] zusätzliche Arbeitszüge für die Sicherungsmaßnahmen und Veränderung der Verkehrsströme" und dem veränderten Güterverkehr, indem sie zusätzliche Lokomotiven der Baureihen 65 und 78 für den Berufsschnellverkehr („Sputnikzüge" zur Umfahrung von West-Berlin) und der Baureihe 52 für Arbeitszüge umsetzte. Für die Bespannung der Züge im Verkehr DDR – Westdeutschland wurden Lokomotiven der Baureihen 01 und 03 umverteilt, denn nur präparierte Lokomotiven durften bis in die BRD hineinfahren. Für die Versorgungszüge für West-Berlin mussten beim Personaleinsatz Abordnungen ausgesprochen werden. Mit den zusätzlichen Leistungen in den Reichsbahndirektionen Berlin und Erfurt entstanden Kosten von 1.603.700 Mark. Die Lohnkosten von 18.000 Mark wären noch zuzusetzen.

Das Reichsbahnausbesserungswerk Berlin-Tempelhof[10] durfte nicht mehr Reparaturen für Lokomotiven ausführen, die in der DDR fuhren. Das galt für die Baureihe 91, dafür war nun das Reichsbahnausbesserungswerk Halle ausgewählt worden. Das Bahnbetriebswerk Berlin Ostbahnhof schaffte nicht die Reparaturen für die im Berliner Raum zusätzlich eingesetzten Lokomotiven, deshalb wurde in Berlin-Karlshorst die Reparaturwerkstatt für Lokomotiven wieder in Betrieb genommen. Weitere Kapazitäten erschloss sich der Hauptdienstzweig beim Lokomotivbahnhof Potsdam und mit der Tu-Werkstatt im Bahnbetriebswerk Berlin-Pankow. Sie alle benötigten Geräte und Werkzeuge. Kosten: 2.040.000 Mark.

West-Berliner Lokomotivpersonal mag nicht viel Eifer an den Tag gelegt haben, um mit Leistungen der Baureihe 01 (Berlin-Grunewald) in Lücken zu springen. Unterhaltungsmängel führten allein im November 1961 zu 33 Zuglaufstörungen. Zusätzliche Kosten entstanden auch der Reichsbahndirektion Erfurt beim Lokomotiveinsatz, ohne die Arbeitszug-Einsätze: 1.178.000 Mark.

Die einschneidenden Veränderungen bei der S-Bahn wirkten sich auch auf die Stromversorgung aus. In Teltow war für 2.671.400 Mark ein Unterwerk fertiggestellt worden, das nicht mehr benötigt wurde, da hier die S-Bahn nicht mehr elektrisch fuhr. Die elektrische Ausrüstung kam für ein neues Unterwerk im Norden nach Mühlenbeck. Das Investitionsvorhaben „Unterwerk Siemensstadt" wurde überflüssig und abgebrochen. Für die Hauptverwaltung Maschinenwirtschaft blieb „die vom westberliner Senat mit Unterstützung des DGB[11] organisierte Boykott- und Pogromhetze gegen die S-Bahn und die Eisenbahner … beim größten Teil der Bevölkerung folgenlos." Da hätte sich die Hauptverwaltung Maschinenwirtschaft mit der des Betriebs- und Verkehrsdienstes mit ihren Büros auf dem gleichen Grundstück[12] abstimmen sollen, denn die Hauptverwaltung des Betriebs- und Verkehrsdienstes sah das ganz anders.

Bei dem Hauptdienstzweig Maschinenwirtschaft entstanden Mehrkosten von 4.197.300 Mark. Im Bericht ist noch der Verlust durch die Touristensperre auf den reichsbahneigenen Ostsee-Fährschiffen angefügt. Da auch im Folgejahr ursprünglich geplante Investitionen gestrichen wurden, musste der Hauptdienstzweig 6.155.700 Mark Investitionen aufgeben. Diese Investitionen sollten jedoch die Arbeitsproduktivität um 40 Prozent steigern. Das betraf nicht nur Berliner Anlagen, auch das Bahnbetriebswerk Nordhausen. Dort mussten wegen ausbleibender Bauvorhaben bei den Lokomotivbehandlungsanlagen 14 Arbeitskräfte zusätzlich eingesetzt werden. Weil aus gleicher Ursache die Elektrifizierungsarbeiten beim Sächsischen Dreieck nicht wie geplant voran gingen, übernahmen 1963 nicht Elektrolokomotiven, sondern Dampflokomotiven 2.518.200 Bruttotonnenkilometer. Mehraufwand: 5.791.900 Mark. Die Verwaltungen Maschinenwirtschaft der Reichsbahndirektionen Berlin und Erfurt planten für 1962 zu Bauvorhaben Arbeitszüge „zur Sicherung der Staatsgrenzen" für 1.393.000 Mark ein. Die Fahrbereitschaft in Berlin (West) kostete 200.000 Mark extra. Erfurt schuf nach einer Auflage vom 29. Dezember 1961 den Lokomotivbahnhof Gerstungen (335.000 Mark).

Bei Mühlenbeck wurde 1962 das erwähnte Unterwerk gebaut (Elektrifizierung der Ferngleise des nördlichen Außenrings für die S-Bahn) und ein zweites in Berlin-Grünau (neue Strecke nach Schönefeld). Andere Investitionen zur Stromversorgung mussten eingestellt werden. Trotz aller Kürzungen erforderte das Jahr 1962 allein beim Hauptdienstzweig Maschinenwirtschaft zusätzlich 1.169.700 Mark.

Beim Hauptdienstzweig Bahnanlagen wurde 1961 ein Rückstand von 150 Kilometer (= 40 Prozent) der geplanten Oberbauerneuerung festgestellt, weil man Arbeitskräfte abzog. Die Anzahl der Langsamfahrabschnitte und Schienenbrüche stieg, da die Erneuerung und Instandhaltung vernachlässigt werden musste. Für 1962 rechnete man mit 800 Kilometern an Langsamfahrabschnitten. Mittel für Generalreparaturen standen nicht zur Verfügung. Obwohl der zentrale Baustab festlegte, dass ab 1962 Oberbauarbeiten hauptsächlich vom Reichsbahnbaubetrieb und von Dritten ausgeführt werden, zog dieser für Grünau – Schönefeld, Wustermark – Staaken, Schönhauser Allee und „Grenzberäumungen" die Bauzüge ab. Hochbauten, wie Ausbau neuer Reichsbahnämter, Übernachtungsgebäude im Direktionsbezirk Berlin, verzögerten sich, weil die Arbeitskräfte des Hauptdienstzweiges und Dritter zu Sicherungsmaßnahmen umgesetzt wurden. Die Eisenbahn und die Bevölkerung zahlten für den „antifaschistischen Schutzwall" einen hohen Preis.

Gefürchtetes Jubiläum

Geschenke, Jubiläen usw. müssen nicht immer Freude aufkommen lassen. 1974 hatte die britische Armee nicht übersehen, dass bald der 10.000. Zug für sie in Berlin (West) ankommt. Das sollte ein wenig gewürdigt werden – zum Schrecken der Leitung des Ministeriums für Verkehrswesen der DDR. Am 11. April 1974 erfuhr der Staatssekretär im Ministerium für Verkehrswesen, Heino Weiprecht, der den Minister vertrat, davon und informierte unverzüglich den Ersten Stellvertreter des Vorsitzenden des Ministerrates, Dr. Günter Mittag.[13]

War doch am gleichen Tag beim Dienstvorsteher des Bahnhofs Berlin-Charlottenburg ein Angehöriger der britischen Armee erschienen und informierte, dass am 19. April 1974 der zehntausendste Zug der britischen Armee auf diesem Bahnhof eintreffen wird. Aus diesem Anlass sei ein großer Empfang auf dem Bahnsteig vorgesehen. Mehrere britische Generale würden kommen, vielleicht auch der britische Verteidigungsminister. Eingeladen seien Eisenbahner des Bahnhofs Helmstedt und der Dienstvorsteher der Reichsbahn. Das Triebfahrzeugpersonal würde ein Präsent erhalten.

Ein tolles Stück für die DDR-Führung. Britische Generalität, sogar ein Minister, auf dem Gelände der Reichsbahn! Und man konnte nichts dagegen tun, war ja auch nicht eingeladen. Reichsbahner und Bundesbahner[14] nebeneinander, vielleicht sogar gemeinsam! Das konnte, durfte nicht ins Auge gehen.

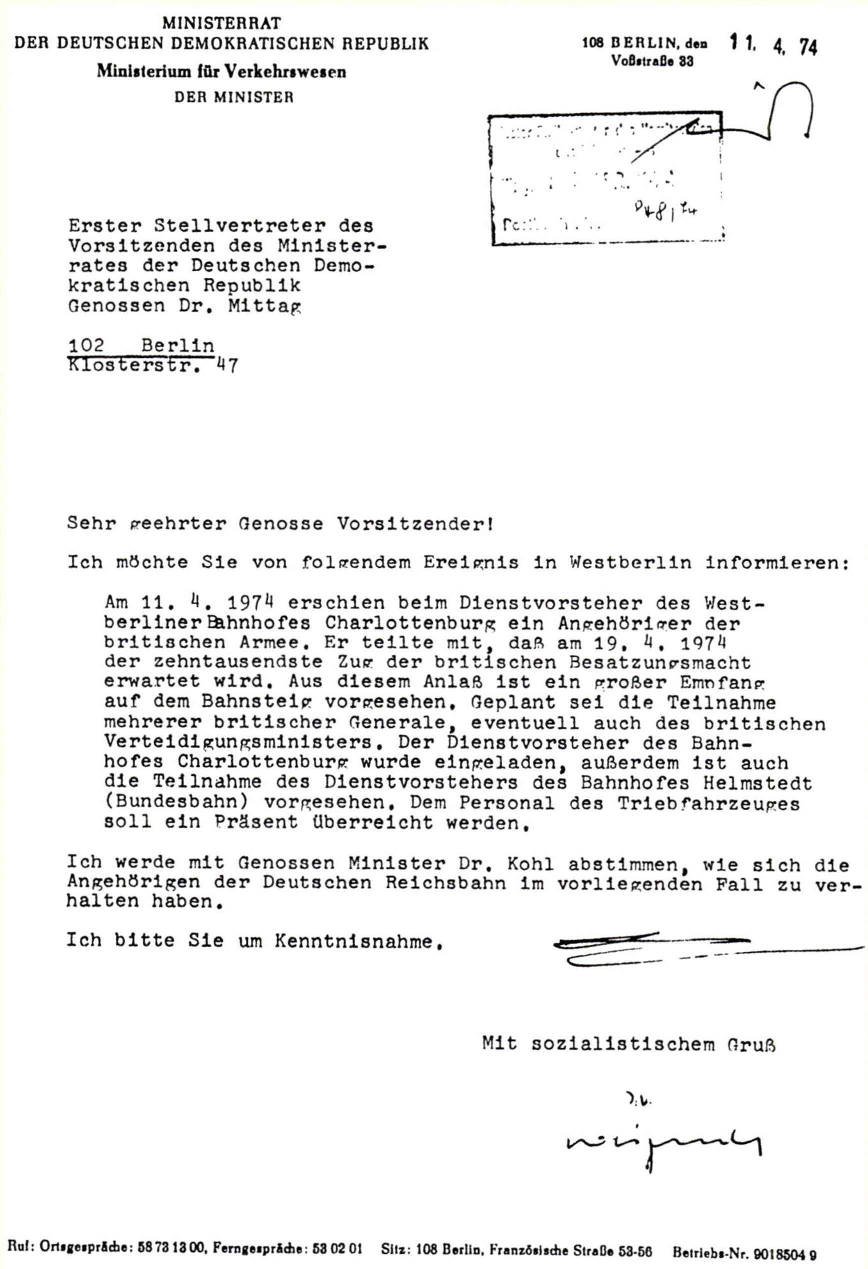
MINISTERRAT
DER DEUTSCHEN DEMOKRATISCHEN REPUBLIK
Ministerium für Verkehrswesen
DER MINISTER

108 BERLIN, den 11. 4. 74
Voßstraße 33

Erster Stellvertreter des
Vorsitzenden des Ministerrates der Deutschen Demokratischen Republik
Genossen Dr. Mittag

102 Berlin
Klosterstr. 47

Sehr geehrter Genosse Vorsitzender!

Ich möchte Sie von folgendem Ereignis in Westberlin informieren:

Am 11. 4. 1974 erschien beim Dienstvorsteher des Westberliner Bahnhofes Charlottenburg ein Angehöriger der britischen Armee. Er teilte mit, daß am 19. 4. 1974 der zehntausendste Zug der britischen Besatzungsmacht erwartet wird. Aus diesem Anlaß ist ein großer Empfang auf dem Bahnsteig vorgesehen. Geplant sei die Teilnahme mehrerer britischer Generale, eventuell auch des britischen Verteidigungsministers. Der Dienstvorsteher des Bahnhofes Charlottenburg wurde eingeladen, außerdem ist auch die Teilnahme des Dienstvorstehers des Bahnhofes Helmstedt (Bundesbahn) vorgesehen. Dem Personal des Triebfahrzeuges soll ein Präsent überreicht werden.

Ich werde mit Genossen Minister Dr. Kohl abstimmen, wie sich die Angehörigen der Deutschen Reichsbahn im vorliegenden Fall zu verhalten haben.

Ich bitte Sie um Kenntnisnahme.

Mit sozialistischem Gruß

Ruf: Ortsgespräche: 58 73 13 00, Ferngespräche: 53 02 01 Sitz: 108 Berlin, Französische Straße 53-56 Betriebs-Nr. 9018504 9

Die Alarmglocken läuten: Der Feind will feiern

Quelle: Barch DY 30-3088

Der politische Hintergrund für die Besatzungszüge durch die DDR liegt weit zurück. 1945 beschloss der Kontrollrat, dass täglich 16 Güterzüge in Richtung Osten über Helmstedt – Magdeburg und die „russische Kontroll-Linie“ verkehren. Sie waren eigentlich für die Versorgung West-Berlins gedacht, aber die Alliierten benutzten das Kontingent auch für drei ihrer Züge. Die Kontrolle dieser Züge war nur sowjetischen Militärangehörigen vorbehalten. Ein Zugpaar zwischen Hannover und Berlin-Charlottenburg nahmen die Briten in Anspruch. Die Wagen wurden mit „Royal Transportation Corps“ gekennzeichnet. Der letzte Zug für die Briten fuhr am 7. Februar 1991.
1974 – im anderen Teil Berlins unter anderen politischen Verhältnissen – geriet die Führung in Ost-Berlin wegen eines Zuges in helle Aufregung.

Der kleine Bahnhof Charlottenburg in Berlin (West) stand nun ungewollt im Mittelpunkt von Ost und West. Das Ministerium für Verkehrswesen der DDR stimmte sich mit dem Ministerium für Auswärtige Angelegenheit der DDR, mit dem Minister Dr. Kohl – nicht Dr. Helmut Kohl – nur eine Namensgleichheit – ab, wie die Eisenbahn reagieren sollte. Die Eisenbahner wurden eingewiesen, exakt im Dienst aufzutreten und „dafür zu sorgen, dass Beschäftigte der Bundesbahn der BRD keine Möglichkeit erhalten, sich in Dienstgeschäfte bzw. in Rechte und Zuständigkeiten der Deutschen Reichsbahn einzumischen. Soweit Angehörige der Bundesbahn anwesend sind, werden sie ignoriert.“[15] Das Präsent sollte abgelehnt werden, wenn es diskriminierenden Charakter trägt oder durch einen Beschäftigten der Bundesbahn übergeben wird. „Eine Streife unserer Bahnpolizei wird ihre beobachtende Tätigkeit auf dem Bahnhof ausüben.“

Am 19. April konnte der DDR-Minister Otto Arndt aufatmen. Wieder berichtete er dem Genossen Dr. Mittag. Der 10.000. Zug war ein Leerzug. Bei seiner Ankunft trafen britische Offiziere ein, als Ranghöchster ein

General. Die amerikanische und französische Besatzungsmacht hatte Angehörige zu dem Jubiläum geschickt. Eine britische Militärkapelle spielte auf.

Weder Vertreter des Senats noch die Eisenbahner der Bundesbahn, auch nicht der Minister des Vereinigten Königreichs, wurden gesehen. Rundfunkreporter berichteten in Direktsendungen, Kameraleute nahmen auf – nicht fürs Fernsehen. Aber: „Die Angehörigen der Deutschen Reichsbahn haben ihren Dienst korrekt versehen. Der Fahrplan wurde eingehalten.“[16]

Ganz geheim: Die Schnellbahn nach Berlin

Wenn es um Ausbau und Elektrifizierung der Transitstrecken zwischen Berlin (West) und der Bundesrepublik Deutschland ging, zeigte das Ministerium für Verkehrswesen der DDR dem politischen Westen die kalte Schulter und behauptete: Aus volkswirtschaftlichen Gründen lohne sich die Elektrifizierung dieser Strecken nicht. Das verwunderte bei der besonders für die Einwohner von West-Berlin wichtigen Verbindung Berlin – Marienborn (– Helmstedt), zumal diese zwischen Berlin und Magdeburg sowie bis Marienborn auch im Binnenverkehr rege in Anspruch genommen wurde.

Diese befremdliche Haltung der DDR hatte ihren Hintergrund: Erstens sollten die Transitwege nicht aufgewertet werden, und zweitens, wenn man nach Abschluss des Verkehrsvertrages vom 26. Mai 1972 das Ansinnen der Bundesregierung nicht mehr ablehnen konnte, dann sollte doch die Bundesrepublik Deutschland die Kosten übernehmen. Sie war ja interessiert, den Zugverkehr zwischen der „politischen Einheit Westberlin“, wie es in DDR-offiziellen Verlautbarungen stets hieß, und der Bundesrepublik Deutschland zu beschleunigen. Dabei, so wurde kalkuliert, hätte der Binnenverkehr der Deutschen Reichsbahn von der Modernisierung partizipieren können.

Nach der Inkraftsetzung des Verkehrsvertrages führten BRD und DDR miteinander mehrere Gespräche zur Verbesserung des Transitverkehrs zwischen Berlin (West) und

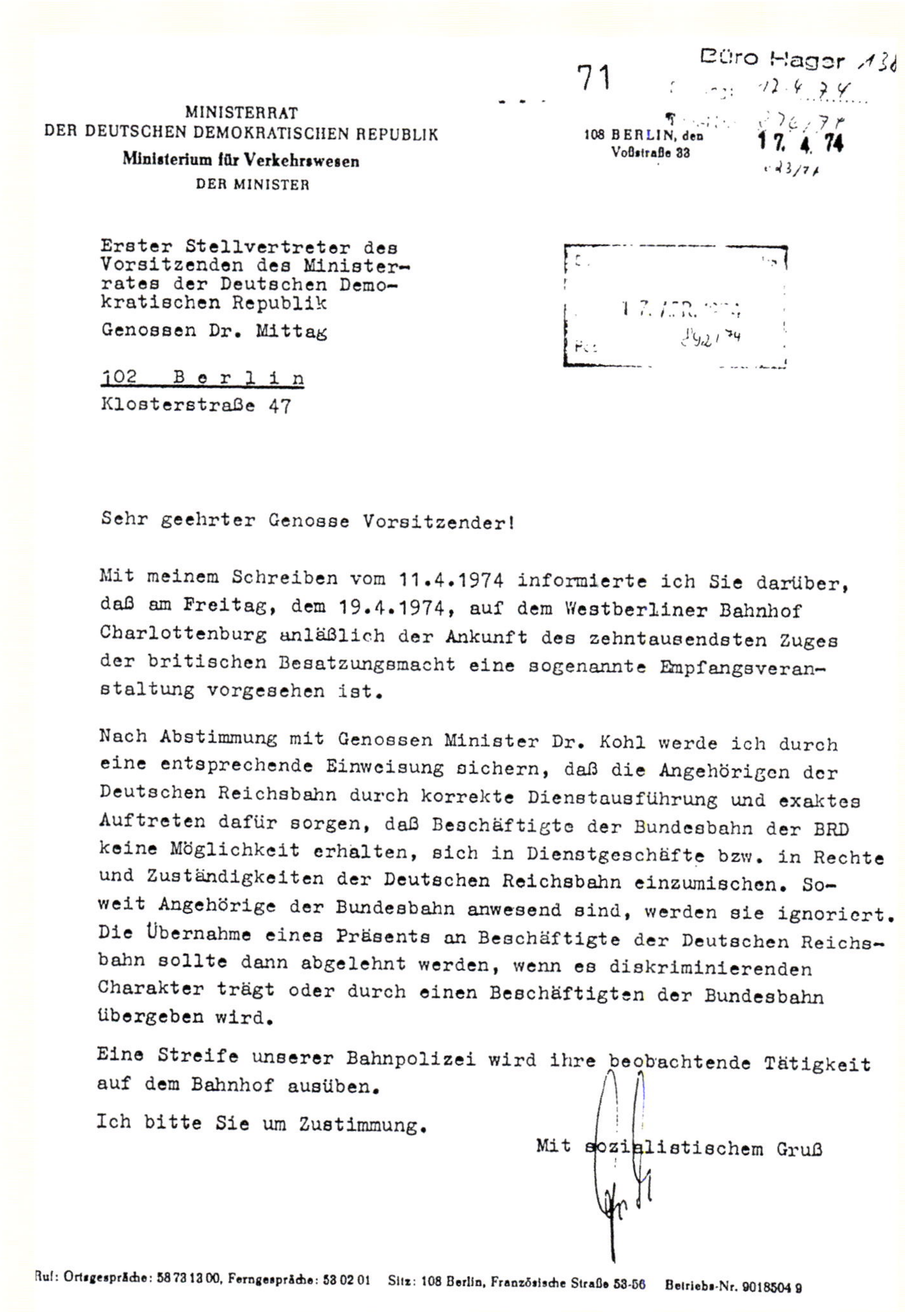
71

Büro Hager 136

12.4.74

MINISTERRAT
DER DEUTSCHEN DEMOKRATISCHEN REPUBLIK
Ministerium für Verkehrswesen
DER MINISTER

108 BERLIN, den 17. 4. 74
Voßstraße 33

Erster Stellvertreter des Vorsitzenden des Ministerrates der Deutschen Demokratischen Republik
Genossen Dr. Mittag

102 Berlin
Klosterstraße 47

Sehr geehrter Genosse Vorsitzender!

Mit meinem Schreiben vom 11.4.1974 informierte ich Sie darüber, daß am Freitag, dem 19.4.1974, auf dem Westberliner Bahnhof Charlottenburg anläßlich der Ankunft des zehntausendsten Zuges der britischen Besatzungsmacht eine sogenannte Empfangsveranstaltung vorgesehen ist.

Nach Abstimmung mit Genossen Minister Dr. Kohl werde ich durch eine entsprechende Einweisung sichern, daß die Angehörigen der Deutschen Reichsbahn durch korrekte Dienstausführung und exaktes Auftreten dafür sorgen, daß Beschäftigte der Bundesbahn der BRD keine Möglichkeit erhalten, sich in Dienstgeschäfte bzw. in Rechte und Zuständigkeiten der Deutschen Reichsbahn einzumischen. Soweit Angehörige der Bundesbahn anwesend sind, werden sie ignoriert. Die Übernahme eines Präsents an Beschäftigte der Deutschen Reichsbahn sollte dann abgelehnt werden, wenn es diskriminierenden Charakter trägt oder durch einen Beschäftigten der Bundesbahn übergeben wird.

Eine Streife unserer Bahnpolizei wird ihre beobachtende Tätigkeit auf dem Bahnhof ausüben.

Ich bitte Sie um Zustimmung.

Mit sozialistischem Gruß

Ruf: Ortsgespräche: 58 73 13 00, Ferngespräche: 53 02 01 Sitz: 108 Berlin, Französische Straße 53-56 Betriebs-Nr. 9018504 9

Gottlob, alles ging gut *Quelle: Barch DY 30-3088*

dem Bundesgebiet einschließlich zur Strecke Berlin – Oebisfelde. In sämtlichen Gesprächen spielte die DDR-Seite in den Vordergrund, dass die BRD bzw. der Senat von Berlin (West) die Kosten tragen müsse. Streng wurde darauf geachtet, dass in die Gespräche mit der BRD-Seite nicht die Bauarbeiten von Berlin (West) einbezogen wurden. Das gehörte zu der Drei-Staaten-Auffassung[17] der UdSSR und der DDR. Konzilianter wurde die DDR-Seite bei zwei Themen: Baubetriebe aus der BRD und Trans-Europa-Express-Züge (TEE). Darüber sprach der Leiter der BRD-Delegation, Günter Gaus, am 15. April 1975. Die DDR-Seite hielt es für möglich, darüber zu verhandeln.[18] Jedoch müsste die

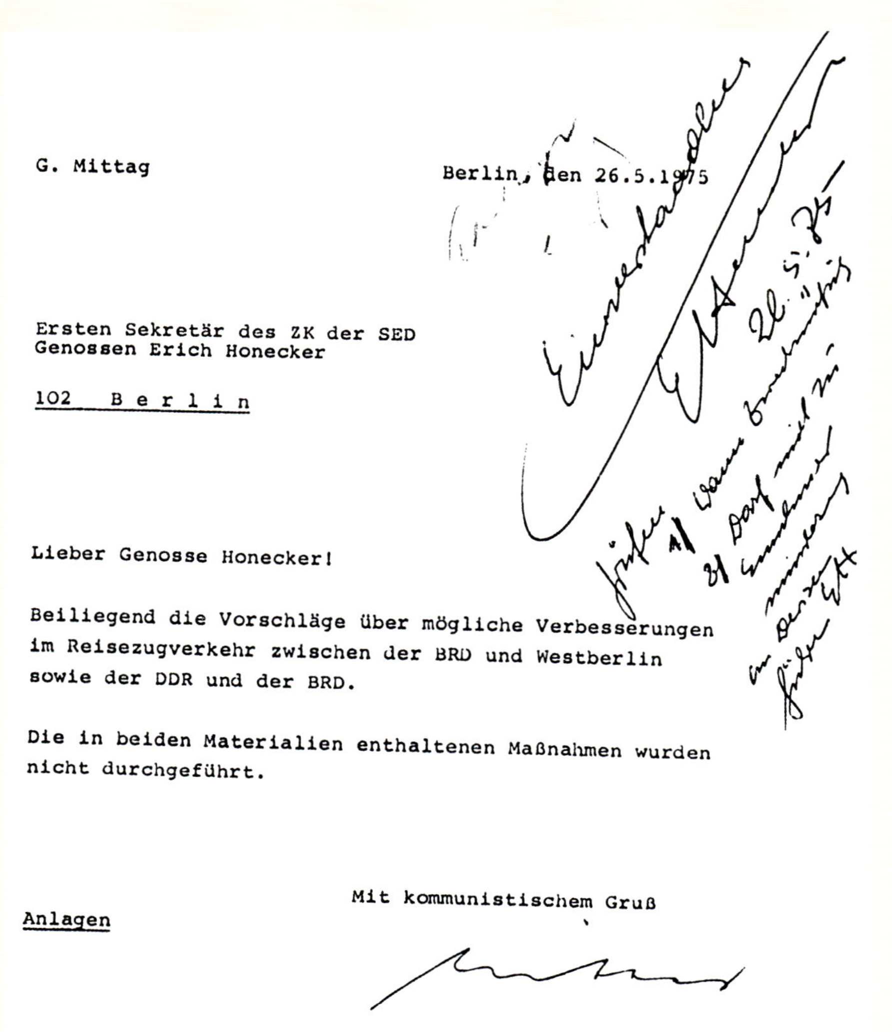

G. Mittag

Berlin, den 26.5.1975

Ersten Sekretär des ZK der SED
Genossen Erich Honecker

102 Berlin

Lieber Genosse Honecker!

Beiliegend die Vorschläge über mögliche Verbesserungen im Reisezugverkehr zwischen der BRD und Westberlin sowie der DDR und der BRD.

Die in beiden Materialien enthaltenen Maßnahmen wurden nicht durchgeführt.

Anlagen

Mit kommunistischem Gruß

Der Sekretär informiert den Generalsekretär vom Stand der Verhandlungen.
Der schreibt auf das Titelblatt „Einverstanden/EHonecker 26.05.75
Prüfen 1) Wann zweckmäßig 2) Darf nicht zu Einnahmeminderung an Devisen führen EH

Quelle: Barch DY 30-3088 (Büro Mittag)

Deutsche Reichsbahn erst der TEE-Vereinbarung beitreten. Das entsprach den Vorstellungen der DDR-Führung, da die für solche Züge erforderliche TEE-Vereinbarung „dem besonderen Status Westberlins" entspreche. Daran scheiterte vermutlich der Zugeinsatz, denn an der Zementierung der Statusfrage nach DDR-Auffassung konnte der BRD nicht gelegen sein. Da der Bau der Elbebrücke bei Hämerten – ein eingleisiges Behelfsbauwerk – durch Baubetriebe der DDR bis 1980 nicht möglich sei, könnte die BRD das Brückenbauwerk liefern.

1986, so schien es, könnte in das Thema „Transit Berlin (West)" wieder etwas Bewegung kommen. Am Rande einer Sitzung der Verkehrskommission DDR/BRD in Bonn suchte der Unterabteilungsleiter im Bundesverkehrsministerium, Dr. Huber, Kontakt mit Lothar Krink, in der Abteilung für Internationale Angelegenheiten (II) des Ministeriums für Verkehrswesen der DDR zuständig für BRD und West-Berlin, um mit ihm abermals über die Elektrifizierung der Eisenbahntransitstrecken durch die DDR zu sprechen. Dabei erfuhr Krink, dass

- die Ausschüsse für Verkehr, Finanzen und Innerdeutsche Fragen des Bundestages sich mit dem Elektrifizierungsprojekt befassen
- die Regierung der Bundesrepublik Deutschland kein vorrangiges Interesse an dem Projekt habe, zumal davon die Bundestagswahl 1987 nicht berührt werde. Von Interesse sei es nur, wenn es um die Weiterentwicklung der Bindungen zwischen der Bundesrepublik Deutschland und West-Berlin gehe[19]
- die elektrifizierte Transitstrecke sich im Reise- und Güterverkehr in ihrer Gesamtqualität erheblich von anderen Transitstrecken unterscheiden müsse.

Dr. Huber verwies auf die Ausbaustrecken der Deutschen Bundesbahn mit 200 km/h. Eine vergleichbare Strecke in der DDR könne nur diese von Berlin nach Oebisfelde sein, zumal die Strecke Berlin – Lehrte bereits von 1871 an zu den preußischen „Rennstrecken" gehörte. Krink antwortete, die DDR erwarte, dass nach dem Ausbau der Strecke jährlich 1,3 Millionen Personen statt über Marienborn (– Helmstedt) über Oebisfelde (– Wolfsburg) fahren und der Personenverkehr sich nahezu verfünffachen werde. Diese hohe Erwartung teilte Dr. Huber nicht. Noch war in der Bonner Regierung nichts entschieden, erst recht nicht in der DDR.[20]

Die Deutsche Reichsbahn versprach sich zumindest hohe Valutaeinnahmen (zum Beispiel durch den Einsatz von DDR-Baubetrieben und ihren Projektierungskapazitäten sowie durch die Bauüberwachung), die bisher von den Transitzügen benutzten Strecken zugunsten des starken Binnenverkehrs zu entlasten und technologische Erkenntnisse aus der Zusammenarbeit mit Unternehmen jenseits der Grenze.

Am 4. Dezember 1986 forderte der Bundestag die Bundesregierung auf, Gespräche mit der DDR aufzunehmen. Die Strecke über Stendal, ohne Magdeburg zu berühren, werde bevorzugt, weil sie durch ein gering besiedeltes Gebiet führe, eine kürzere Strecke sei, wegen der Geradlinigkeit mit höheren Geschwindigkeiten (bis 250 km/h) befahren werden könne und insgesamt geringe Kosten und kürzere Bauzeiten erfordere. Der DDR-Führung war eine solche Schnellbahn durch die dünn besiedelte Altmark recht, sähe doch weniger Bevölkerung die Züge und ließen sich diese Züge besser überwachen.

Krink überraschte der inoffizielle Kontakt nicht unvorbereitet. Bereits 1985 war mit ausgewählten Personen eine Arbeitsgruppe für die Elektrifizierung gebildet worden, die sich mit dem Bau einer „Eisenbahntransitstrecke" beschäftigte. Das Thema sollte streng vertraulich behandelt werden. Schon das erhellt, dass es nicht nur um eine Elektrifizierung ging. Rolf Hausdörfer, Direktor des Instituts für Eisenbahnwesen im Zentralen Forschungsinstitut des Verkehrswesens der DDR, wurde Leiter der Arbeitsgruppe. Er wurde auch gerüffelt, dass er bei dem Gedanken, die Schnellbahn durch die Altmark zu führen, nicht an die großen Truppenkontingente der sowjetischen Streitkräfte im Raum Gardelegen gedacht hatte und an das Manövergebiet in der Letzlinger Heide.

Er sprach mit DDR-Verkehrsminister Otto Arndt und dieser mit dem SED-Politbüro-Mitglied Dr. Günter Mittag. Von diesem kam, sicherlich nicht ohne Rücksprache mit der sowjetischen Militärführung in Berlin-Karlshorst, die Genehmigung, die Schnellbahn wie bereits geplant durch dieses Gebiet anzulegen.

Für die offiziellen Gespräche mit den BRD-Fachleuten wurde eine Expertengruppe gebildet. Die BRD-Seite in der Arbeitsgruppe wollte die Bauarbeiten in West-Berlin mit behandeln und stieß auf die Ablehnung der DDR-Seite. Nach dem Rechtsverständnis der DDR-Führung sei dies allein Sache zwischen der DDR und dem Senat von Berlin (West).

Das Ingenieurbüro für Rationalisierung des Eisenbahntransports (der Deutschen Reichsbahn) wurde beauftragt, eine Studie zum Ausbau der Strecke vorzulegen. Am 14. Dezember 1988 lag ein Leistungsverzeichnis zur Strecke Grenzübergang Staaken von Kilometer 16,6 bis zur Grenze DB/DR in Kilometer 152,3 km vor.

Widersprüche bzw. Vorbehalte von den Delegationen aus der Bundesrepublik Deutschland und der DDR sind hier in Kursiv wiedergegeben.

- Die DDR-Seite wollte nicht zusichern, dass die fahrplanmäßige Höchstgeschwindigkeit von 200 km/h eine Geschwindigkeitserhöhung zum Ausgleich für Langsamfahrabschnitte auf dafür geeigneten Abschnitten einschließt.
- Der Abschnitt Berlin Friedrichstraße – Berlin Hbf (von 1998 an Ostbahnhof) und die Anbindung von Stendal ist in die Elektrifizierung einbezogen. *Das habe nichts mit Berlin (West) zu tun*, so die Meinung der Delegation aus der BRD.
- *Die Brückenbauwerke lassen die Geschwindigkeits- und Belastungserhöhung nicht zu.*
- Die Bandbreite von 0,3 bis 2,7 kHz lasse nicht zu, moderne Übertragungstechnik einzusetzen.
- Schnelle Güterzüge zwischen der Deutschen Bundesbahn und Berlin (West) in den Nachtstunden
- *Personalwechsel auf dem Bahnhof Oebisfelde*
- Paritätischer Einsatz der Fahrzeuge für die Dauerfahrgeschwindigkeit von 200 km/h entsprechend dem internationalen Komfortniveau, *Euro-City-Standard*
- Gleismittenabstand im Bahnhof und auf der freien Strecke von 4,60 Meter *(4,50 Meter)*
- *Regelradius von 3.000 Meter für 200 km/h*
- Dammkrone und Planumsschicht nach einer DDR-Norm (TGL 11482/08)[21]
- Vorstellungen der Deutschen Reichsbahn zu den vier Großbrücken (Havelkanalbrücke bei Wustermark, bei Rathenow, Elbebrücke bei Hämerten, Mittellandkanalbrücke bei Oebisfelde) und zu 49 Überbauten für die anderen Eisenbahnbrücken, mit Streckenüberbauten insgesamt 145 Brücken.
- Weichen für Überleitungen zum Gleiswechselbetrieb und bei Überholungsgleisen, die 100 km/h zulassen, *im Bahnhof 80 km/h*
- 4 Prozent *(3 Prozent)* Minustoleranz beim Bahnstrom von 16 2/3 Hz
- Gleisfeldbeleuchtung für die Betriebsstellen, elektrische Weichenheizung, Elektranten in Weichenbereichen für Arbeitsgeräteanschlüsse
- Modernisierung der Betriebsfernmeldeanlagen einschließlich Neuverkabelung
- Zugfunk mit Selektierrufsystem.

Mit den Widersprüchen der westlichen Unterhändler bezweifelten die BRD-Fachleute

Neben der Stammstrecke, der Lehrter Bahn, wird für die Hochgeschwindigkeitsstrecke Berlin – Oebisfelde gebaggert (1992)
Foto: Hafner

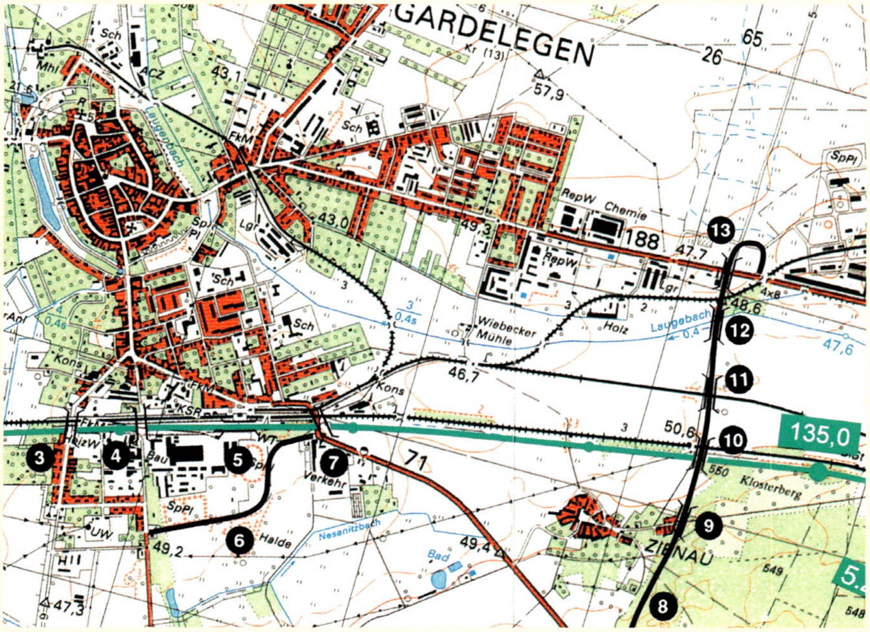

Am 30. Dezember 1993 liegt der Planfeststellungsbeschluss für den Abschnitt 5 Uchtspringe – Oebisfelde vor, der auch Gardelegen berührt.
Schwarze Linie = Stammstrecke, Grüne Linie = Hochgeschwindigkeitsstrecke
3 Eisenbahnbrücke über die Letzlinger Landstraße
4 Eisenbahnbrücke über die Hopfenstraße
5 Eisenbahnbrücke am Bahnhof
6 Ausbau des Buschhorstweges
7 Aufhebung des Bahnübergangs B 71/Bahnhof
8 Umlegung der Bundesstraße 71 mit den nachfolgend angeführten Straßenbrücken
9 Wirtschaftsweg
10 Über Hochgeschwindigkeits- und Stammstrecke
11 Über die Nebenbahn nach Letzlingen
12 Über den Laugebach
13 Über die Bundesstraße 188 mit einer Anbindung
Entnommen: Drucksache der Planungsgesellschaft Schnellbahnbau (1994)

nicht etwa sinnvolle Bauten, sie wollten nur nicht die Kosten für Ausstattungen zusagen, die zum üblichen Standard einer Strecke gehören und von der DDR zu bezahlen sind. Nur die schnelle Anbindung von West-Berlin an den Eisenbahnknoten Hannover zählte. Zeitverlust im Betriebsablauf, zum Beispiel durch Personalwechsel in Oebisfelde, wollte man nicht hinnehmen.

In den betriebstechnologischen Untersuchungen vom 10. April 1989 wurde der Gedanke eines ICE-Einsatzes der Deutschen Bundesbahn verworfen. Zu modern sollte es nicht werden, schließlich wollte die Reichsbahn auf der Strecke eigene Leistungen mit eigenen Fahrzeugen verkaufen oder wenigstens zur Hälfte beteiligt sein. Das war die Absicht, ohne irgendwie darauf vorbereitet zu sein. In einer Information an das Politbüro-Mitglied und Sekretär für Wirtschaftspolitik im Zentralkomitee der Sozialistischen Einheitspartei, Dr. Günter Mittag, vom 7. April 1989 hieß es:

Die Strecke Staaken – Stendal – Oebisfelde ist eine eingleisige Hauptbahn. Sie ist nicht mehr mit der zweigleisigen Hauptbahn aus vergangenen Jahren vergleichbar. In Knotenbereichen dieser Strecke kreuzen oder fädeln ein bzw. aus weitere entscheidende Hauptbahnen des Netzes der Deutschen Reichsbahn, so am Berliner Außenring und im Knotenbereich Stendal. Wichtige Nebenbahnen zweigen ab in Neugarten, Rathenow, Schönhausen und Gardelegen. Die Bahnhöfe Wustermark, Rathenow, Stendal, Gardelegen und Oebisfelde sind die entscheidenden Knotenpunkte.

Ausgangspunkt der Untersuchungen ist die Analyse der Leistungsanforderungen. Einbezogen werden

- die Regelanforderung
- der Hochgeschwindigkeitstransitverkehr (HGTV)
- die möglichen und zu erwartenden Verlängerungen.
- Zu beachten sind ferner
- Sonderverkehr
- Erfordernisse für Umleitungen
- der Erhalt der gegenwärtigen Leistungsfähigkeit dieser Strecke.

Die HGTV-Züge verkehren im Stundentakt. Zur Leistungsfähigkeitsberechnung als Grundlage für die Bemessung der Gleisanlagen sind deshalb Aussagen zu den Leistungsanforderungen innerhalb von 60 Minuten (Taktzeit) erforderlich. Nachteile für die jetzigen Leistungen auf dieser Strecke müssen vermieden werden.

Die Leistungsanforderungen, die innerhalb von 60 Minuten (Taktzeit) beherrscht werden müssen, betragen bis zu 6 Züge pro Stunde (60 Minuten-Taktzeit) je Verkehrsrichtung.

Das Ingenieurbüro für Rationalisierung erhielt den Auftrag, eine technologische Untersuchung zum Ausbau der Strecke vorzulegen. Auszüge aus dem am 10. April 1989 fertig gestellten Material:

Bei der Ermittlung der Leistungsfähigkeit müssen an Besonderheiten berücksichtigt werden:

- Geschwindigkeitsspektrum der Züge zwischen V = 60 km/h und V = 200 km/h
- Spitzenverkehrszeiten, die mit unterschiedlicher Häufigkeit, Zeitdauer und zu wechselnden Tageszeiten in den einzelnen Streckenabschnitten auftreten

- Taktfahrplan der HGTV-Züge und die daran gebundenen Qualitätsmerkmale
- Vermeidung von Nachteilen für den übrigen Verkehr (unter anderem für Reisezüge, auch Berufsverkehrszüge und Güterzüge).

Der 60-Minuten-Takt der HGTV-Züge setzt die Prämisse für die Bemessung der Anlagen. Für die Leistungsfähigkeit des übrigen Verkehrs (außer HGTV-Züge) ist die in 60 Minuten verbleibende Zeit maßgebend. Sie muss gewährleisten, dass Unregelmäßigkeiten noch im Stundentakt beherrscht werden und den nachfolgenden Stundentakt nur vertretbar belasten.

Damit stellt sich das Problem eines Verdrängungssystems mit Ausmaßen bis hin zu entsprechenden Kapazitätsverlusten. Das heißt, es ist ein so genanntes Zerhackerprinzip zu beachten, wonach die 24 Stunden eines Tages zumindest in den 17 Stunden des HGTV, in 17 einzelne Scheiben zerteilt werden.

Im Leistungsverzeichnis versteckten die DDR-Unterhändler auch die Sicherungsmaßnahmen gegen Fluchtversuche, was von der BRD bezahlt werden sollte. Das betraf die Einzäunung der Bahnsteige auf Zwischenbahnhöfen oder den Abbau von Bahnsteigen an durchgehenden Gleisen. Beließe man diese Bahnsteige, wäre dem Sicherungspersonal bei einem betrieblichen Halt der Überblick verloren gegangen. Offiziell sprach und schrieb man nicht von Fluchtmöglichkeiten bei außerplanmäßig haltenden Zügen, sondern schob die Sicherheit des Zugverkehrs vor. Die Vertreter der BRD rochen den Braten und verwiesen auf ihre Erfahrungen mit Bahnsteigen an Ausbaustrecken.[22] Die Differenzen dazu traten beim 1. Expertengespräch am 22. September 1988 in (Ost-)Berlin zutage, ebenso beim 3. Gespräch am 28./29. November 1988 in München. Dass die Vorkehrungen gegen „Republikflucht“ bald überflüssig werden sollten, konnte sich 1988/1989 noch keiner vorstellen.

Auf später wurden aufgeschoben:

- der Gemischtverkehr, da der Berufsverkehr von den Transitzügen nicht beeinflusst werden sollte
- der durchgehende zweigleisige Ausbau
- die großräumige Umfahrung des Knotens Stendal mit zweigleisigem Neubauabschnitt oder als Alternative die beidseitige Anbindung des Knotens durch die vorhandene Strecke. Die letztgenannte Absicht lehnte die Delegation der BRD ab, stand doch der Bahnhof Stendal mit der Eisenbahnverbindung West-Berlin – BRD in keinem Zusammenhang.
- vorhandene Bahnsteige an durchgehenden Hauptgleisen an andere Gleise zu verlegen (Widerspruch von Seiten der BRD), Bahnsteigzugänge niveaufrei und schienengleiche Wegübergänge zu ersetzen oder aufzulösen.
- moderne Sicherungs- und Fernmeldetechnik für die Strecke
- neue Einrichtungen für die Wartung, Instandhaltung und Reparatur der Fahrzeuge des Transitreiseverkehrs (Widerspruch der BRD-Delegation).

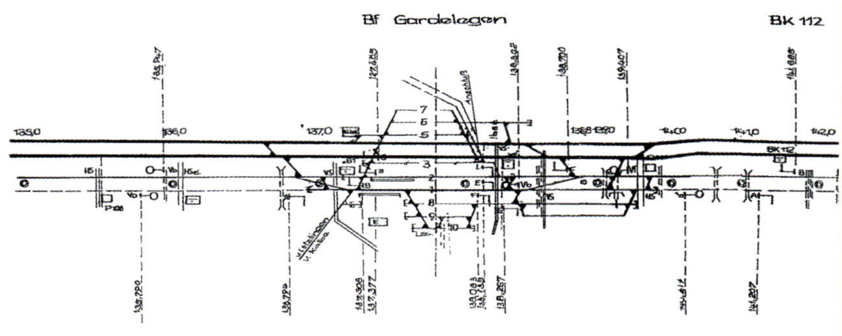

Am Beispiel von Gardelegen ist die Schnellfahrstrecke durch die starken Linien zu erkennen. Die Stammlinie wird mit dünnen Strichen darunter gekennzeichnet

Quelle: Barch DM 1-12868

Beim 4. Expertengespräch standen die Triebfahrzeuge im Mittelpunkt. Zum Bedauern der DDR-Delegation wurde der Komplex Reisezugwagen nur allgemein behandelt. Die Deutsche Bundesbahn zeigte im Ausbesserungswerk München-Freimann die für Hochgeschwindigkeiten geeignete Lokomotive der Baureihe 120. Ermöglicht wurde der DDR-Delegation zudem, auf der Ausbaustrecke München – Würzburg (ohne eingezäunte Bahnsteige) und auf dem Neubauabschnitt Würzburg – Fulda zu fahren. Im Gegenzug erhielt die BRD-Seite die „Vorläufige Anweisung Zugfunk der Deutschen Reichsbahn“ vom 1. Januar 1984, die „Grundsätze für die Bedienung der punktförmigen Zugbeeinflussung (PZB) auf Fahrzeugen der Deutschen Reichsbahn“ vom 1. Oktober 1985, dazu die Gerätebeschreibung des Teltower Herstellers.

Während der Tagung erfuhr die DDR-Delegation, dass die BRD die zu beschaffenden Fahrzeuge nicht finanziert. Die Deutsche Reichsbahn solle die Verkehrseinnahmen dazu verwenden. Außerdem gäbe es noch das Verfahren mit dem Naturalausgleich der Fahrzeugkilometer zwischen den Bahnen. All das wies die Delegation aus Berlin zurück, streng genommen werde die Strecke für 200 km/h „ausschließlich auf Wunsch der Interessenlage der BRD und Westberlin“ ausgebaut. Die Fahrzeuge werden nur dafür entwickelt und beschafft.[23] Ob das Verkehrsaufkommen die Kosten der neuen Verbindung deckt, wusste niemand. Die DDR erwartete, dass die BRD sich am finanziellen Risiko beteiligt. Die wiederum lehnte die Kostenbeteiligung an der Elektrifizierung Berlin Friedrichstraße – Berlin Hbf ab. Aus ihrer Sicht war dieser Abschnitt nicht Bestandteil des Vorhabens. Ohnehin war den Unterhändlern der BRD das gesamte Vorhaben zu teuer, der Aufwand sollte weiter ge-

Als universelle Güterzuglokomotive war die Baureihe 250 entwickelt worden. Mit einigen Änderungen sollte eine solche Lokomotive die Züge zwischen Berlin und Hannover fördern. Lokomotive 250 048 in Dresden Hbf

senkt werden, indem

- die Umfahrung Stendals nicht bestätigt werde
- der Ersatz aller mechanischer Stellwerke als nicht notwendig zu betrachten sei und
- die geplanten Umweltschutzmaßnahmen einer kritischen Prüfung unterzogen werden.

Die politische Wende im November 1989 und die deutsche Einheit 1990 schufen neue Bedingungen. Es ging nun weniger um die (Ver-)Bindung von West-Berlin mit der Bundesrepublik Deutschland, sondern um einen attraktiven Zugverkehr zwischen Berlin und dem Westen. Die letzte Verhandlung der Expertengruppe war die achte am 8. Juni 1990. Der Leiter der Ständigen Vertretung der Bundesrepublik Deutschland, Dr. Bertele, und der Staatssekretär im Ministerium für Verkehrswesen der DDR, Dr. Rohde, paraphierten am 28. Juni 1990 eine Grundsatzvereinbarung. Die Geheimniskrämerei löste sich auf. Am 28. Juni 1990 unterzeichneten die beiden Verkehrsminister (Zimmermann und Gibtner) die „Grundsatzvereinbarung zum Bau der Schnellbahn Hannover – Berlin in der DDR und Berlin (West)". Den Neu- und Ausbau leitete die Hauptabteilung Sonderbauvorhaben der Generaldirektion der Deutschen Reichsbahn, die wiederum eine Planungsgesellschaft Schnellbahnbau Hannover – Berlin mbH (PGS) mit Sitz in Hannover bildete. Die Kosten wurden nun anders behandelt, das Geld kam aus einem Topf. Gebaut wurde die Hochgeschwindigkeitsstrecke Berlin – Oebisfelde für Geschwindigkeiten bis zu 250 km/h, ausgebaut die Strecke Oebisfelde – Wolfsburg für 250 km/h, anschließend bis Lehrte für 200 km/h, in Fallersleben ein Anschluss nach Braunschweig geschaffen (Geschwindigkeit 160 km/h), aber die vorhandene Strecke Berlin – Lehrte, die so genannte Stammbahn weder zweigleisig ausgebaut noch elektrifiziert. Stendal kann umfahren oder mit Halt bedient werden. Oebisfelde wurde kein Personalwechselbahnhof, hier halten keine Hochgeschwindigkeitszüge. Der Bahnhof Berlin-Rummelsburg erhielt neue Hallen und Abstellgleise für die ICE-Fahrzeuge. Die feierliche Inbetriebnahme fand am 15. September 1998 statt, seit 27. September 1998 wird die Verbindung im Regelverkehr befahren.

Welche Fahrzeuge für Berlin – Hannover?

Die mit hoher Geheimhaltung betriebene Projektierung der Strecke Berlin – Hannover

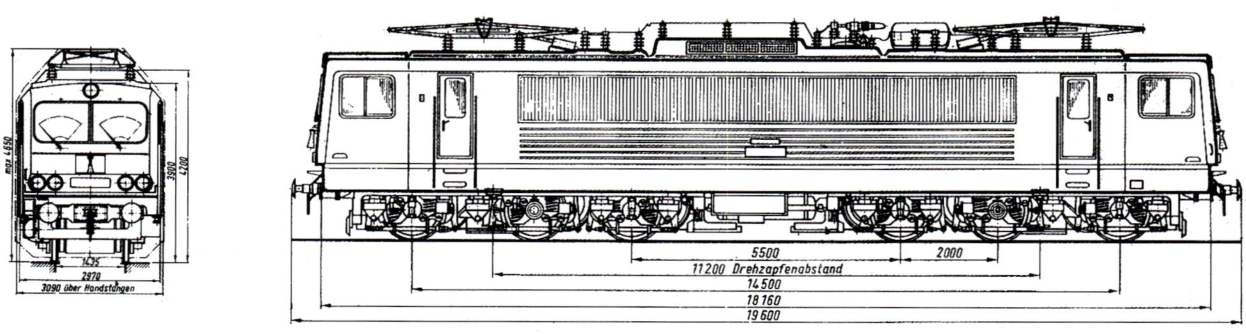

Die Hauptverwaltung Maschinenwirtschaft wählte die in Hennigsdorf gebaute Baureihe 250 aus und wollte sie auf 160 km/h, später auf 200 km/h modifizieren lassen. Das unterblieb jedoch.

Entnommen: Fahrt frei 1974

Einen solches Fahrzeug stellten sich die Mitarbeiter in der Hauptverwaltung Wagenwirtschaft als Komfortwagen für ihre Strecken vor. Es ist der Typ Abvmz227.4 der Deutschen Bundesbahn
Foto: Gleitsmann, Sammlung P. & S. Wagner

für Hochgeschwindigkeitszüge warf 1988/1989 lange Schatten auf die Deutsche Reichsbahn bzw. auf das Ministerium für Verkehrswesen der DDR. Das Bundesverkehrsministerium war bereit, für die Strecke (ohne Anteil in Berlin) sechs Milliarden DM an die DDR zu zahlen, beteiligte sich jedoch nicht am neuen Fahrzeugpark. Schließlich sollte die Reichsbahn mit den Fahrgeldeinnahmen ihre Aufwendungen einspielen, und dazu benötigte sie – und nicht die Bundesbahn – Lokomotiven und Wagen.

Von einer Expertenberatung am 28./29. November 1988 in München berichtete K., Abteilungsleiter bei der Abteilung Internationale Angelegenheiten im Ministerium für Verkehrswesen der DDR: „Die BRD-Seite sieht die von der DDR für den Hochgeschwindigkeits-Transitverkehr zu beschaffenden Triebfahrzeuge und Reisezugwagen entgegen der bereits im Informationspapier der DDR vom 23.11.1987 getroffenen Aussage nicht als Bestandteil der Maßnahmen an, für die sie zu einer Kostenbeteiligung bereit ist. Nach ihrer Darstellung wäre zu unterscheiden in Maßnahmen

- des Ausbaus der Infrastruktur, für die eine Kostenbeteiligung in Aussicht gestellt wird, und
- der Betriebsrealisierung einschließlich Fahrzeugeinsatz, der sich aus den Verkehrseinnahmen finanzieren soll.

Als „Fußnote" wurde von Dr. H.[24] vermerkt, wenn die DDR für diesen Verkehr keine eigenen Triebfahrzeuge beschaffen wolle oder könne, könnte der Naturalausgleich durch den Reisezugwageneinsatz im Wechselverkehr insgesamt geregelt werden.

Von der DDR–Delegation wurde dieser Standpunkt der BRD zurückgewiesen. „Der Ausbau der Strecke für eine Geschwindigkeit von 200 km/h erfolgt ausschließlich auf Wunsch der Interessenlage der BRD und Westberlins. Die in diesem Verkehr einzusetzenden Triebfahrzeuge und Reisezugwagen werden von der DDR nur ausgehend vom Interesse der anderen Seite entwickelt und beschafft."

Die Deutsche Reichsbahn wollte – was blieb ihr anderes übrig – die Wagen entwickeln und beschaffen. Aber nicht irgendwelche aus dem vorhandenen Fahrzeugpark, sondern für die Geschwindigkeit von 200 km/h, möglichst sogar von 250 km/h, geeignete Lokomotiven und Wagen. Die Wagen sollten dem Komfort der Bundesbahn-IC-Wagen entsprechen. In einer Abstimmung zwischen Bundesbahn und Reichsbahn in (Ost-)Berlin am 31. Juli 1989 wurde formuliert: „Für die Durchführung des Hochgeschwindigkeits-Transitverkehrs werden im Rahmen des Vorhabens Fahrzeuge für Dauerfahrgeschwindigkeit von 200 km/h und entsprechend dem internationalen Komfortniveau EC-Standard nach dem Grundsatz der Parität eingesetzt." Diese Formulierung blieb jedoch strittig. Die DDR-Seite wollte nicht den von der Bundesbahn definierten EC-Standard anerkennen, von Parität wollte wiederum die BRD-Seite nichts wissen.

All das, was von beiden formuliert und anerkannt wurde, hatte die Deutsche Reichsbahn nicht. Mit den Lokomotiven war es noch einfach, denn die baute das Kombinat Lokomotivbau – Elektrotechnische Werke in Hennigsdorf, das nicht zu dem Kombinat gehörte, das Wagen produzierte. Die Reichsbahn beabsichtigte, die Baureihe 250 (1992: 155) so zu modifizieren, dass sie den Anforderungen der Hochgeschwindigkeitsstrecke entspricht. Ungeklärt blieb, woher die Geräte für die Induktive Zugsicherung (Indusi) kommen sollten. In der DDR beschäftigte sich nur ein Werk mit einer solchen Einrichtung, und lieferte obendrein säumig.

Der Begriff „Komfortwagen" tauchte spätestens 1986 auf, als der VEB Waggonbau Bautzen einige neuartige Wagen baute und sie der Deutschen Reichsbahn übergab. Der Bedarf der Reichsbahn für die „neue Strecke" wurde mit 52 Sitzwagen für fünf Züge, sieben Speisewagen und sechs Sitz-/Gepäckwagen beschrieben. Im Stillen erkannten die Mitarbeiter der Hauptverwaltung Wagenwirtschaft ein Referenzfahrzeug, das als Komfortwagen ihren Vorstellungen entsprach. Es war der Typ ABvmz227.4, der von der Bundesbahn als Standard-Reisezugwagen der Zukunft bezeichnet wurde. Die Bundesbahn hatte wenige solcher Fahrzeuge im Betriebspark. Mit dem Drehgestell MD 36 und der Magnetschienenbremse eignete er sich für Geschwindigkeiten von 200 km/h.

Weder die zehn Vorzeigewagen aus Bautzen noch die Forderungen der Reichsbahn bewirkten in der zentral gesteuerten Plan-

Mit der fortschreitenden Entwicklung der modernen Rechentechnik wurde es in den 70er Jahren möglich, ein so kompliziertes Steuerungssystem, wie es ein modernes Drehgestell darstellt, in seinem Zusammenwirken mit dem Gleis und dem Fahrzeug, ausreichend genau zu simulieren und damit in kürzester Zeit zu optimieren. Die Theorien des stabilen Radsatzlaufes und des Reisezugwagens als selbsterregtes System führten zum "Überkritischen Laufwerk". Görlitz erprobte Baumuster-Drehgestelle des "Überkritischen Laufwerkes" auf dem Prager Versuchsring mit Geschwindigkeiten von v=200 km/h. Der enge Kontakt mit dem Institut für Schienenfahrzeuge VUKV in Prag führte zur gemeinsamen Entwicklungsaufgabe für ein neues Drehgestell, der **Bauart GP 200** (Bild 20). Diese Bezeichnung entstand aus den Anfangsbuchstaben der beiden Städte (Görlitz/Prag), in denen die Entwicklungen durchgeführt wurden und der Ziel-Fahrgeschwindigkeit. Die theoretischen Grundlagen dieser Bauart lieferte die Sektion Schienenfahrzeugtechnik der Hochschule für Verkehrswesen "Friedrich List" in Dresden. Die rechentechnischen Untersuchungen zum Laufverhalten rechtfertigten die Ausnutzung der Laufwerkskonzeption bis v=300 km/h. Diese Bauart zeichnet sich durch folgende konstruktive Merkmale aus:

- Drehgestellradsatzstand 2600 mm
- Radsatz mit Laufflächenprofil S 1002
- Radsatzführung durch Verwendung des bei der Bauart Görlitz VI bewährten GUP-Achslenkers
- Federung und Dämpfung mittels Schraubenfedern und Schwingungsdämpfern in der Primär- und Sekundärstufe
- Anlenkung Wagenkasten-Drehgestell mit gummigelagertem Drehzapfen und seitlicher Abstützung über Gleitstücke aus Nirosta und PTFE.

Nach einer Einlaufkurve begann im Jahr 1983 die Serienproduktion dieser neuen Bauart im Herstellerwerk Waggonausrüstungen Vetschau.

Eingesetzt wurden diese Drehgestelle bei Reisezugwagen für die Bahnverwaltungen BDZ, CFR, CSD, DR und PKP. Die neuen Steuerwagen Bimdzf 269 der Deutschen Bahn AG, 1995 im AW Halberstadt gebaut, werden mit modifizierten Drehgestellen der Bauart GP 200 mit Bahnräumer, Spurkranzschmierung, Sandstreueinrichtung und Fahrzeugmagnet ausgerüstet.
Die vierteiligen Schnelltriebwagen SVT 18.16 und die vierachsigen Oberleitungsrevisions-Triebwagen (Bild 21) wurden mit Görlitzer Drehgestellen in Sonderbauart ausgestattet.

Das in Vetschau produzierte GP-Drehgestell 200 sollte an die Anforderungen des Hochgeschwindigkeitsverkehrs angepasst werden. Die Bezeichnung GP geht auf die Entwicklungsorte des Drehgestells zurück: Görlitz und Prag. Die 200 deutet die Zielgeschwindigkeit für die Entwicklung an

Foto: Bombardier, Archiv Görlitz

wirtschaft, dass die Anbieter vor den Türen der Deutschen Reichsbahn Schlange standen. Im Gegenteil. Seit Jahren wurde zugunsten des Exports die Reichsbahn aus der Bilanz des DDR-Schienenfahrzeugbaus ausgeschlossen, musste sie die Reisezugwagen im Reichsbahnausbesserungswerk Halberstadt selbst bauen. Nun ganz schnell in den Bilanzen der Staatlichen Plankommission aufgenommen zu werden und Verträge abzuschließen, schien unmöglich, zumindest nur mit großen Kraftanstrengungen. Zweitens bauten die auf Export orientierten Fahrzeugbauer keine Wagen für Geschwindigkeiten größer als 160 km/h und mit besonderem Komfort. So etwas bestellten ihre ausländischen Vertragspartner nicht. Manche Baugruppen und Werkstoffe gab es in der DDR gar nicht. Es ging vorerst weniger um Bilanzen und Verträge, sondern um neue Produktionslinien, verbunden mit hohen Investitionen – und das nur für die Deutsche Reichsbahn? Selbst wenn die Reichsbahn zur Eigenfertigung übergegangen wäre, hätte sie gleiche Probleme wie die Wagenhersteller des Kombinates gehabt. Es sollte nur ein Miteinander geben und dies unter der Vorgabe „Staatsauftrag".

Ungemach drohte der Deutschen Reichsbahn noch aus einer anderen Richtung. Seit 1987 begann die Bundesbahn, den Fernverkehr neu zu ordnen und Strecken mit Schnellfahrabschnitten für 200 bis 250 km/h auszubauen oder neue Strecken für den Hochgeschwindigkeitsverkehr zu bauen. Die Reichsbahn stellte in einen Teil der Züge, die künftig die Ausbaustrecken befahren, ihre Wagen ein und sicherte sich den Naturalausgleich in der Kilometerleistung. Da die Fahrzeuge der Reichsbahn die neuen Bedingungen nicht erfüllten, musste sie den Verlust des Naturalausgleichs befürchten. Andere östliche Bahnen hatten mit diesem Konflikt nichts zu tun. Das Problem mit den Neubau- und Ausbaustrecken „westlich von Hannover" – wie es in den Papieren der Reichsbahn immer hieß – soll nicht Thema hier sein. Ebenso werden die Folgeinvestitionen für die Wagenbehandlung und Ausbesserungen nicht behandelt.

Für Berlin – Hannover war schon „die Entwicklung einer aus dem Vollkomfort-Reisezugwagen abgeleiteten Variante mit gehobenem Komfortniveau für Geschwindigkeiten von 160 – 200 km/h durch die Deutsche Reichsbahn unter Mitwirkung des Kombinats Schienenfahrzeugbau" [Vorschlag des Ersten Stellvertreters des Generaldirektors an den Minister vom 17.2.1989] ein Problem, das keiner Steigerung bedurfte. Die Serienreife der Wagen sollte im Juni 1996 erreicht sein. Aus dieser Aufgabenstellung gingen schon die notwendigen, vielfältigen Entwicklungsaufgaben hervor, um die sich die Schienenfahrzeugindustrie der DDR bisher nicht zu scheren brauchte.

- Drehgestell GP 2000 weiterentwickeln
- Radsatz massereduziert und mit Schallabsorber für 250 km/h
- Entwicklung erforderlicher Bremstechnik: neue Bauart von Scheibenbremsen, elektronischer Gleitschutz, Magnetschienenbremse
- Zentrales Energieversorgungssystem für Ein- und Mehrspannung nach Baukastenprinzip für 10 bis 60 kW
- Klimaanlage in Unterfluranordnung auf Drehstrombasis
- Luftheizanlage mit Druckbelüftung
- Baugruppen für den Wagenkasten: Schwenkschiebetür, Fest- und Übersetzfenster, Übergangseinrichtung, Schlösser und Beschlagteile, Elemente der Innenausstattung, insbesondere Sitze
- Geschlossenes Vakuum-WC-System
- Moderne Beleuchtung
- Informationselektronik
- Neue Plast- und Elastwerkstoffe
- Strangprofile für Fenster, Türen, Sitzgestelle usw.
- Flammgeschützte Werkstoffe für die Inneneinrichtung
- Wasserlösliche Korrosionsschutzsysteme (Dispersionsfarben).

Bei dieser Aufzählung sind Bearbeitungsanlagen, Mess- und Prüfgeräte und Gestaltungsvorgaben nicht angeführt. An beteiligten Bereichen zählte die Aufgabenstellung neun Kombinate auf. Wer die sozialistische Wirtschaft erlebte, wusste, dass das selbst unter politischem Druck nichts werden konnte. Es sei denn, die neuen Ausrüstungen würden aus dem NSW (nichtsozialistischem Wirtschaftssystem) und gegen harte Währung importiert. Das sahen die Experten des Kombinats Schienenfahrzeugbau als einzige Möglichkeit, den Termin für die Hochgeschwindigkeitsstrecke zu halten. Nochmals brachte der Erste Stellvertreter des Generaldirektors dem Minister Arndt nahe, ja nicht auf den Gedanken zu kommen, die Wagen für die Transitstrecke im Reichsbahnausbesserungswerk Halberstadt bauen zu lassen.

Auch so hätten die Wagen aussehen können. Der VEB Waggonbau Bautzen hatte zehn solcher Fahrzeuge gebaut. Mit der Zweisystemlokomotive 230 001 wurden vier an den Zuschauertribünen der Parade zu „150 Jahre Leipzig-Dresdner Eisenbahn" am 8. April 1989 vorbei gefahren.

Ohne Investitionen wäre das Reichsbahnausbesserungswerk dafür nicht in der Lage, außerdem auch nicht zu dem kurzfristig angesetzten Termin.

Hinzu kamen Einreden der Experten gegen das Lokomotiv-Wagen-Konzept, das bisher verfolgt wurde. Hohe Geschwindigkeiten über 200 km/h würden nicht mit Lokomotiven und Wagen, sondern mit Triebzügen gefahren. Von denen war bisher, da die Reichsbahn an den 200 km/h als obere Grenze festhielt, keine Rede. Den Experten schwante, dass diese Obergrenze nicht auf ewig bestehen würde.

Am 11. November 1988 bildete das Kombinat Schienenfahrzeugbau im Betriebsteil Berlin-Bohnsdorf des VEB Fahrzeugausrüstung vier Arbeitsgruppen, die Lösungen für die Hochgeschwindigkeits-Fahrzeuge finden sollten. Statt den Innovationsschub für die Zulieferer auszulösen, wie es vorgegeben war, beschrieben die Arbeitsgruppen Probleme und manche überraschende Lösung. Die Entwicklungskapazität sei durch das Staatsplanthema „Lokomotive mit Drehstrom-Antriebstechnik" gebunden. Die Magnetschienenbremse wäre kein Bestandteil elektrischer Lokomotiven und deshalb im Entwicklungsprogramm nicht eingeordnet, sollte aus Jugoslawien importiert werden. Die Produktion wäre schon mit dem Bau der U-Bahn-Fahrzeuge überlastet. Die für eine Klimakammer notwendigen Kältemaschinen für – 60° C würden nicht hergestellt. Vertreter vom Kombinat NAGEMA betonten, dass Mikrowellengeräte (gefordert für die Speisewagen) in der DDR nicht produziert werden, aber das Eisenhüttenkombinat Ost (ein Stahlwerk!) ein Mikrowellengerät entwickele. Für die Speisewagen sollte man solche Geräte importieren. Ebenso produziere kein Werk in der DDR Werkstoffe wie Wollplüsch, Flammschutzmittel, flammgeschützten Weichschaum usw. Weil Exportverträge für Komfortwagen nicht zu sehen waren, störte die Hersteller grundsätzlich die niedrige Losgröße, selbst wenn die Deutsche Reichsbahn mehr als die 158 Wagen bestellen würde. Aufwand und Erlös stünden in keinem Verhältnis, abgesehen von den ausgeschöpften Bilanzauflagen. Dennoch sollte es weitergehen. Am 2. September 1988 erteilte der Minister für Schwermaschinen- und Anlagenbau, Dr. Lauck, dem Generaldirektor des Kombinats Schienenfahrzeugbau, Dr. Garbe, den Auftrag, „unverzüglich mit der Vorbereitung zu beginnen mit dem Ziel, 1992 ein erstes Baumuster zur Erprobung bereitzustellen und 1993 die Serienreife ... zu sichern." Ende November 1988 nannte der Minister die Aufgabe: Reisezugwagen bis 250 km/h, Güterwagen bis 160 km/h. Kühne Vorstellung oder Realitätsverlust? Hieß es doch beim Schienenfahrzeugbau stets: Mehr als 200 km/h geht nicht. Sicherlich hatte ein wenig informierter „Zuschläger" dem Minister diese Aufgabenstellung ins Ohr gesetzt.

Zuerst bildete das Kombinat Schienenfahrzeugbau einen „zentralen Arbeitsstab" mit 25 Mitgliedern, davon sieben, die namentlich noch nicht bekannt waren. Den Betrieben war es sicherlich nicht leicht gefallen, viel beschäftigte Experten auch noch in einen Arbeitsstab zu delegieren. Das Ministerium für Verkehrswesen stand mit dieser Art Arbeitsorganisation nicht zurück und bildete auf „Arbeitsebene" ein Stabsorgan unter Leitung von Hans-Dieter Weiß, Stellvertreter des Generaldirektors der Deutschen Reichsbahn.

Nicht nur beim Material und bei Bauteilen herrschte Mangel, auch Arbeitskräfte fehlten. So wurde diskutiert, Arbeitskräfte des Auslands zu beschäftigen und schon abgegebene Angebote zu reduzieren. Baugruppen sollten in Polen und in der Tschechoslowakei hergestellt oder die Arbeitskräfte von dort in der DDR eingesetzt werden. Es ging nicht um Billigarbeiter und Lohndrückerei. Auch kannte man in der DDR nicht das Wort „Arbeitsmarkt", weil es schließlich um Menschen ging. Der Einsatz von Arbeitskräften aus dem Ausland hing mit dem Mangel an Arbeitskräften zusammen. Die Ausländer erhielten auch das gleiche Salär wie die DDR-Werktätigen. Das Kombinat würde Leistungen für Griechenland reduzieren, denn der Verhandlungsstand ließ das zu.

In einem Brief vom 20. April 1989 beschrieb der Stellvertreter des Ministers für Schwermaschinen- und Anlagenbau, Dr. Mornhinweg, dem Stellvertreter-Kollegen für Internationale Angelegenheiten im Ministerium für Verkehrswesen, Heinz Gerber, das Dilemma, in dem der Schienenfahrzeugbau der DDR bei der Entwicklung von Reisezugwagen für höhere Geschwindigkeiten stand. Drehgestelle für 200 km/h ließen sich bisher nicht bauen, weil Versuchsmöglichkeiten fehlten. An der Weiterentwicklung des GP-Drehgestells, das dafür infrage kam, beteiligte sich stets das Wissenschaftlich-Technische Zentrum der Deutschen Reichsbahn in Delitzsch. Das Drehgestell GP 200 sollte aufgerüstet werden, aber wo könnten Experimente stattfinden? Sonst würde alles berücksichtigt, was gegenüber Wagen für 160 km/h zu verbessern ist: Scheibenbremse und neu die Magnetschienenbremse, elektronische zentrale Energieversorgung, integriertes Diagnosesystem, druckdichter Wagenkasten aus Nirostastahl und in Spantbauweise für hohe aerodynamische Belastung, heruntergezogene Schürze, moderne Fahrgasträume, geschlossenes Toilettensystem. Aber: Wenn die Reichsbahn solche Wagen bis 1994/95 haben wolle, dann nur als „technisch abgeminderte Variante". Da die Erprobung in der vorgesehenen Geschwindigkeit nicht möglich sei, müssten das Kombinat Schienenfahrzeugbau und die Deutsche Reichsbahn das Risiko gemeinsam tragen. Beim GP-Drehgestell sei die Erprobung unerlässlich. Da müssten eben Versuchs-Strecken im nichtsozialistischen Währungsgebiet benutzt werden. Bei den Interimswagen für 200 km/h würden Kompromisse darin bestehen

- Magnetschienenbremse muss aus dem NSW1 importiert werden
- die zentrale Energieversorgung, wenn sie mit einer höheren Leistung als 4,5 Kilowatt erforderlich ist, dann als NSW1-Import
- Verzicht auf Druckertüchtigung (Argument: „Auch bei der Bundesbahn fahren nicht alle Wagen druckertüchtigt.")
- Bodenwanne und Dimensionierung für aerodynamische Belastung entfallen
- Als Diagnosesystem wird das vom Stand 1985 verwendet.

Nur so könne die Terminkette für die Fahrzeuge der Strecke Berlin – Hannover eingehalten werden. Der Lieferumfang beim Export in die Tschechoslowakei und nach Bulgarien müsse reduziert werden. Auch dürfe die Reichsbahn keine weiteren Forderungen stellen. Im Grunde ging es immer um das Gleiche: Die DDR-Industrie konnte solche Kundenforderungen nicht erfüllen. Es ging daraufhin darum: Welche Kompromisse können Eisenbahn und Fahrzeugbau eingehen? Wer ist schuld, wenn der Termin nicht gehalten wird? Mit dem Ausgangspunkt und den zwei Fragen drehten sich Zusammenkünfte und Absprachen im Kreise. Am 2. November 1989 legte der Erste Stellvertreter des Generaldirektors der Deutschen Reichsbahn unter anderem fest, dass das Wissenschaftlich-Technische Zentrum Delitzsch eine Konzeption für Wagen der Übergangsvariante, Bauart Halberstadt, erarbeiten soll. Das Misstrauen, dass es die Industrie nicht schafft, zum Termin erprobte Wagen auszuliefern, war allzu berechtigt, fehlten doch noch immer die Bestätigungen der Minister Dr. Lauch und Arndt auf der „Gemeinsamen Konzeption". Vermutlich werde zentral zugunsten des erhöhten Exports von Schienenfahrzeugen in die Sowjetunion entschieden. Das schien wichtiger. In der „Gemeinsamen Konzeption" stand der geschätzte Bedarf an Reisezugwagen für 200 km/h. Von den veranschlagten 970 Fahrzeugen (178 für Berlin – Hannover) rechnete sich das Kombinat Schienenfahrzeugbau 190 Millionen DM aus dem NSW[25] gegenüber 800 Millionen Mark für Fahrzeuge in das sozialistische Währungsgebiet aus. Damit schien geklärt, wo der Schwerpunkt lag.

In der gleichen Dienstberatung wurden Wissenschaftlich-Technisches Zentrum (WTZ-DR) und der Präsident der Reichsbahndirektion Ausbesserungswerke beauftragt, einen Messwagen für die Erprobung von Reisezugwagen mit einer Geschwindigkeit von 200 km/h bis 12/1991 umzubauen. Order gab es auch für Valuta, die für die NSW[25]-Bauteile erforderlich würden.

Experten der Hauptverwaltung Wagenwirtschaft hatten noch eine andere Vision. Auf Konferenzen hielt sie die Delegation der Bundesbahn auf dem Laufenden, wie weit der Einsatz des Intercity Express (ICE) vorankam. Da würden IC-Wagen frei, die unter anderem für Berlin – Hannover verwendet werden könnten. Warum also neue Fahrzeuge bauen? Die Situation beiderseits der Staatsgrenze mit unterschiedlichen Nachrichten zur Wagensituation beflügelte kaum den Eifer, den Neubau von Reisezugwagen auf den Weg zu bringen. Inzwischen hatte sich in der politischen Landschaft einiges geändert. Das hatte auch Auswirkungen auf die „neue Strecke". Aber noch 1990 führte der Außenhandelsbetrieb Schienenfahrzeuge-Export-Import Verhandlungen bei der Linke-Hofmann-Busch GmbH in Salzgitter. Am 8. Februar waren Manfred Gürges, Leiter der Hauptverwaltung der Wagenwirtschaft, Gerhard Vorwald, Hauptsachgebietsleiter, und ein Mitarbeiter der Hauptverwaltung dabei und konnten den Bedarf der Reichsbahn darstellen. Linke-Hofmann-Busch wollten bis zum III. Quartal 1991 liefern. Das waren im Vergleich mit dem DDR-Wagenbau ungewohnte Töne. Preis je Wagen 1,4 bis 1,6 Millionen DM[26]. Während der Gespräche durften sich die Eisenbahner die IC-Wagen des Typs Bvmz 185 in der Fertigungsabteilung ansehen.

Der Kauf von Fahrzeugen für die Hochgeschwindigkeitsstrecke Berlin – Hannover unterblieb, die fortgeschrittene Lokomotivbaureihe 250 wie die Interims-Wagen wurden hier nicht gebraucht. Nicht mehr Mittag und Honecker bestimmten über den Transitverkehr. Er wurde zur normalen Verbindung zwischen Berlin als Ganzes und den Land Niedersachsen. Und er wurde seit 1998 hauptsächlich von Triebzügen der Gattung Intercity-Express mit mehr als 250 km/h gefahren. *(Zum fachlichen Hintergrund gab Herr Gerhard Vorwald Unterstützung.)*

Auf zum Krempelmarkt!

Tausende Berlin-Reisende, die frühzeitig jeden Tag am Berliner Hauptbahnhof[27] ankamen, kannten nur ein Ziel: das unbebaute Grundstück zwischen Reichpietschufer und Köthener Straße. Das lag in Berlin (West). Was gab es da Besonderes, dass man eine mehr oder weniger weite Reise antrat? Hier fand der wohl größte europäische Markt unter freiem Himmel statt. Zwar musste man in Polen zeitig aufstehen, sonst war jedoch die Verbindung ideal. Und preiswert, denn es galt der niedrige Tarif des östlichen Systems[28] bis zur gesuchten Bahnstation in Berlin (West). Der D-Zug von Warschau endete im Hauptbahnhof, dann ging es mit der nach Berlin Stadtb ausgestellten Fahrkarte zum Bahnhof Berlin Friedrichstraße, von da über den nördlichen Vorplatz in die Abfertigungshalle, die später als „Tränenpalast" bekannt wurde. Pass- und Zollkontrolle. Weiter zum unterirdischen S-Bahnsteig und in einen S-Bahn-Zug in Richtung Süden bis Anhalter Bahnhof. Von da über die Bernburger Straße auf das umzäunte und zugängliche Gelände. Der Krempelmarkt füllte sich jeden Tag mit bis zu 8.000 Händlern aus Polen! Er hieß unter den West-Berlinern so, weil hier nur das billig angeboten wurde, was die polnischen Familien entbehren und zu Geld

Oben liegen die Fahrbahn der Magnetbahn und der Haltepunkt Bernburger Straße, unten handeln Tagesbesucher, die über die „Hauptstadt der DDR" nach Berlin (West) eingereist sind (1989)

Am Kemperplatz herrscht reges Treiben. Die Fußgänger eilen zum „Polenmarkt" (1989)

Das Angebot ist vielfältig, der Preis niedrig. Alles wird zu Deutsch-Mark gemacht. 8.000 Polen reisen mit der Reichsbahn an und offerieren auf dem Krempelmarkt am Reichpietschufer ihre Habseligkeiten (Februar 1989)
Foto: Landesarchiv Berlin/Albrecht

machen wollten, präsentiert ebenerdig auf einem Zeitungsbogen. Man sah nicht betuchte Geschäftemacher, sondern meist Hausfrauen und Rentner, die die Not der Familie etwas mindern wollten. Manch einer bot einen gerahmten Ölschinken feil, ein anderer zwei Tassen aus der Vorkriegszeit, andere hatten etwas mehr. Auf alle Fälle lohnte sich der Handel auf der Insel im Sozialismus in Berlin (West). Verkauft wurde gegen D-Mark. Die nächste Wechselstelle war nicht weit, sie stand im Gelände. Da betrug der schwankende Kurs der D-Mark zur Ost-Mark etwa 1:6. Mit dem getauschten Geld fuhr man nach Berlin Ost ins Centrum-Warenhaus am Alexanderplatz und kaufte da bevorzugt die vom Staat DDR preisgestützten Waren: Kinderbekleidung, Schuhe, Teppiche, Wohnraumtextilien, Modelleisenbahnen, Fahrräder, Nähmaschinen, Handwerkszeug, Bereifung, Speiseöl, Kakaoerzeugnisse, Apfelsinen usw. So konnte erfolgreich der Tag zu Ende gehen und die Heimfahrt angetreten werden. Nur eins musste noch gemeistert werden: Das Verstauen der Waren im Zug. Schließlich fuhren auch andere Händler mit. In den Seitengängen war kein Durchkommen mehr. Man sah, wer gut verkauft hatte und wunderte sich. Der polnische Bürger durfte dank Solidarność nach Berlin (West), der DDR-Bürger nur in Ausnahmefällen. Er störte sich weniger am Einkauf der für ihn subventionierten Waren, mehr am Gedränge im Warenhaus. Die noch funktionierende Staatsmacht in Ost-Berlin betrachtete die Vorgänge mit höchstem Misstrauen und glaubte Ende 1989, das Treiben in der DDR-Hauptstadt beenden zu können.

Am 23. November 1989 tagte der Ministerrat und fasste unter 2/6/89 den „Beschluß über Maßnahmen zur Abwehr von negativen Auswirkungen des Reiseverkehrs“[29]. Der Beschluss sollte Waren- und Devisenspekulationen sowie „den spekulativen Warenabkauf durch Ausländer“ verhindern. Gemeint waren polnische Bürger, die Waren einkauften und ggf. in ihrem Heimatland wieder verkauften. Die Zollorgane der DDR sollten verstärkt werden, indem Angehörige des Amtes für Nationale Sicherheit übernommen werden. (Als solches Amt bezeichnete sich nun das ehemalige Ministerium für Staatssicherheit.)

Eine neue Grenzübergangsstelle sollte geschaffen werden, diese ohne Geldwechselstellen (der DDR). Ausgewählte Waren würden nur noch an Bürger der DDR verkauft, an ausländische Werktätige, die in der DDR beschäftigt sind, sowie an ausländische Bürger mit ständigem oder zeitweiligem Wohnsitz in der DDR. Im Zweifelsfall durfte das Verkaufspersonal die Personaldokumente verlangen. (Als ob nicht schon Erfahrungen vorlagen, dass in der DDR arbeitende polnische Werktätige ebenso Handel treiben und für ihre Familien sorgen!) Dass die Beschlüsse die polnischen Reisenden betrafen, ging aus den anschließenden Festlegungen hervor. Dazu gehörte ein Verbot, die Transitstrecken zwischen Polen und Berlin (West) zu verlassen. Diese sollten stärker überwacht werden. Beim Grenzübergang Berlin Friedrichstraße wollte man die Grenzabfertigung der polnischen Bürger von den anderen Kontrolldurchgängen trennen. Die Reichsbahn werde prüfen, ob kurzfristig Transitzüge zwischen der Volksrepublik Polen und Berlin (West) eingesetzt werden können. Damit beschäftigte sich die Leitung der Deutschen Reichsbahn schon seit dem 17. Oktober 1989 und stellte durch den Chef des Hauptstabes für die operative Betriebsleitung fest, dass Züge zwischen Polen und der DDR Besetzungszahlen von über 200 Prozent erreichen.

Am 11. November 1989 legte der Ministerrat der DDR im Beschluss 116/4/89 Höchstfristen für den Transit mit Reisezügen zwischen Polen und Berlin (West) fest. Sie betrugen 8 Stunden. Die Reiseunterbrechung wurde nicht erlaubt – und niemand hielt sich in der kurzen Zeit der Anarchie daran. Am 21. November 1989 hieß es lediglich: „... die Festlegungen ... von Höchstfristen für den Transit mit Reisezügen sind durchzusetzen.“ Mit dem Ministerrat diskutierte die Reichsbahn auch darüber,

- Transitzüge nach Berlin (West)[30] ohne Halt in der Hauptstadt fahren zu lassen. Die Züge sollten beispielsweise in Berlin-Spandau enden und beginnen, mit einem Lokomotivwechsel in Berlin-Köpenick und Wustermark.
- die Anzahl der Züge im Wechselverkehr zu reduzieren
- zum bisherigen Leistungsangebot noch drei Zugpaare über Küstrin anstatt über Frankfurt (Oder) mit Wagen der polnischen Staatsbahnen zu fahren.
- die Pass- und Zollkontrolle als Standkontrolle vorzunehmen, weil so für die Kontrolle Reisende den Zug zum Bahnsteig hin verlassen müssen und beim Wiedereinstieg kontrolliert werden können. Eine Kontrolle wie bisher im fahrenden Zug war wegen des gestapelten Gepäcks und der Überfüllung nicht möglich.
- eine Platzkartenpflicht einzuführen und überbesetzte Züge auf dem Grenzbahnhof zurückzuweisen.
- keine Zugbildung in der Hauptstadt vorzusehen, zum Beispiel nicht Kurswagen an- und abzusetzen.

All die besprochenen Maßnahmen platzten wie eine Seifenblase, spätestens mit der Währungsunion 1990. Da war jeder „Abkäufer", der kam, willkommen. Der Krempelmarkt löste sich auf.

Toter Bahnhof

Nach Kriegsende zeigte sich das Empfangsgebäude des Hamburger Bahnhofs in Berlin desolat mit Einschusslöchern. Bomben hatten das Mauerwerk beschädigt und Seitenflügel weggesprengt, das historische Stellwerk zerstört. Mancher erinnerte sich daran, dass das Empfangsgebäude mit einer reichhaltigen Sammlung des ehemals Königlichen Verkehrs- und Baumuseums belegt war, und interessierte sich für die Exponate in dem Trümmerfeld. Er schaffte weg, was sich zu Geld machen ließ: die große Modellanlage, Kupfer, Messing. Sogar der Bezugsstoff wurde aus den Fahrzeugabteilen gerissen und weggebracht. Selbst in die UdSSR[31] verschlug es Exponate, zum Beispiel das Modell von dem Schiffshebewerk Niederfinow und Modelle von Talsperren. Die Verluste durch die Plünderungen waren größer als das, was die Bomben an der Sammlung angerichtet hatten.

Der Hamburger Bahnhof in Berlin war am 15. Oktober 1884 zugunsten des Lehrter Bahnhofs in der Nachbarschaft geschlossen worden. Am 14. Dezember 1906 bezog das neu gegründete Verkehrs- und Baumuseum das Empfangsgebäude. Nach der Besetzung Berlins durch die Rote Armee legte die Sowjetische Militäradministration (SMAD) fest, dass eine Reichsbahndirektion Berlin für den Eisenbahnbetrieb in ganz Berlin zuständig sei. Daran hielten sich auch die anderen drei Besatzungsmächte, als sie in Berlin einzogen und mit der sowjetischen Besatzungsmacht die Stadt in vier Sektoren aufteilten. Das Museum im Bahnhofsgebäude lag nun auf dem Gebiet des britischen Sektors, hart an der damals noch offenen Grenze zum sowjetischen Sektor. Weder der sowjetischen Administration vor der Teilung noch den Alliierten unmittelbar nach der Teilung der Stadt fiel auf, dass zwar von einem Bahnhof gesprochen wurde, von ihm jedoch nur das dem Staat gehörende Empfangsgebäude mit dem Museum bestand. So kam die Deutsche Reichsbahn in den Besitz eines großen Museums. Und eines großen lädierten Gebäudes, für dessen Unterhaltung sie die Kosten zu tragen hatte. Eine gewisse Pflege und Bewachung musste das Museum schon erhalten. 1948/49 fanden erste Aufräumungs- und Sicherungsarbeiten statt. Die Ausstellungshalle wurde verglast, der erhalten gebliebene westliche Seitenflügel für Wohnungen hergerichtet. Wenige Eisenbahner reparierten Ausstellungsstücke, entstaubten Räume und Vitrinen und sahen nach dem Rechten. Bahnpolizisten umrundeten das Gebäude und staunten, als sie bei einem Arbeitseinsatz die

Gen. Fröhlich z. K.
Ergebnis der Beratung b. Gen. [illegible] am 17.10.89:
Vorhaben wird nicht weiter verfolgt.
Gen. Enders u. Gen. [illegible] haben Aufträge zur Mitarbeit in zentraler Agr. [illegible] 18/10

HBL DR. / WF 17.10.1989

Situation im Reiseverkehr DDR/VRP

1. Derzeitig verkehren in der Relation VRP - DDR 12 Zugpaare, die die Hauptstadt der DDR berühren.

   Davon 4 Zugpaare im Transit durch die DDR und W-Europa, bei denen in Berlin eine umfangreiche Zug-Umbildung (Kurswagen) erfolgt. Für diese Züge kann der Zuglauf nicht geändert werden.

   Bei weiteren 4 Zugpaaren, die in Berlin/Hbf oder Berlin-Lichtenberg beginnen bzw. enden, ist die Führung über Berlin aus verkehrlichen (Beförderung von polnischen Arbeitskräften, Mitführung von Postwagen) bzw. betriebstechnologischen Gründen (Mitführung von Schlafwagen) notwendig.

   Für 4 Zugpaare, die in Berlin beginnen bzw. enden, ist die Führung über den nördlichen Außenring und über den Grenzübergang Staaken direkt nach Westberliner Bahnhöfen möglich.

   Ein weiteres, von der PKP mit FS vom 13.10.1989 beantragtes Zugpaar, könnte bei Gestellung polnischer Reisezugwagen direkt nach Westberlin geführt werden.

2. Das gegenwärtige Platzangebot beträgt in der Relation VRP - DDR und zurück je 6400 Sitzplätze. Von dieser Kapazität können 3200 Sitzplätze direkt nach Westberlin geführt werden.

3. Für die 4 (ggf. 5) direkt nach/von Westberlin zu führenden Zugpaare ist Lokomotivwechsel in Berlin-Köpenick und Bf Wustermark erforderlich.
   Der Lokomotivbedarf beträgt zusätzlich überschläglich 4 a 12 Std. Transitlok, 2 a 4 Std. Lotse, 3a 12 Std DR-Lokomotive, für die auf Überstundenbasis zusätzlich Lokomotivpersonale bereitgestellt werden müssen.

4. Die Ankunftszeit auf den Westberliner Bahnhöfen liegt im Durchschnitt 3 Std später als auf den Ursprungsbahnhöfen.

Bericht (Auszug) des Hauptstabes für die operative Betriebsleitung zu einer Besprechung, bei der diskutiert wird, die Züge von und nach Polen an der Hauptstadt der DDR vorbeizuleiten

Quelle: Barch DM 1-4722

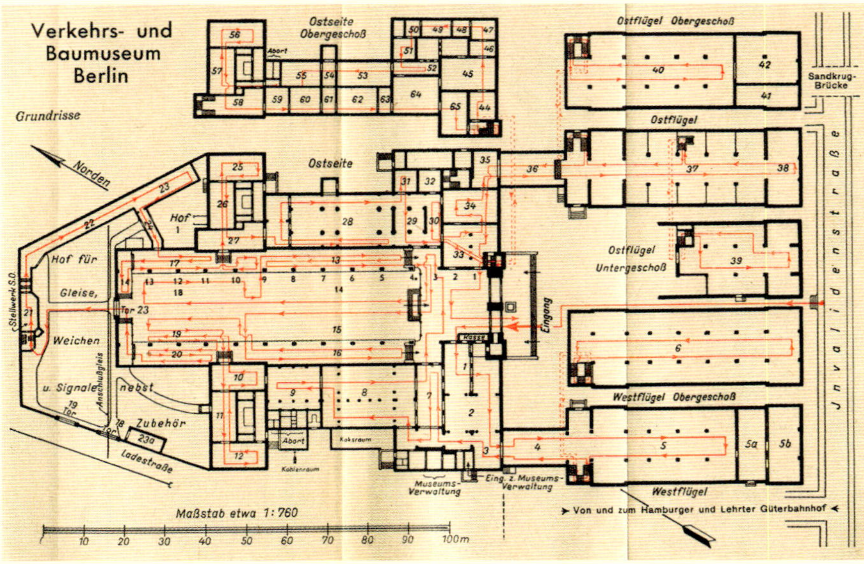

Im Erd- und Obergeschoss und in mehreren Flügelgebäuden standen Objekte der Eisenbahnsammlung und wurden beaufsichtigt

Räume betreten durften, welche Schätze das Empfangsgebäude des toten Bahnhofs immer verbarg.

Bei der Reichsbahn kam niemand auf den Gedanken, das Museum wieder zu eröffnen. Der Museumsbetrieb hätte Geld gekostet, wichtiger schien die Gefahr, dass die Reichsbahn die Immobilie verloren hätte, denn die Eisenbahn würde mit dem geöffneten Museum ihre Betriebsrechte verlieren. Das Museum mit Gebäude abzugeben, kam auch nicht infrage, denn der Führungsspitze war es wichtig, so viel wie möglich an Grundbesitz in West-Berlin zu halten. So hatte das Ministerium für Verkehrswesen der DDR immer einen Fuß in der Tür und konnte in West-Berlin eine stärkere Verhandlungsposition einnehmen. Daran änderte auch nicht die 1953 gegründete, vom Ministerium für Verkehrswesen als illegal betrachtete Verwaltung des ehemaligen Reichsbahnvermögens, die das Museum im ehemaligen Bahnhof übersehen hatte. Kaum jemand wusste, was in dem Gebäude hinter spontan wachsenden Birken und hinter verschlossenen Türen vorhanden war.

Bewegung in das Thema „Verkehrs- und Baumuseum" brachte ein Förderverein für das Museum, der 1983 Fotos von der Reichsbahn erhalten hatte und diese in einer Ausstellung zeigte. Nun war das Museum wieder im Gespräch. In den Etagen des Ministeriums für Verkehrswesen hatte sich der Wind gedreht. Alles, was in West-Berlin nur Kosten verursachte, sollte abgestoßen werden. Dazu gehörten S-Bahn und Museum. Für die notdürftige Unterhaltung des Gebäudes und seiner Exponate fielen jährlich Kosten von 200.000 DM an. Insgesamt waren von der Deutschen Reichsbahn seit 1945 etwa 8 Millionen DM verausgabt worden. Das sollte ein Ende haben. Und so wurde nicht nur die Übergabe der S-Bahn in West-Berlin an den Senat von Berlin (West), sondern zugleich die Übergabe des Museums verhandelt. In einem Bericht[32] an das Politbüro der SED schrieb das Ministerium für Verkehrswesen: Das Verkehrs- und Baumuseum der Deutschen Reichsbahn enthält eine Sammlung von Originalen und Modellen, die zum Teil einen hohen kulturhistorischen und fachspezifischen Wert besitzen: Oberbauteile der Eisenbahn, des Fahrzeugbereichs, der Eisenbahnsicherungstechnik sowie von stationären technischen Anlagen der Eisenbahn, eine Fahrkartensammlung mit circa 100.000 Stück Fahrkarten, eine Brückenbausammlung, Ausstellungsstücke aus dem Bereich Wasserwirtschaft und der Schifffahrt sowie eine Dokumentensammlung für Bereiche des Verkehrswesens.

Genossen des Verkehrsmuseums Dresden mit Reisegenehmigung in den Westen schätzten nach der Besichtigung den gesamten musealen Wert der Exponate auf 250 bis 300 Millionen DM. Das Gebäude habe einen hohen städtebaulichen Wert, schließlich gehöre es zu einem der letzten Kopfbahnhöfe des 19. Jahrhunderts.

Nicht auszuschließen sei, dass die Westberliner[33] Seite den Vorwurf erhebt, die DDR enthalte kulturhistorisch wertvolle Exponate

Originale und Modelle standen in dem Gebäude

Foto: Historische Sammlung Deutsche Bahn

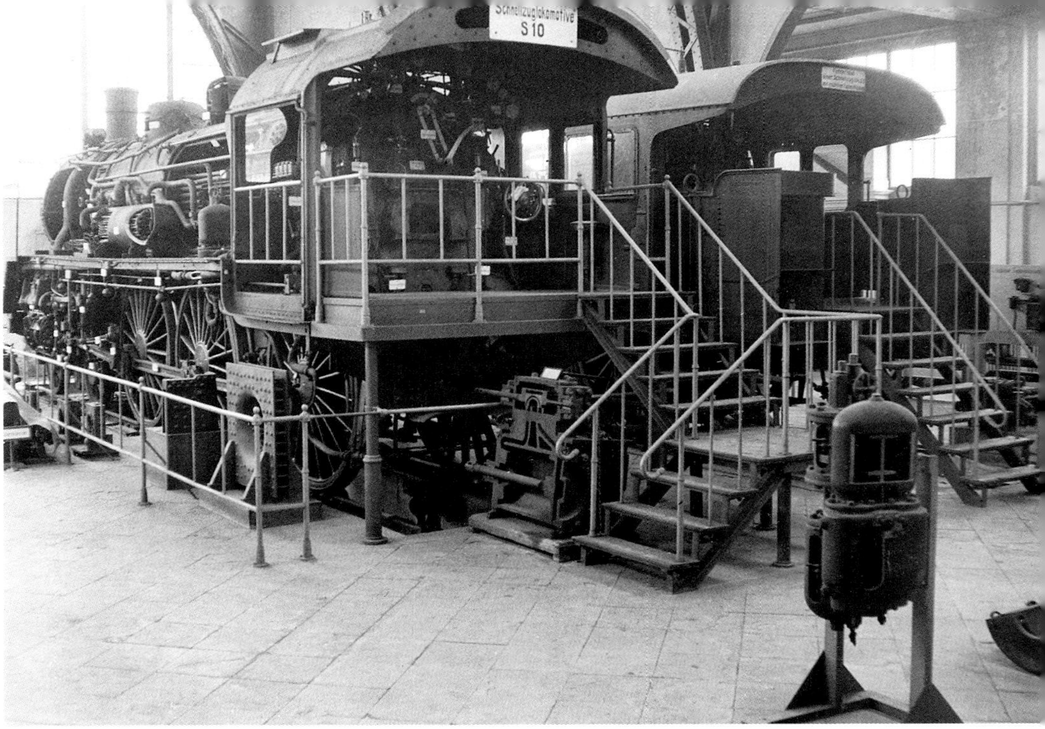

Am Original der Lokomotive 17 008 konnten sich Besucher von der Funktion der Dampflokomotive überraschen lassen, wenn es denn Besucher gab. Im Museumsgebäude wurden Teile der Lokomotive mit einem Elektromotor angetrieben
Foto: Historische Sammlung Deutsche Bahn

der Öffentlichkeit vor. Der Westberliner Senat errichtete ein eigenes Verkehrsmuseum. Es wäre zu klären, ob Interesse an der Nutzung der einmaligen Exponate bestehe. Eine Überführung der Exponate in die DDR sei nicht möglich, weil die drei Westmächte angeordnet hatten, vom Reichsbahngelände in Westberlin dürfen Einrichtungen, Betriebsmaterial oder Teile davon nur mit ihrer Zustimmung entfernt oder verlagert werden.

Baumaßnahmen auf Geländeflächen in Westberlin, die nicht der Betriebsführung dienten, seien vom Senat widerrechtlich einer Genehmigungspflicht unterworfen. Das träfe auch auf Baumaßnahmen zur Eröffnung des Museums zu. Der Senat werde rechtswidrig Objekte von vornherein von einer von ihm erteilten Baugenehmigung mit Auflagen und Kontrollen abhängig machen. Die völlige Sanierung aller Hochbauten im Museums-Komplex sowie die Renovierung der Ausstellungsräume koste 10 bis 12 Millionen Verrechnungsmark[34]. Der Aufwand würde sich reduzieren durch Eintrittsgelder, aber Besuche von Museen seien in Westberlin kostenlos! Unabhängig davon seien laufende Aufwendungen und mind. 300.000 Verrechnungsmark für die Standsicherheit einzelner Bauwerksteile notwendig. Soweit der Bericht an das Politbüro.

Der Senat ging auf das Übernahmeangebot der DDR ein, auch wenn bereits ein Beschluss von 1979 vorlag, auf dem Gelände des früheren Anhalter Bahnhofs ein „Museum für Verkehr und Technik“[35] einzurichten, da zu dem Zeitpunkt eine Lösung mit dem „Hamburger Bahnhof“ unmöglich schien. Im April und Mai 1984 öffnete das Museum endlich und einmalig seine Pforten. 50.000 Besucher besichtigten das, was verborgen und vergessen war. Anschließend wurde aufgeteilt: ein Drittel der Exponate für das Verkehrsmuseum in Dresden, zwei Drittel der Exponate für das Museum für Verkehr und Technik in Berlin. Die Aufteilung bestimmte die Direktorin G. vom Verkehrsmuseum Dresden mit. Ihre bescheidene Kompetenz für Historie ließ einer vernünftigen Aufteilung nicht allzu viel Raum. Beispielsweise wurden Schienen der berühmten Haarmannschen Gleissammlung in zwei Teile (1:2) zersägt. In die geschlossene Kursbuchsammlung riss man Lücken, indem jedes dritte Kursbuch nach Dresden kam. So hatte jedes der beiden Museen Lücken im Bestand.

2011 ist das Deutsche Technik-Museum in Berlin zu einer der größten Sammlungen geworden und zieht dank seiner didaktisch modernen Darstellung viele Schulklassen an. Das einst die Eisenbahngeschichte der Deutschen Reichsbahn repräsentierende Verkehrsmuseum Dresden gehört zum Freistaat Sachsen. Nachfragen bei beiden Museen nach einer Inventurliste, die bei der Aufteilung mit Sicherheit angefertigt wurde, blieben ohne Ergebnis.

Wertvolle Exponate der Haarmannschen Gleissammlung lagerten an der Invalidenstraße, bis sie zersägt wurden
Foto: Historische Sammlung Deutsche Bahn

Im Netz der Strecken

Nach Meinung bei der Reichsbahndirektion Cottbus können auf der Strecke Berlin – Dresden Züge nicht mit 120 km/h fahren, weil Lokomotiven und Wagen diese Geschwindigkeit nicht zulassen. Zug des internationalen Reiseverkehrs bei Doberlug-Kirchhain (1977)

Tempo 100 – die magische Grenze

Das Thema Geschwindigkeit spielte bei der Deutschen Reichsbahn keine Rolle. Der Personenverkehr fristete ein untergeordnetes Dasein. Schwerpunkt war der Güterverkehr. Die Dispatcherleitungen sorgten sich, ob das Beladesoll laut Transportplan erreicht wurde, ob der Leerwagenausgleich und das Regulativ[36] den Vorgaben entsprachen. Auch die Pünktlichkeit wurde streng überwacht. Wettbewerb zwischen Straßen- und Eisenbahnverkehr gab es kaum.

Der sozialistische Wettbewerb konzentrierte sich auf die anfangs genannten Ziele und wurde „als dem Sozialismus eigene Methode zur Entwicklung der Masseninitiative der Werktätigen für die politische und ökonomische Stärkung der Arbeiter- und Bauernmacht" geführt.[37] Auch den Uneingeweihten musste auffallen, mit welcher beschaulichen Geschwindigkeit die Reisezüge durchs Land fuhren: höchstens 120 km/h auf Hauptbahnen, 50 oder 60 km/h auf Nebenbahnen, aber oft wegen Langsamfahrstellen oder örtlichen Geschwindigkeitsbeschränkungen niedriger. Die Arbeiter- und Bauerninspektion stellte fest, dass die Bahnmeistereien – ohne Genehmigung – kurzfristig Langsamfahrabschnitte selbst auf erneuerten Hauptstrecken einrichteten und geringfügige Arbeiten nicht rechtzeitig ausführten sowie die planmäßige Instandhaltung der Weichen vernachlässigten.[38] Es gab also mehrere Gründe für niedrige Geschwindigkeiten.

Dabei hatten die Perspektivpläne der 1960-er Jahre auf den Magistralen die zulässige Geschwindigkeit von 160 km/h vorgesehen. Später, als der Aufwand dafür utopisch erschien, argumentierte man, bei den geringen Entfernungen in der DDR brauche man derartige Geschwindigkeiten nicht!

1966 meldete sich die Arbeiter- und Bauern-Inspektion (ABI) mit einem Brief beim Staatssekretär und Ersten Stellvertreter des Ministers, Helmut Scholz, bezüglich der Reisegeschwindigkeiten zu Wort.[39] Die Reisegeschwindigkeit als Verhältnis aus Reiseweite und Reisezeit bestimmte, wie lange der Fahrgast unterwegs ist. Bei ihr waren nicht nur die Fahrgeschwindigkeit, sondern auch die notwendigen oder überflüssigen Aufenthaltszeiten einzurechnen.

Die ehrenamtlich tätige Arbeiter- und Bauerninspektion hatte die Aufgabe, die systematische Kontrolle über die tatsächliche Erfüllung der Beschlüsse und Direktiven mit Hilfe einer umfassenden Volkskontrolle zu organisieren.[40] Sie stellte in dem Brief fest, dass bei Investitionen, auch im Zusammenhang mit der Oberbauerneuerung, ungenügend beachtet wird, dabei die Streckengeschwindigkeit zu erhöhen. Obwohl die Streckenerneuerung teuer war, blieb es bei der bisherigen Geschwindigkeit. Die Reichsbahndirektionen legten sich auf die Erhöhungsgeschwindigkeit von 100 km/h fest, weil dafür in Radien, die größer als 900 Meter waren, die Mindestüberhöhung reichte. Für die Überhöhung der Außenschiene gelten Grenzwerte, bis zu denen die Reisenden die Überhöhung zumutbar ist.

Der Grenzwert wurde 1964 und 1969 vergrößert, so dass bei einigen Bogen die Geschwindigkeitsbeschränkungen entfallen durften. Diese Möglichkeit blieb jedoch weitgehend ungenutzt, da beim gemischten Zugbetrieb die nicht überhöhte Schiene stärker beansprucht wurde und mehr instand gehalten werden musste. Jedoch nicht nur die Überhöhung im Gleis war der Grund, dass selten die Geschwindigkeit angehoben wurde. Auch schien sich niemand darum zu kümmern, den Einsatz der mit schnell und stark wirkenden Bremsen ausgerüsteten Reisezugwagen (Stellung R) sowie die Lokomotiven mit der Höchstgeschwindigkeit von 120 km/h auf die Magistralen zu konzentrieren.

Ebenfalls der Gefahrpunktabstand (jener Abschnitt zwischen dem Einfahrsignal und dem maßgebenden Gefahrpunkt, zum Beispiel die Rangierhalttafel, die Spitzenweiche) wurde nicht vergrößert, und so blieb es bei der zulässigen Geschwindigkeit von 100 km/h. Bereits 1964/1965 hatte die Arbeiter- und Bauern-Inspektion die Reichsbahndirektion Greifswald aufgefordert, zwischen Oranienburg und Neustrelitz die zulässige Geschwindigkeit auf 120 km/h anzuheben. Da der Gefahrpunktabstand nicht auf allen Bahnhöfen auf die Länge von 200 Meter eingerichtet war, blieb es bei 100 km/h Geschwindigkeit. Erst im Sommerfahrplan 1966 waren auf dem gesamten Abschnitt 120 km/h erlaubt.

Für die Strecke Dresden – Schöna fehlte es an Montagekapazität. Also blieben die Gefahrpunktabstände von 100 Meter, die Vorsignalabstände von 700 Meter bestehen, und die bisherige Geschwindigkeit galt auch nach der Oberbauerneuerung. Eingesetzt wurden jedoch die Lokomotiven der Baureihe V 180, die 120 km/h fahren konnten. Gleiches traf auf die Strecke Weißenfels – Neudietendorf zu. Nach der Oberbauerneuerung konnte 120 km/h Geschwindigkeit zugelassen werden, auch mit den eingesetzten Triebfahrzeugen. Die Reichsbahndirektion Erfurt wusste am 16. Oktober 1965 die Beschränkung auf 100 km/h zu rechtfertigen:

„Auf Grund des relativ geringen Fahrzeitgewinns von 4,45 – 4,9 Min je Zug bei 120 km/h gegenüber 100 km/h, wobei dieser Fahrzeitgewinn nur für ca. 30 Züge/d eintritt, haben wir die Vergrößerung des Vorsignalabstandes nicht als Forderung erhoben. Wir haben uns dabei von volkswirtschaftlichen Gesichtspunkten leiten lassen und besonders berücksichtigt, dass in den letzten Jahren die Kapazität im Sicherungswesen zur Verwirklichung anderer Baumaßnahmen nicht ausreichend war.“[41]

Langsamfahrabschnitte sind keine Seltenheit

Mit anderen Worten: Für die Reichsbahndirektion Erfurt gab es Wichtigeres, als sich um die Reisegeschwindigkeiten der Züge zu sorgen. Dass auch die Güterzüge schneller fahren könnten, übersah diese Reichsbahndirektion. Auf der genannten Strecke fuhren die mit einer Geschwindigkeit zwischen 55 und 60 km/h.

Ebenfalls Karl Hetz, Präsident der Reichsbahndirektion Halle, begründete, warum

Schwere Schnellzüge sollen nicht mit der V 180, sondern besser mit Dampflokomotiven gefahren werden. Elsterwerda 1979

nicht mit 120 km/h gefahren werden kann. „Es muss dazu bemerkt werden, daß teilweise die Qualität der Oberbauerneuerung nur Geschwindigkeiten bis 100 km/h zuließ und nicht in jedem Falle die Bahnmeistereien in der Lage sind, ein Gleis für höhere Beanspruchung bei 120 km/h ständig zu unterhalten. [...] Zur Durchsetzung der Geschwindigkeit von 120 km/h muß von den Gleisbaubetrieben eine höhere Qualität gefordert werden und die Meßwagenfahrten müssen öfters erfolgen, da trotz der Forderung seit einigen Jahren bis heute keine Meßdraisinen zur Verfügung stehen, auf die bei hohen Geschwindigkeiten nicht verzichtet werden kann."[42]

Die Reichsbahndirektion Cottbus durchquerten zwei wichtige Strecken. Auf einem 61 Kilometer langen Abschnitt der Hauptbahn Berlin – Dresden wurde trotz umfangreicher Gleissanierung nur mit 100 km/h gefahren. Für die Anhebung der Geschwindigkeit über 100 km/h zwischen Berlin und Cottbus fehlten angeblich geeignete Triebfahrzeuge und Wagen.

Die Geschwindigkeit von 100 km/h schien für alle Beteiligten die magische Grenze zu sein. Man begnügte sich mit Geschwindigkeiten, wie sie vor der Jahrhundertwende bei den Länderbahnen üblich waren, weil man den Aufwand der regelmäßigen Instandhaltung des Oberbaus scheute oder scheuen musste und die sicherungstechnischen Voraussetzungen fehlten – wie die punktförmige Zugbeeinflussung, die die immer noch häufig vorkommende unzulässige Vorbeifahrt an Halt zeigenden Signalen unterbinden würde. Dass das zögerliche Verhalten der Zwischenleitungen meist gerechtfertigt war, musste den Mitarbeitern und Helfern der Arbeiter- und Bauern-Inspektion eigentlich bekannt sein. Die ABI kannte auch die Untersuchungen des Ministeriums für Verkehrswesen zur wirtschaftlichen Geschwindigkeit. Dieses riet dazu, sie unabhängig von den angeblichen Gründen für 100 km/h zu betrachten. Sie wusste schon warum. Mit weit gesteckten Zielen wurden nämlich oft die Nahziele vergessen.

Während die Hauptverwaltung des Betriebs- und Verkehrsdienstes der Deutschen Reichsbahn sich gedanklich an die Streckengeschwindigkeit von 160 km/h („Perspektivgeschwindigkeit") wagte, allerdings bis auf Ausnahmen nur zwischen Berlin und Rostock sowie Berlin, Dresden und Schöna und die auch erst 1970, sollten nach ihrer Betrachtung noch 14 Jahre bis 1980 vergehen. Die Hauptverwaltung des Sicherungs- und Fernmeldewesen zählte inzwischen auf, welche Sicherungsanlagen für Geschwindigkeiten von 120 km/h bis 160 km/h erforderlich sind. Auf mehreren Hauptbahnen fehlte sogar der Streckenblock, er war nach den Reparationslieferungen 1946 nicht ersetzt worden. Auch fehlten immer noch Schutzweichen zu den durchgehenden Hauptgleisen, Riegel und Zungenprüfer, Signalflügelkupplungen. Einzubauen oder zu verlegen waren die genannten Einrichtungen für die Zugbeeinflussung, Einschaltkontakte, zugbediente Wegübergangssicherheitsanlagen, Vorsignale, Signalfernsprecher. Bis 1970 mit der Geschwindigkeit von 120 km/h zu fahren, schien unmöglich. Doch kam von dieser Hauptverwaltung auch frohe Kunde: Der Berliner Außenring könnte sicherungstechnisch mit dieser Geschwindigkeit befahren werden, außer auf dem Abschnitt Eichgestell – Springpfuhl wegen der Vorsignalabstände von nur 700 Meter.

Für die Geschwindigkeitsanhebung auf den wichtigsten Strecken stellte die Hauptverwaltung des Sicherungs- und Fernmeldewesens den Material- und Gerätebedarf zusammen, den die Industrie zusätzlich zu dem bereits geplanten liefern müsste. Dabei war der Bedarf für die bis 1980 zu erreichende „Perspektivgeschwindigkeit" noch gar nicht enthalten.

Kabel	578,2 Kilometer
Lichtvorsignale	345 Stück
Formvorsignale	182
Formhauptsignale	115
Riegel	40
Schutzweichen	19
Weichenantriebe (mechanisch, elektrisch)	195
Schienenstromschließer	56
Magnetschaltgruppen	20
Flügelkupplungen	14
Signalfernsprecher	48
Gleisbildstellwerke	18
Mechanische Stellwerke	6

Bei der Zuteilungswirtschaft war illusorisch, zwölf von 20 „wichtigsten Strecken" innerhalb von vier Jahren auf die Geschwindigkeit von 120 km/h und zwei auf 160 km/h hochzurüsten, selbst wenn die Hauptverwaltung des Sicherungs- und Fernmeldewesens einige Modernisierungsmaßnahmen ohnehin in ihrem Programm hatte. Die Kosten für die sicherungstechnischen Einrichtungen beliefen sich auf 2 Million Mark je Kilometer. Die Stellungnahme der Hauptverwaltung ging auch auf die Streckengeschwindigkeit von über 120 km/h ein, denn die erforderte die induktive Zugbeeinflussung. 1966 war für die 1.000-Hz-Magnete an Vorsignalen nur die Strecke Berliner Außenring – Dresden-Neustadt vorgesehen, und die Fahrzeugeinrichtung nur für die Dampflokomotiven. Alle 400 in Frage kommenden Lokomotiven konnten nicht mit den Schaltmitteln ausgerüstet werden, denn kein volkseigener Betrieb in der DDR sah sich in der Lage, diese bis 1970 zu liefern. Sie veranschlagten Entwicklungskosten von 1 Million Mark und brauchten fünf Jahre Entwicklungszeit. Ein polnisches System für die vereinfachte punktförmige Zugbeeinflussung entsprach nicht den Vorstellungen der Hauptverwaltung Maschinenwirtschaft. Aus der Bundesrepublik Deutschland lagen Angebote für elektronische Einrichtungen vor, kosteten je Lokomotive 13.000 Mark harter Währung, zuviel für die Deutsche Reichsbahn. Also musste es, wenn die Geschwindigkeit erhöht wurde, bei der zulässigen Höchstgeschwindigkeit von allenfalls 120 km/h bleiben.

Der Kontrollauftrag der Arbeiter- und Bauern-Inspektion bewegte zumindest am Schreibtisch etwas: Der Stellvertreter des Ministers für den operativen Dienst, Otto Arndt, bestimmte, dass die Hauptverwaltungen die Geschwindigkeitsbegriffe einheitlich verwenden, und zwar nach den Oberbauvorschriften

- Perspektivgeschwindigkeit
- Ausbaugeschwindigkeit
- Überhöhungsgeschwindigkeit
  nach den Fahrdienstvorschriften
- Streckengeschwindigkeit
- Fahrzeuggeschwindigkeit
- Höchstgeschwindigkeit
- maximale Höchstgeschwindigkeit.

Ebenfalls wurden einige Überprüfungen angewiesen:

- Bremshundertstel in Bremstafeln für Neubau-Reisezugwagen und Triebwagen neu berechnen
- Geschwindigkeitssignalisierung auf Hauptstrecken (größere Weichenradien erlauben es, höhere Geschwindigkeiten zu signalisieren)
- Zulässige Geschwindigkeit bei Weichenverbindungen der Betriebsstellen (weitere Weichen mit dem Radius von 1.200 Meter einbauen)
- Vergrößerung der Vorsignalabstände zum Hauptsignal auf der Strecke Weißenfels – Erfurt
- Erprobung des Wagenparks mit stärkeren Bremsen in neuen Drehgestellen und mit Magnetschienenbremsen
- die Mindestüberhöhung für einzelne Strecken ausnutzen
- Richtwerte und Kriterien für Unterwegshalte der Reisezüge.

Die Arbeiter- und Bauern-Inspektion betrachtete die Reisegeschwindigkeiten, die wenig beeindruckten. 1966 erreichten Züge des Schnellverkehrs Berlin Ostbf – Erfurt 66,4 km/h, aber nur, weil Lokomotiven der Baureihe 01 die Züge förderten. Mit der Baureihe V 180 wurde sie auf 63,6 km/h reduziert. Der Vindobona-Express kam zwischen Berlin Ostbf und Dresden Hbf auf 81 km/h, hatte aber nur zwei Unterwegshalte (in Flughafen Schönefeld und Dresden-Neustadt).

Die niedrige Reisegeschwindigkeit hält mangels Alternativen kaum jemanden ab, die Eisenbahn zu benutzen. Zug nach Stralsund fährt in Berlin-Lichtenberg ein (1984)

Foto: Historische Sammlung Deutsche Bahn

Im Stellwerk Grünauer Kreuz wird auf einem Leuchtbild die Funktion des Versuchssignalsystems überwacht und gegebenenfalls eingegriffen
Foto: Historische Sammlung Deutsche Bahn

Auf anderen Strecken waren die Reisegeschwindigkeiten viel niedriger: Leipzig – Riesa – Dresden-Neustadt 50,1 km/h; Leipzig – Reichenbach (Vogtl) 51,6 km/h; Berlin – Schwerin (Meckl) 55,1 km/h; Magdeburg – Leipzig 43,6 km/h.

Die Arbeiter- und Bauern-Inspektion schlug Otto Arndt, dem Stellvertreter des Ministers, am 19. September 1966 vor, den Lokomotiveinsatz grundsätzlich zu klären. Stärkere Dampflokomotiven sollten schwächere ersetzen (01 für 03, 03 für 23, 35 für 41). Kein Verständnis zeigte die Inspektion für die Baureihe V 180 im Schnellzugdienst, sie war den Dampflokomotiv-Baureihen 01 und 03 im höheren Geschwindigkeitsbereich unterlegen. Die V 180 verlängerte zwischen Berlin und Rostock sowie Dresden die Fahrzeiten. Bis stärkere Diesellokomotiven zur Verfügung stehen – gedacht war an die V 240 und V 270 – sollte es bei Dampflokomotiven im Schnellzugdienst bleiben.

Die ABI schlug weiterhin vor, die höchstmögliche Bremsstellung anzuwenden. Dazu erging die Weisung mit der Maßgabe, dass es unerheblich sei, ob der Zug als Personen- oder als Schnellzug fahre. Die Wagenmeister bzw. das Zugpersonal mussten an den Wagen die Bremsstellung einstellen, die überwiegend in Frage kam, möglichst die höchste, also R statt P. Lange Aufenthalte, nicht notwendige Lokomotivwechsel, blinde, für die Reisenden nutzlose Kreuzungen, sollten unterbleiben.

Die Arbeiter- und Bauerninspektion bewirkte wenig, denn eine erneute Kontrolle im Jahr 1975 offenbarte, dass sich die Reisegeschwindigkeit in einigen Verbindungen zwar verbessert hatte, in anderen sich verschlechterte. 1975 war man von Leipzig nach Magdeburg neun Minuten länger unterwegs als 1970. Manches wurde mit der Elektrifizierung und dem Ausbau zweigleisiger Strecken begründet.[43] Es gab aber auch Verbindungen, bei denen der Reisende schneller unterwegs war: Berlin – Schwerin (Meckl) (Reisegeschwindigkeit von 64 auf 72 km/h erhöht), Berlin – Dresden (von 67 auf 78 km/h), Dresden – Zittau (von 46 auf 50 km/h) – als Beispiele drei von acht, aber immer noch inakzeptabel, zumal 1970 der Deutschen Reichsbahn bereits der Individualverkehr mit dem Pkw gegenüber stand. Der Anteil der Reisenden war gegenüber westlichen Bahnen wesentlich höher, nahm allerdings in der DDR trotz Kraftstoffbeschränkungen bei Dienstreisen nur in geringem Maße zu. Besonders im Norden der DDR erhöhte sich die Zahl der Aufenthalte. In dieser Region war das Personenzugnetz unzureichend gestaltet. Hier war der Einfluss der Räte der Bezirke und Kreise auf den Fahrplan unverhältnismäßig hoch. Der Halt eines Schnellzuges war nicht wegen des Bedarfs wichtig, sondern sollte die Bedeutung der Stadt aufwerten. Die ABI forderte Richtwerte für den Verkehrshalt, etwa 1 Minute Haltezeit für den Fahrgastwechsel von 100 Reisenden. Aufenthaltszeiten darüber hinaus konnten auch Puffer zum Abfangen von Verspätungen sein wie das Halten aus technischen Gründen („Wasserhalt"). Warum brauchte man dafür in Reichenbach (Vogtl) ob Bahnhof 20 Minuten Aufenthaltszeit, in Halle (Saale) Hbf nur 11 Minuten? Auch beim Wendehalt waren die notwendigen Aufenthaltszeiten höchst unterschiedlich, in Görlitz betrugen sie nur sieben Minuten, anderenorts forderten die Eisenbahner vom Fahrplantechnologen 20 Minuten.

Jahr für Jahr wurde das Sitzplatzangebot erhöht, und die Zuglasten stiegen. So fuhr der Städteschnellverkehr zwischen Berlin und Erfurt zuerst mit 380 Tonnen Last, 1975 mit 450 bis 500 Tonnen. Mit den langen Zügen ersparte sich die Reichsbahn zusätzliche Zugleistungen. Dafür verlängerte sich die Fahrzeit, zwischen Berlin und Erfurt um 5 Minuten je Zug. Seit 1974 kamen weitere Minuten hinzu. Zwischen Berlin und Leipzig/Halle (Saale) wurden Züge mit über 500 Tonnen Last mit jeweils zwei Lokomotiven der Baureihe 118 bespannt. „Aus ökonomischen Erwägungen wurde ab 1974 auf die Beigabe von Vorspannlokomotiven verzichtet."[44] Im Fahrplan mussten deswegen 8 bis 10 Minuten je Zug mehr Fahrzeit eingeplant werden. Während die Arbeiter- und Bauern-Inspektion Vollzuschläge von drei Prozent akzeptierte, da die Triebfahrzeuge nicht längere Zeit mit der Fahrstufe 6 fahren sollten und so Verschleißteile bei Motor und Getriebe geschont wurden, klagte sie über illegale, als „privat" bezeichnete Zuschläge bei der Fahrplankonstruktion. Sie lehnte auch „Knotenzuschläge" ab, die allerdings bei allen

Bahnen üblich sind. Diese Zuschläge waren gedacht, Behinderungen durch Bautätigkeit oder Lastüberschreitungen durch Verstärkungswagen zu kompensieren und den Domino-Effekt der Verspätungen in Eisenbahnknoten zu vermeiden. Die Züge sollten pünktlich in die Knoten eingefädelt werden und den dichten Berufs- oder S-Bahn-Verkehr nicht beeinträchtigen. Trotz aller Bemühungen: Die Reisegeschwindigkeiten blieben niedrig, im Durchschnitt lagen sie bei den Schnell- und Expresszügen etwas über 50 km/h, in den anderen Ländern des sozialistischen Systems noch darunter.

Signale im Versuch

Die Trümmer des Krieges waren noch nicht vollständig beseitigt, da ging die Deutsche Reichsbahn bereits daran, moderne Betriebseinrichtungen zu installieren, wenn auch nur an wenigen Stellen. Schließlich waren die Kenntnisse aus der Vorkriegszeit nicht verloren gegangen. Das betraf zum Beispiel die Stellwerkstechnik. 1951 erhielten die Bahnhöfe Königs Wusterhausen und Wildau Gleisbildstellwerke, 1952 Halle (Saale) Hbf [Stellwerk Hp 12-14], Dresden Hbf [Stw 1], Hennigsdorf (b Berlin) und Güstrow [Stellwerk B], jeweils zur Erprobung dieser neuen Technik. Der erhoffte Rationalisierungseffekt trat jedoch nicht ein, weil Materialmangel eine kontinuierliche Produktion für weitere solcher Einrichtungen nicht zuließ. Auch unter solchen widrigen Umständen sah sich die Reichsbahn gezwungen, die Sicherungsanlagen zu modernisieren, um im Betriebsdienst die geforderten Leistungen zu erfüllen. 1953 ordnete die Generaldirektion an, den Streckenabschnitt Eichgestell – Genshagener Heide mit Gleisbildstellwerken, Fernbahnautomatik und wechselseitigem Betrieb (gemeint war der Gleiswechselbetrieb) einzurichten. 1954 wollte der Generaldirektor die Abschnitte am Grünauer Kreuz mit Streckenstellwerken ferngesteuert sehen und betrachtete den Außenring um Berlin als bedeutendes Objekt für die DDR.[45] Übrigens wurde bei Veröffentlichung der ausgewählte Streckenabschnitt nicht genau bezeichnet, sondern – wie seinerzeit üblich – in geheimnisvoller Art genannt, hier mit „zweigleisiger Streckenabschnitt A-burg und C-heim".[46]

Das Technische Amt erhielt von der Generaldirektion die Zustimmung für den selbsttätigen Streckenblock. Der Generaldirektor Kramer, der in Nähe des hier in Rede stehenden Streckenabschnitts wohnte, gab die Strecken-Höchstgeschwindigkeit von 160 km/h vor. Die Generaldirektion formulierte weitere Bedingungen:

- Bremsweg 1.000 m
- Blockstreckenlänge 1.000 bis 1.900 m
- Bremsweg 300 m, wenn eine Zugbeeinflussung (Indusi) vorhanden ist
- Signalisierung von Geschwindigkeiten des Selbstblocks
- Keine wesentliche Unterscheidung der Signale von denen der normalen Strecken, was Form und Bedeutung betrifft.

Die Generaldirektion stimmte den Vorschlägen für ein neues, einfaches Signalsystem mit drei Begriffen zu. Die Signallichter standen untereinander. Damit wurden nicht, wie anderen Orts schon üblich (zum Beispiel Leipzig – Halle (Saale), am Tage die Nachtzeichen angezeigt, sondern ein neues Hauptsignalsystem für zwei Streckenabschnitte mit Stand- und Blinklicht entworfen. Die Signale wurden als Versuchssignalsystem bezeichnet. Zuerst wurde als Versuchsstrecke der Abschnitt Berlin-Rahnsdorf – Erkner ausgesucht. In Akten und spärlichen Veröffentlichungen findet sich nichts, was darauf hinweist, dass diese Versuchsstrecke auch tatsächlich eingerichtet wurde. Stattdessen ist von Materialmangel die Rede, und vielleicht hat man sich aus diesem Grunde und unter Termindruck sofort der Außenringstrecke zugewandt.

Die Signale der Selbstblockstrecke zeigten nach jeder Zugfahrt wieder Grünlicht. „Halt" als Grundstellung gab es dabei nicht. Das Streckengleis wechselseitig zu befahren, stimmte die Generaldirektion unter der Bedingung zu, dass die Weichenverbindungen in den Bahnhöfen und bei Abzweigstellen nicht eine Geschwindigkeitsverminderung erfordern. Außerdem musste eine zentrale Stelle den Zugbetrieb an einem Streckenleuchtbild beobachten können.

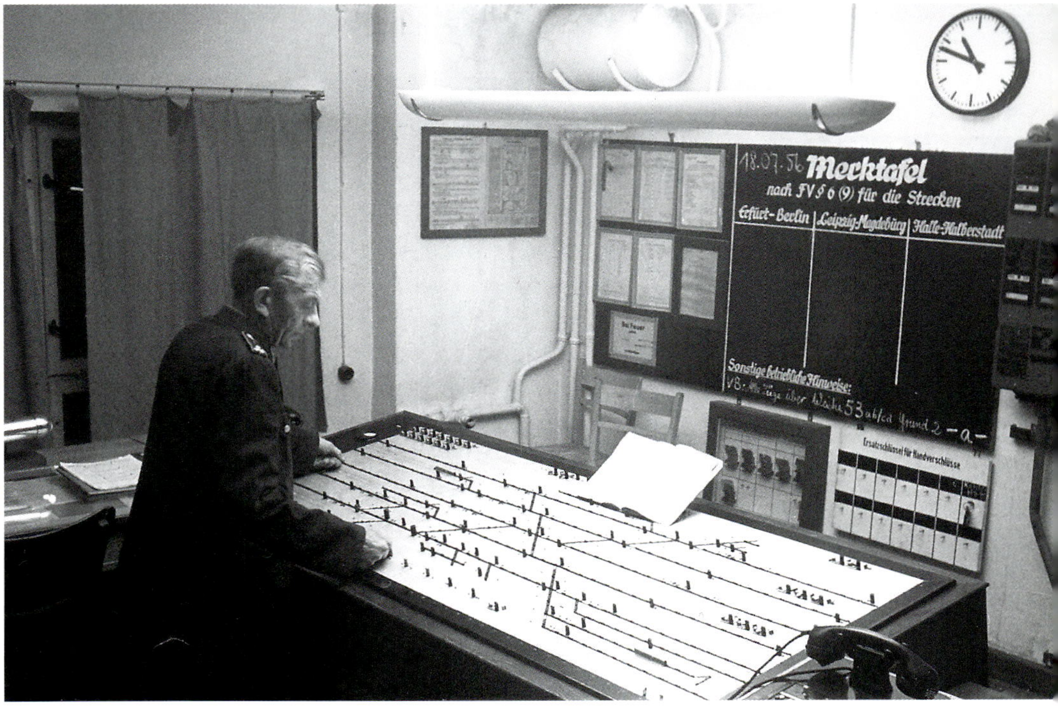

Zu den Gleisbildstellwerken, die zur Probe eingerichtet werden, gehört auch eins in Halle (Saale) Hbf (1956)

Foto: Rampp

Mit dem Streckenleuchtbild kann der Streckenfahrdienstleiter auch die Zugfahrten der Selbstblockstrecke überwachen, auf die er keine unmittelbare Sicht hat
Foto: Mäder

Vorschläge für die Ausrüstung des südlichen Außenringes

Für die Ausrüstung des südlichen Berliner Außenringes mit selbsttätiger Streckenblockung sind grundsätzliche Festsetzungen zu treffen, schrieb die Generaldirektion am 5. Dezember 1951. Ihre Hinweise seien praktische Vorschläge und keine theoretischen Betrachtungen.[47] Für die Züge auf dem südlichen Außenring wurden von der Reichsbahndirektion Berlin als Geschwindigkeiten angenommen:

- Triebwagen 120 bis 135 km/h[48]
- D-Züge 100 bis 120 km/h
- Personenzüge 75 km/h
- Eil-Güterzüge 65 km/h
- Güterzüge 50 bis 55 km/h.

Nach Berechnungen reiche es aus, den Bremsweg, der für den Vorsignalabstand wesentlich ist, mit 1.000 Meter festzulegen. Die Blockstrecken wurden mit 1.000 bis 1.900 Meter kalkuliert, in Richtung Berlin kürzer werdend, da durch die Einmündungen der Strecken von Halle (Saale) und Dresden die Zugzahl auf dem Ring größer wird. Bei einem neuen Signalsystem müsse berücksichtigt werden, dass die Züge von Strecken kommen und umgekehrt auf Strecken übergehen, auf denen kein selbsttätiger Block vorhanden ist und daher das neue Signalsystem nicht wesentlich vom bisherigen Signalsystem auf den übrigen Strecken abweicht. Durch eine einheitliche Signalbedeutung in beiden Systemen werde dem Lokomotivführer die Auffassung der Signale wesentlich erleichtert. Außerdem soll bei dem Signalsystem für Selbstblockstrecken die Möglichkeit einer Erweiterung für Hochgeschwindigkeiten bestehen. Im Vorschlag des Zentralamtes ist ein dreibegriffiges Signalsystem dargestellt, das für Geschwindigkeiten bis 120 km/h (Triebwagen bis 135 km/h) allgemein ausreicht, wenn die Signalabstände gleich oder größer als der Bremsweg sind. Das Zentralamt schrieb: Dieses Signalsystem entspricht in seinen Grundbegriffen dem bisherigen Signalsystem für Handblockstrecken und wird daher dem Lokomotivpersonal verständlich und einprägsam sein.

Zur Anzeige der Abzweigung (40 km/h), so der Vorschlag, wird ein gelbes Blinklicht und für die Ankündigung dieser Abzweigung ein ruhiges gelbes Licht verwendet. Falls eine Abzweigung mit höherer Geschwindigkeit als 40 km/h befahren werden kann, wird diese durch einen besonderen Geschwindigkeitsanzeiger am Signal angezeigt, zum Beispiel 6 für 60 km/h. Nicht versucht wurde ein Signalsystem mit vier Begriffen, das bei hohen Geschwindigkeiten (bis 200 km/h) notwendig würde, da mit solchen Geschwindigkeiten noch nicht gerechnet wurde. Bei Signalabständen von 1.000 bis 1.900 Meter ergab sich eine Zugfolge zwischen 1,9 und 5,1 Minuten, falls sämtliche

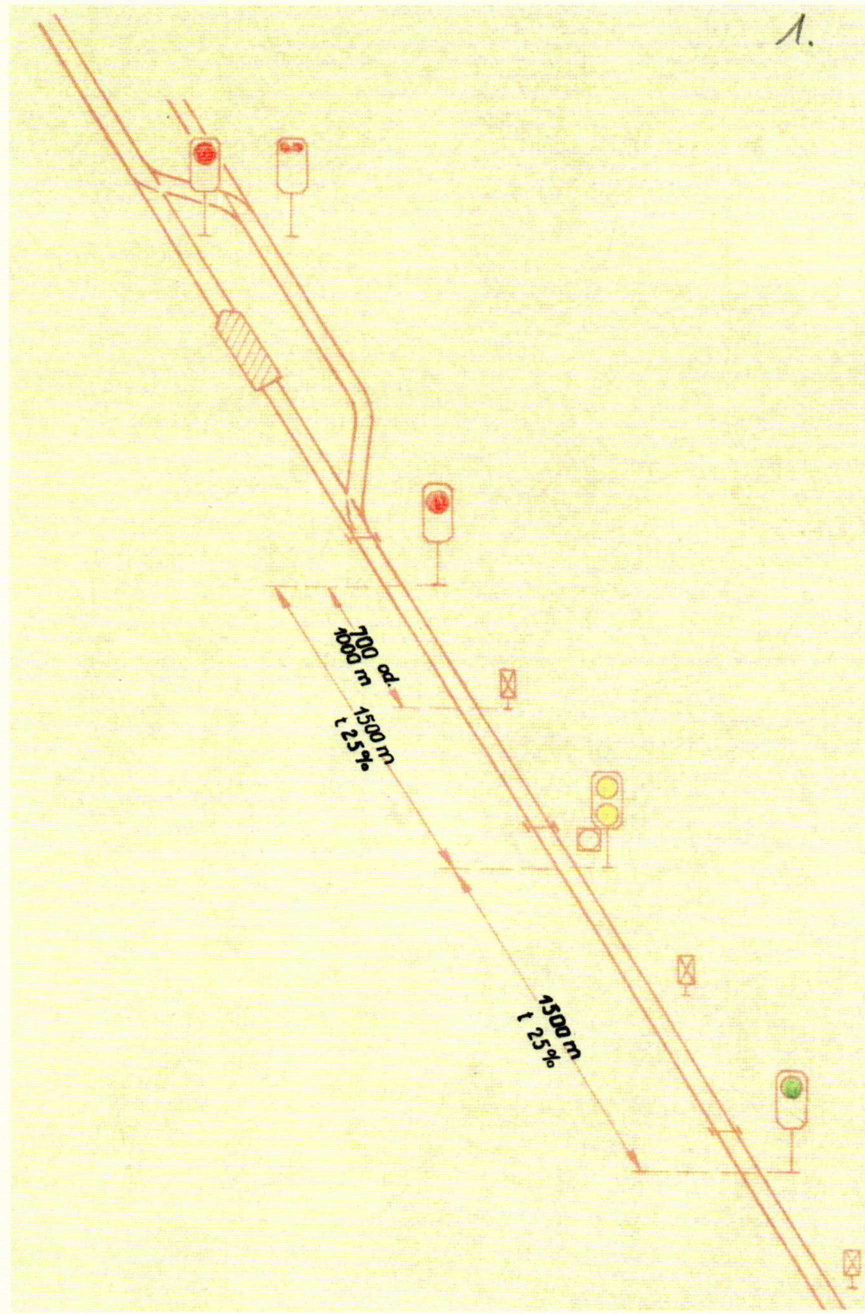

Den Unterschied zwischen dem bisherigen und dem Versuchssignalsystem erkennt man am zweiten Hauptsignal mit Gelb-Gelb und der zusätzlichen, hier nicht eingeschalteten Signalleuchte

Zeichnung aus Barch DM 1–1198

Signale für den jeweiligen Zug „Fahrt frei“ zeigten. Theoretisch hätten zwischen dem Bahnhof Eichgestell und dem Abzweig Dresden (Glasower Damm) 527 Güterzugpaare oder 600-D-Zug-Paare innerhalb eines Tages fahren können. Diese Durchschnittszahlen sollten für das vorgeschlagene Signalsystem sprechen.

Signale würden vom Zuge selbsttätig gesteuert oder vom Wärter mit Stelltaste bedient werden. Für einen Fahrstraßenwechsel zum Zwecke der Überholung musste der automatische Betrieb aufgehoben und das Signal in die Haltstellung gebracht werden. Selbstverständlich müsste das für den Lokomotivführer zweifelsfrei zu erkennen sein, und zwar bereits einen Abschnitt vor dem Wechsel. Ein „Annäherungsverschluss“ bewirkte, dass der Signalwechsel nur möglich ist, wenn sich in dem Annäherungsabschnitt kein Zug befand.

Permissives Fahren bei gestörtem, Rotlicht zeigendem Signal sollte auf dem Außenring nicht angewendet, stattdessen vom Fahrdienstleiter das Ersatzsignal bedient werden. In Wirklichkeit ist das permissive Fahren, bei dem nach einer festgelegten Regel der Lokomotivführer entscheiden muss, ob er am Rot zeigenden und besonders dafür gekennzeichneten Signal vorbeifahren darf, auf dem Außenring zugelassen und eingeführt worden. Neben dem bereits genannten Grün als Grundstellung wurde neu, dass der Zug das Signal auf Halt stellt, wenn die Spitze (erste Achse) den Streckenabschnitt hinter dem Signal besetzt. Mit dieser Lösung vereinfachten sich die technischen Anlagen.

Unterschiedliche Auffassungen gab es bei den Beteiligten zur Aufstellung der Signale für die „Linksfahrt“, die doch im Gleiswechselbetrieb keine Falschfahrt im Normalbetrieb darstellte und mit Hauptsignalen signalisiert werden musste. Da der Abstand zwischen den Gleisen nur 4 Meter betrug, fehlte eine Lücke für die Signalmaste der Linksfahrt. Dem ließ sich abhelfen mit Auslegern und Signalbrücken, Linksstellung der Signale oder Kandelabersignalen.

Mit Kandelabersignalen, also Signalen, die bei Bedarf zwei Signalbilder an einem Mast zeigen, könnte man sich knappen Stahl, Herstellungskosten und Wartungsarbeiten für Ausleger und Signalbrücken ersparen, zumal sich Kandelabersignale in der UdSSR und in den USA bei Selbstblockstrecken bewährt hätten. Der Signalschirm für die Linksfahrten würde über dem für die normale Rechtsfahrt angebracht. Der Lokomotivführer des Zuges auf dem linken Gleis müsste das obere Signal beachten, der des rechts fahrenden Zuges das untere. Solche Signalanordnungen

Im Wintersportort Oberwiesenthal endet die Schmalspurbahn von Cranzahl (1976)

waren bisher in Deutschland nicht erlaubt. Die Generaldirektion war diesem Vorschlag gegenüber nicht abgeneigt. Sie hielt dagegen die Linksstellung von Hauptsignalen – gegebenenfalls in Doppelausführung für beide Seiten – für gefährlich, da die vom Lokomotivführer schlecht gesehen werden. Die Signalbeobachtung würde dem Heizer überlassen.

Links stehende Signale oder als Kandelaber erhielt der Außenring dann doch nicht. Bei dem Versuchssignalsystem zeigte das obere Licht die zulässige Geschwindigkeit am Standort, das untere die zu erreichende am nächsten Signal an. In dieser Hinsicht hatte sich zum bisherigen System mit Haupt- und Vorsignalen nichts geändert. Aber man ging vom Wegeprinzip (durchgehendes, abzweigendes Gleis) zum Geschwindigkeitsprinzip über. Auch wurden erstmals Blinklichter verwendet, um nicht weitere Lichtpunkte am Signalschirm anzuzeigen. Nur das seitliche Gelblicht, auf das man nicht verzichten konnte, behinderte die Aufstellung des Signalmastens und blieb ein Makel des Versuchssignalsystems. Neu war, die Signale durchgehend mit arabischen Nummern zu bezeichnen. Die Nummerierung der Signale wurde auf Anordnung der Generaldirektion im Sinne der Kilometrierung vorgenommen, begann im Bahnhof Seddin (Michendorf) und für die Signale in Richtung Genshagener Heide – Eichgestell mit geraden Nummern und betraf die Signale in Fahrtrichtung Eichgestell – Genshagener Heide mit ungeraden Nummern.

Schmalspurstrecken und Dampflokomotiven bei der Deutschen Reichsbahn im Jahre 1992

Strecke	Betriebslänge (km)
Spurweite 750 mm	
Putbus – Göhren (Rügen)	24,19
Cranzahl – Kurort Oberwiesenthal	17,35
Freital-Hainsberg – Kurort Kipsdorf	29,49
Radebeul Ost – Radeburg	16,55
Zittau – Kurort Oybin und Bertsdorf – Kurort Jonsdorf	16,00
Oschatz – Mügeln (b Oschatz) – Kemmlitz	17,04
Spurweite 900 mm	
Bad Doberan – Ostseebad Kühlungsborn West	15,43
Spurweite 1000 mm	
Harzquer- und Selketalbahn	127,26
Brockenbahn	18,98

Das neue Signalsystem wurde 1954 eingeführt und bereits 1959 wieder außer Kraft gesetzt, da für die östlichen (OSShD-)Bahnen ein neues Lichtsignalsystem von 1961 an gültig werden sollte. Dieses Signalsystem erklärte die Deutsche Reichsbahn mit ihrem Signalbuch schon von 1959 an für gültig und wandte es auch alsbald an. Gegenüber dem Versuchssignalsystem hatte es eine Reihe von Verbesserungen und keine Nachteile.

Außerdem Fernsteuerung

Bereits 1953 beschäftigten sich die Hauptabteilung Investitionen und die Abteilung Planung in der Generaldirektion mit einem Selbstblocksystem und mit der Fernsteuerung auf dem südlichen Berliner Außenring, während das Lichtsignal-Versuchssystem vorbereitet und eingeführt wurde. 1960 kam eine Fernsteueranlage hinzu und im gleichen Jahr wurde mit deren Erweiterung begonnen. Von der Reichsbahndirektion Berlin sind als Mutter das Grünauer Kreuz, als Töchter die zwei Betriebsstellen Glasower Damm und Waßmannsdorf bezeichnet worden. Bei den Töchtern änderte sich das Gleisbild. Bei der Verbesserung der schlechten Gleisverhältnisse im Sommer 1960 erhielt der Bahnhof Waßmannsdorf ein Überholungsgleis. Warum sieben Jahre ins Land gingen, bis es zu dem Einbau kam, kann man in Finanzierungs- und Materialproblemen vermuten. Den Auftrag der Hauptverwaltung des Sicherungs- und Fernmeldewesens vom 1. Juli 1960 für die Erweiterung der Fernsteueranlage zum Grünauer Kreuz, zu den Tochterstationen Glasower Damm und Waßmannsdorf erhielt die Versuchs- und Entwicklungsstelle für das Sicherungs- und Fernmeldewesen mit dem Forschungs- und Entwicklungsthema „Fernsteueranlage SAR". Bei dieser ersten Fernsteueranlage der Deutschen Reichsbahn – noch mit Röhren und Relais – ging es wohl nicht allein um Personaleinsparung, sondern sicherlich darum, einen leistungsfähigen Abschnitt auf dem Außenring fertig zu stellen, der dem Zugang zu Berliner Rangierbahnhöfen und vor allem der Umgehung von West-Berlin diente. Beim Auftrag des Stellvertreters des Ministers, Kurt Leiser, an das Werk für Signal- und Sicherungstechnik Berlin wurde als Termin der Fertigstellung der erste Fahrplanwechsel 1961 genannt. Das Werk schaffte das bis zum Januar 1960. Nach einer Funktionsprüfung durch die Reichsbahndirektion Berlin mit dem Technischen Zentralamt schloss sich vom 12. Januar bis zum 8. Februar 1960 eine technische Dauererprobung der Stellwerksfernsteuerungsanlage an, die mit einem befriedigenden Ergebnis beendet wurde. Damit war die Möglichkeit zur Fernsteuerung der Betriebsstellen von Eichgestell bis Glasower Damm gegeben. Das positive Ergebnis der Versuche kam anderen Strecken der Deutschen Reichsbahn zugute.

Von 1373 auf Null – die Schmalspurbahnen

Am 8. April 1949 ordnete die Deutsche Wirtschaftskommission die Übernahme der nicht reichsbahneigenen Eisenbahnen des öffentlichen Verkehrs an. Damit gehörten fast sämtliche Schmalspurbahnen zur Deutschen Reichsbahn. Manche Anlage und die Fahrzeuge waren für Reparationsleistungen in die UdSSR verfügt worden. Dabei verschwanden einige Strecken komplett, beispielsweise Gernrode (Harz) – Harzgerode/Stiege, Herrnhut – Bernstadt (Oberlausitz). Zur Deutschen Reichsbahn gehörten rund 1.373 km (Betriebslänge) an schmalspurigen Strecken, einschließlich der übernommenen privaten Schmalspurstrecken. Es gab noch wenige Schmalspuranlagen, die als Stadtbahnen für den Güterverkehr nicht zur Reichsbahn übergingen, sowie Werkbahnen. In der Not der Nachkriegsjahre kam es zu Neubauten für Strecken, die als Reparation abzugeben waren:

1948 Glöwen – Havelberg anstelle der einstigen Normalspurstrecke (9,24 km)
1949 Gernrode (Harz) – Straßberg (Harz) (21,9 km) (Wiederaufbau)
1949 Jarmen Nord – Schmarsow (12,4 km) als Inselstrecke ohne Normalspurübergang
1950 Alexisbad – Harzgerode (2,9 km) (Wiederaufbau)

Der Bahnhof Thum ist Vergangenheit (1972). 1976 fährt da der letzte Zug

Zu den größten Schmalspurbahnhöfen der Deutschen Reichsbahn gehört Mügeln (b Oschatz), von dem hauptsächlich Zuckerrüben- und Kaolintransporte ausgehen (1967)
Foto: Meyer

Eine der ersten Untersuchungen in der DDR über die Wirtschaftlichkeit einzelner Schmalspurstrecken stand 1964/65 beim Institut für Verkehrsforschung in Berlin unter dem Thema „Die Arbeitsteilung der Verkehrsträger Eisenbahn und Kraftverkehr in den Einzugsbereichen der Schmalspurbahnen". Die Studie führte an: Würden 1967 alle Schmalspurstrecken stillgelegt, dann müsste dem Kraftverkehr an Fahrzeugen zusätzlich zugeführt werden: 366 Lastkraftwagen, 84 „Hänger", 282 Autobusse, 36 Gepäckanhänger und neun Spezialfahrzeuge. Dabei ging die Studie auch noch davon aus, dass in ländlichen Gebieten andere Betriebe anstelle des Kraftverkehrs die Transportaufgaben des Güterverkehrs übernähmen. „Die vorhandenen KOM-Kapazitäten reichen gegenwärtig nicht aus ..." In der Dienstberatung beim Minister für Verkehrswesen am 30. August 1966 wurde erkannt, dass die Stilllegung von den bis 1970 vorgesehenen 454,6 Streckenkilometern – wie es im Leiterdeutsch hieß – „materiell und finanziell" nicht gesichert sind.[49]

Das betraf 419,2 Kilometer. Dafür fehlten den jeweils als VEB organisierten Kraftverkehrsbetrieben die Arbeitskräfte, insbesondere Kraftfahrer und Schaffnerpersonal. Allerdings, so wurde festgestellt, könnten bei der Stilllegung der Schmalspurbahnen 2.743 Eisenbahner des Betriebs- und Verkehrsdienstes eingespart werden. Der Kraftverkehr benötigte 1.193 Arbeitskräfte zusätzlich. Mit einer direkten Umsetzung der frei werdenden Arbeitskräfte sei kaum zu rechnen. „Einmal besteht bei der Deutschen Reichsbahn ebenfalls Arbeitskräftemangel, und sie wird bestrebt sein, die frei werdenden Arbeitskräfte entsprechend ihrer Ausbildung auf anderen Strecken einzusetzen, und zum anderen ist ein direkter Einsatz dieser Kräfte beim Kraftverkehr nur nach entsprechender Umschulung möglich. Das Erstere trifft ganz besonders für die 410 Arbeitskräfte zu, die in den Reichsbahnausbesserungswerken zur Instandsetzung der Schmalspurbahnfahrzeuge eingesetzt sind."

Die Waldeisenbahn Muskau und die Strecke Radebeul Ost – Radeburg wurden gegenüber dem Kraftverkehr als wirtschaftlich überlegen bezeichnet.

Innerhalb von fünf Jahren, von 1966 bis 1969, gab die Reichsbahn Schmalspurstrecken mit einer Länge von 395,4 km auf. Besonders der akute Arbeitskräftemangel zwang die Reichsbahn zur Reduzierung von Schmalspurstrecken oder dazu, auf ihnen nur den Güterverkehr oder den Personenverkehr zu belassen. Es gab für den Abbau

1976 unter Protesten der Bevölkerung stillgelegt, wird nach der politischen Wende die Schmalspurstrecke Wolkenstein – Jöhstadt teilweise wieder aufgebaut und als Museumsbahn in Betrieb genommen (1973)

Der lange Zug vor dem Bahnhof Ostseebad Kühlungsborn Ost nahe der Ostseeküste verdeutlicht die Nachfrage bei dieser Schmalspurbahn von 900 Millimeter Spurweite (1973)

Nur noch Güterverkehr gibt es auf der Meterspurstrecke von Eisfeld nach Schönbrunn (Kr Hildburghausen). (1973)

Eine zweite Lokomotive ist nötig, um den Zug von Mügeln (b Oschatz) in den Bahnhof Oschatz hereinzuziehen
Foto: Neumann

anfangs auch andere Gründe, wie beispielsweise die Materialgewinnung zugunsten anderer, normalspuriger Strecken [1951 Goßdorf-Kohlmühle – Hohnstein (Sächsische Schweiz)]. In den 1970er-Jahren wurden im Norden mehr Strecken stillgelegt als im Süden, die Lokomotiven in die Bundesrepublik Deutschland und bis nach Kalifornien verkauft. So ließ sich aus den stillgelegten Strecken noch ein bescheidenes Maß an Devisen erwirtschaften. Im Süden bewahrte der Berufs- und Ausflugsverkehr so manche Strecke vor der Stilllegung, weil sie mit alternativen Konzepten nicht ohne weiteres ersetzt werden konnte.

Dieseltriebfahrzeuge auf den Strecken mit 750-mm-Spurweite kamen über den Probebetrieb nicht hinaus. Nur an wenigen Orten fuhren Kleinlokomotiven meist Güterwagen in die Anschlussgleise. Neue Wagen, die dem bei der Reichsbahn erreichten Stand (elektrische Beleuchtung, Dampf-Niederdruckumlaufheizung, durchgehende und selbsttätig wirkende Bremse) entsprachen, ließen sich

Die Strecke Radebeul Ost – Radeburg soll mit Traditions- und Regelbetrieb erhalten bleiben. Friedewald (Kr Dresden) 1975

Am 10. August 1974 eröffnet die Deutsche Reichsbahn den Traditionsbetrieb nach Radeburg. Auf dem Endbahnhof stellen sich Reisende und Eisenbahner in alter Kleidung an die alte Lokomotive

nicht beschaffen. Die Druckluftbremsen mussten die Saugluftbremsen, die Dampfheizung manche Ofenheizung ersetzen. 1970 fuhr die Deutsche Reichsbahn noch auf Schmalspurstrecken mit 559 Kilometer (Betriebslänge)[50].

Anfang der 1970er-Jahre bereiste eine Arbeitsgruppe des Ministeriums für Verkehrswesen die noch bestehenden Schmalspurbahnen und staunte, mit welch technischen Einrichtungen diese ausgestattet sind. Aus der Arbeitsgruppe kamen Vorschläge, sieben

Auf Gleis in Meterspur fahren die Züge quer über den Harz von Wernigerode nach Nordhausen. Zug am Bahnhof Wernigerode Westerntor (1974)

K u r z v o r l a g e

für die Dienstberatung des Generaldirektors der Deutschen Reichsbahn am 7.Mai 1990

Titel: Vorstellungen zur Perspektive der Schmalspurbahnen in der DDR

Einreicher: RT, Herr Enders

....
Unterschrift

Vorlage wurde erarbeitet von: Hv BV der DR

Vorlage wurde abgestimmt mit: RA, RF, RS

Mitgearbeitet haben: Hv M, Hv W, Rbd Aw

Zur Behandlung sind einzuladen: Leiter der Hv BV

Festlegungsvorschläge:

1. Die Vorlage wird unter Berücksichtigung der in der Diskussion gegebenen Hinweise zur Kenntnis genommen.

   Die vorgeschlagenen Festlegungen werden bestätigt.

2. Zur ökonomischen Bewertung der Schmalspurbahnen
   - Radebeul Ost - Radeburg
   - Freital-Hainsberg - Kurort Kipsdorf
   - Cranzahl - Kurort Oberwiesenthal
   - Oschatz - Kemmlitz
   - Zittau - Kurort Oybin/Jonsdorf
   - Bad Doberan - Ostseebad Kühlungsborn West
   - Putbus - Göhren
   - Harzquer- und Selketalbahn

   sind gemeinsam mit den Reichsbahndirektionen Dresden, Cottbus, Greifswald, Schwerin und Magdeburg Rentabilitätsberechnungen für die Entscheidungsfindung über die Entwicklung der Schmalspurbahnen aufzustellen.

   Verantwortlich: Hb-DR und Leiter Pl-DR mit Präsidenten der Reichsbahndirektionen

   Termin: 30.09.1990

1990 stehen wieder einmal Rentabilitätsberechnungen zu den noch vorhandenen Schmalspurbahnen an *Sammlung Guter*

Strecken mit der Länge von 210 Kilometer zu Zwecken der Naherholung als Touristikbahnen bestehen zu lassen. Diese Vorstellung führte 1973 zu einer Festlegung des Ministers für Verkehrswesen. Für die Touristikbahnen wurde die Ablösung der Dampflokomotiven erlaubt, ohne dass Diesellokomotiven in Sicht waren. Gleichzeitig wurden die kulturhistorischen Werte der Schmalspurstrecken hervorgehoben. Das verdeckte die Probleme beim Straßenverkehr. Technischen Verbesserungen am Oberbau konnte sich die Reichsbahn nun nicht mehr vollständig entziehen. Seit 1974 fuhren auf der Schmalspurstrecke Radebeul Ost – Radeburg so genannte Traditionszüge. Deshalb sah man diese Strecke nicht nur als Touristik-, sondern zugleich als Traditionsbahn vor. Der Begriff „Museumsbahn" galt als rückwärtsgewandt, unwirtschaftlich, ohne Bezug zur Arbeiterklasse und unterblieb besser. In der Dienstberatung beim Minister am 17. September 1973 ging es nicht allein darum, die Touristikbahnen zu erhalten, sondern auch um die Stilllegung der übrigen Schmalspurstrecken (133,4 km bis 1980), was von der Abteilung Planung zu überwachen sei.

Den Antrag des Deutschen Modelleisenbahn-Verbandes, Putbus – Göhren (Rügen) als Traditionsbahn weiter zu betreiben, schmetterte die Runde ab. Das lasse sich „wegen unzureichender Möglichkeiten des Verbandes nicht realisieren".[51]

Bei den Betriebsmitteln sah es günstiger aus: Bestand an Dampflokomotiven und Reisezugwagen ausreichend, dagegen Güterwagen überzählig. Nur an langen Rollwagen für die Spurweite von 750 Millimetern fehlte es. 1974/75 wurden jeweils 30 umgebaut. Bis 1980 könnten alle Schmalspurgüterwagen verschrottet werden, stellte das Ministerium fest. Überwiegend wird nach den „Vorschriften für den vereinfachten Nebenbahndienst" mit wenig örtlichen Betriebseisenbahnern gefahren.

Die erste auf Ölhauptfeuerung umgebaute Lokomotive, eine des Bahnbetriebswerkes Wernigerode Westerntor, stand erstmals 1976 an einem Zug. Wieder aufgebaut wurde die 13,8 Kilometer lange Verbindung zwischen Straßberg (Harz) und Stiege, die 1984 mit einer Wendeschleife am Bahnhof Stiege in Betrieb ging. Für die meterspurigen Strecken im Harz ließ die Reichsbahn im Jahre 1988 Diesellokomotiven der Baureihe 110 umbauen (nach Umbau als Baureihe 199 bezeichnet).

Von den Touristikbahnen sollte Zittau – Kurort Oybin/Kurort Jonsdorf dem Braunkohlenabbau weichen. Mit der politischen Wende 1989 nutzten die Bürger die neuen Möglichkeiten, gegen die Vorhaben Braunkohlenabbau und Stilllegung der Schmal-

Die Schmalspurstrecke im Jahre 1975 bei Binz Ost im Jahre 1975, als spontan über ihr Schicksal entschieden wird

spurstrecke zu protestieren. Der Ministerrat der DDR nahm mit dem Beschluss vom 1. März 1990 vom Tagebau Abstand. Damit blieb die Strecke erhalten.

Kurz nach der Wende fand beim Stellvertreter des Generaldirektors für Transport am 23. Februar 1990 mit zwei Vizepräsidenten der Reichsbahndirektion Dresden und Vertretern dreier Hauptverwaltungen eine Beratung zu den sächsischen Schmalspurbahnen statt, bei der an Festlegungen getroffen wurden:

- Oschatz – Kemmlitz bleibt für Güterverkehr erhalten. Keine Umspurung.
- Tarifamt prüft, ob ein Tarifzuschlag für das Auf- und Abrollen der Normalspurgüterwagen auf die Rollfahrzeuge erhoben werden kann.
- Der Bedarf an Leichtbaukupplungen ist zu ermitteln (auch für die der Reichsbahndirektion Cottbus zugeordnete Zittauer Schmalspurstrecke).
- Umstellung des Fahrzeugparks auf Druckluftbremse.
- Auf der Strecke Wilischthal – Papierfabrik (1,3 km) ist wegen des Brückenzustandes der Güterverkehr auslaufen zu lassen.

Am 7. Mai 1990 befasste sich der Generaldirektor der Deutschen Reichsbahn in seiner Dienstbesprechung mit der Perspektive der Schmalspurbahnen, wozu der Stellvertreter für Transport die Vorlage einreichte. Bei der Vorbereitung der Vorlage kamen Probleme mit der Industriebahn Halle zutage. Schon 1973 war sie für die Stilllegung vorgesehen. Diesen Zeitpunkt hatte man wohl verpasst, denn nach einem Ministerratsbeschluss von 1986 zur Rekonstruktion des Gießereibetriebes musste die Reichsbahn die Gießereianschluss weiterhin bedienen.

Für Oberbauarbeiten fehlte es an einem Gleisbaubetrieb. Aus der Volksrepublik Polen lagen bei der Reichsbahndirektion Cottbus Angebote vor, was mit der Währungsunion und dem Umbruch der Wirtschaft nicht geschah. Nun gab es dankbare Anbieter für solche Arbeiten im eigenen Land.

In einer Dienstbesprechung am 12. November 1990 beim Vorsitzer der Deutschen Reichsbahn reichte der Ressortdirektor Bau und Betrieb eine Vorlage ein, die die Wirtschaftlichkeit, den Oberbauzustand, den Fahrzeugpark und die erforderlichen Investitionen charakterisieren sollte. Die Vorlage erläuterte dem Vorsitzer, dass der Rationalisierungsgrad, der Instandhaltungszustand der Fahrzeuge und Anlagen und die Preis-/Tarifgestaltung eine wirtschaftliche Betriebsführung nicht zulasse, obwohl die Leistungen im Personenverkehr ansteigen. Der Güterverkehr war rückläufig. „Die öffentliche Meinung spricht sich überwiegend für die Aufrechterhaltung des Schmalspurbahnbetriebes wegen seiner internationalen und nationalen Anziehungskraft als touristische Attraktivität, seiner eisenbahngeschichtlichen Tradition und zunehmend seines umweltschonenden Beitrages und der Erschließung landschaftlich geschützter Gebiete (zum Beispiel Brockenbahn) aus.“[52] Die Schlussfolgerung dazu hieß, Strecken aus dem öffentlichen Netz der Reichsbahn herauszulösen und einen Sondertarif im Personenverkehr mit hohen Preisen einzuführen. Ein lang gehegter Wunsch der Öffentlichkeit ging noch in Erfüllung: der Personenzugver-

Zug an dem einsamen Haltepunkt Seelvitz auf der Insel Rügen (1975)

kehr auf den Brockengipfel (1.142 Meter über Normalnull) im Harz. Das Bergplateau war staatlicherseits 1961 zur streng gesicherten Schutzzone erklärt worden. Nach dem Mauerfall wollten Umweltschützer überhaupt keinen Zugverkehr mehr zum Brocken sehen. Da die Eisenbahnstrecke kein Neubau war, konnte er für die Öffentlichkeit nach der Streckensanierung wieder aufgenommen werden.

Am 31. Dezember 1993 brachte die Deutsche Reichsbahn noch 282,29 Kilometer an Schmalspurstrecken in das Vermögen der Deutschen Bahn ein. Sie sind inzwischen sämtlich privatisiert.[53]

Der Roland rast weiterhin

Von dem Netz der einstigen Rügenschen Kleinbahnen war nicht mehr viel übrig geblieben. Das entsprach dem „Leitungsdokument der Reichsbahndirektion Greifswald von 1960“, einer „Vertrauliche Dienstsache“.[54] In dieser wurde festgestellt: „Die gesamte Anlage ist überaltert. Die meisten Dienstgebäude sind in einem schlechten Zustand […] Die Dampflokomotiven sind älter als 50 Jahre und in einem dementsprechenden technischen Zustand.“

1959 wurden auf den Schmalspurbahnen der Insel Rügen insgesamt 114.527 Tonnen Güter befördert, der Binnenverkehr betrug 16.945 Tonnen. 40 Prozent des Gutes wurden auf den Spurwechselbahnhöfen in Altefähr, Bergen und Putbus mechanisch, der Rest manuell umgeschlagen.

Diese Zustände zu verändern, ersparte man sich, seitdem jede Ortschaft auf der Ostsee-Insel über die Straße und gegebenenfalls mit dem Autobus erreicht und der Güterverkehr auf den Lkw umgelegt werden konnte. So wurde eine Strecke nach der anderen stillgelegt: von Altefähr nach Putbus am 4. Dezember 1967, der Abschnitt von Altenkirchen nach Fährhof am 31. Dezember 1969, im Abschnitt Bergen Ost – Wittower Fähre wurde der Reiseverkehr am 30. Mai 1970, der Güterverkehr am 26. September 1970 eingestellt.

Nur die Strecke Putbus – Göhren konnte überleben, weil über sie die Urlauber zu den Ferienorten Binz, Sellin, Baabe und Göhren anreisten. Einen Pkw besaßen viele DDR-Bürger nicht, die Urlaubsreise mit der Bahn wurde noch nicht als zu teuer und als „Zeitverschwendung“ angesehen. Täglich benutzten in der Hochsaison etwa 4.000 Personen die Züge auf dieser Strecke. Im genannten Leitungsdokument wird ausgeführt: „In der Perspektive ist im Güterverkehr und im Reiseverkehr mit einem erheblichen Ansteigen der Transportleistungen zu rechnen, im Bäderverkehr zum Beispiel um ca. 60 %."

Aber auch: „Mit den heutigen Anlagen und Fahrzeugen, bis 1965 sind keine Veränderungen vorgesehen, läßt sich der Betrieb nur unter großen Schwierigkeiten durchführen, was nicht als volkswirtschaftlich günstige Lösung angesehen werden kann. Es muß deshalb eine Änderung herbeigeführt werden. Für die Lösung der Probleme sind 5 Möglichkeiten gegeben." Unter diesen Hauptpunkten mit insgesamt 27 Unterpunkten wurden genannt:

- Verkehr weiterhin auf verbesserten Strecken mit Dampflokomotiven bis mindestens 1970 bei modernisierten Anlagen sowohl im Bahnbetriebswerk Putbus als auch auf den Bahnhöfen, ein vergrößerter und modernisierter Reisezugwagenpark
- die Umstellung auf Dieselbetrieb und der Ausbau der Gleise auf 10 Tonnen Achsdruck, dabei zwei Fährschiffe mit einer Tragfähigkeit von 45 Tonnen anzuschaffen und die Fähranlage [in Wittow] dem Dieselbetrieb anzupassen
- die Einstellung des gesamten Schmalspurbetriebes und die Weiterführung der Normalspurbahn Lietzow – Binz bis Göhren; alle Transportleistungen gehen an den Kraftverkehr und der Fährverkehr an den Rat des Kreises über.

Die zuerst genannte Variante wurde auch nur als Notlösung bezeichnet, „denn trotz erheblicher Investmittel wird keine grundlegende Verbesserung der Verkehrsverhältnisse eintreten."

Zu den Stilllegungen kam es dann auch, wie bereits ausgeführt. Nur dem „Rasenden Roland", wie die Züge der Strecke Putbus – Göhren bei etwa 14 km/h Reisegeschwindigkeit auch genannt wurden, blieb eine Gnadenfrist bis 1970.

In einer Aufstellung der Hauptverwaltung Wagenwirtschaft der Deutschen Reichsbahn vom 16. Februar 1967 ist die 24,5 Kilometer lange Strecke unter „Im Perspektivplanzeitraum 1967 – 1970 vorgesehene Verkehrsträgerwechsel, die nach dem gegenwärtigen Stand nicht gesichert werden können" aufgeführt; Stilllegung des Reise- und Güterverkehrs 1970.[55]

Das Jahr 1970 verging. Von Diesellokomotiven, modernisierten Reisezugwagen und Sanierung bzw. Verbesserung der Anlagen als Voraussetzung für weiteren Betrieb keine Spur. Sollte das Ende des „Rasenden Rolands" vor der Tür stehen? Die für ihn zuständige Reichsbahndirektion Greifswald war nicht sonderlich interessiert am Weiterbestehen dieser Bahn. Die im Deutschen Modelleisenbahn-Verband der DDR organisierten Eisenbahnliebhaber hatten Wind von den ansonsten vertraulich behandelten Stilllegungsabsichten bekommen; einige von ihnen saßen ja in der Direktion, kannten die Dokumente, die An- und Absichten. Sie setzten sich für den Erhalt der Bahn ein, wollten sie als Museumsbahn erhalten und auf dem Bahnhof Binz Ost eine Ausstellung mit Fahrzeugen und anderen Devotionalien der früheren Kleinbahnen von Lenz & Co einrichten.

Was sie sicherlich nicht wussten: Zur 37. Dienstberatung des Ministers für Verkehrswesen am 17. September 1973 gehörte der Tagesordnungspunkt „Perspektive der Schmalspurbahnen" mit der Vorlage der Hauptverwaltung des Betriebs- und Verkehrsdienstes der Deutschen Reichsbahn „Schmalspurbahnen als touristische Attraktion – Ausgangspunkt für die Zielsetzung aller zu behandelnden Fragen (Sicherung des Personalbestandes, Erhaltung der Anlagen, des Fahrzeugparkes, Tarifgestaltung usw.)".[56]

Sie bewirkte nichts, denn ein knappes Jahr später hatte sich niemand darum gekümmert, ob man von der VVB Braunkohle[57] Geräte für die Gleisinstandsetzung mit 750 mm Spurweite erhalten und ob man Rückfallweichen verwenden könne, auch war es zu keinem Erfahrungsaustausch unter den Reichsbahndirektionen mit Schmalspurstrecken gekommen. Anscheinend gab es Wichtigeres zu tun.

Abreise der Urlauber auf dem Bahnhof Göhren (Rügen)

Foto: Lungwitz

Etwas Gutes hatte diese Trägheit. Auf der Dienstberatung am 17. September nahm Minister Otto Arndt die besonderen Schwerpunkte für die weiteren Stillegungen der Strecken Putbus – Göhren (1976), Oschatz – Kemmlitz (bis 1980) und die Muskauer Waldeisenbahn (1976) zur Kenntnis[58], da hier zum Teil größere Aufwendungen zur Verlagerung des Reise- und Güterverkehrs erforderlich waren.

Entweder lag es an der Taktik gewisser Leute im Bezirksvorstand Greifswald des Deutschen Modelleisenbahn-Verbandes der DDR, an einem Zufall oder an der Wirkung geistiger Getränke, dass das Minister-Dekret nie ausgeführt wurde. Nach der Legende gelang es den Eisenbahnfreunden zum 75-Jährigen Streckenjubiläum 1974, einen Sonderzug zu organisieren. Wie es sich gehörte, hatten sie auch „Repräsentanten" des Kreises Rügen und des Bezirks Rostock sowie die entsprechenden Genossen der Kreis- bzw. Bezirksleitung der SED eingeladen. Während der Fahrt von Putbus nach Göhren und zurück wurden Häppchen gereicht, auch Bier und Weinbrand ausgeschenkt. Die Stimmung stieg, bis irgendwo jemand sagte: „Und diese Bahn soll nun stillgelegt werden!"

Das muss für die „Genossen vom Bezirk" ein Schock gewesen sein. Einer soll spontan geäußert haben: Das kommt überhaupt nicht in Frage! Man könne doch den Urlaubern und Werktätigen nicht die Bimmelbahn nehmen. Nun schien die Bahn gerettet. Ohnehin lehnte die Abteilung Verkehr beim Rat des Bezirkes Rostock es ab, bis 1976 den Reise- und Güterverkehr auf den Kraftverkehr zu verlagern, litt der doch am Mangel von Autobussen, Reifen und Ersatzteilen. Auch konnten die Straßen nicht im erforderlichen Maße verbessert werden. So blieb der Schmalspurbetrieb auf der Insel Rügen der Reichsbahndirektion Greifswald wie ein Klotz am Bein hängen.

Das war auch zu spüren. Zwar wurden Genossen des Einjahreslehrgangs an der Zentralschule Hainichen der Politischen Verwaltung der Deutschen Reichsbahn, die im nahen Lager Proßnitz zur Kampfgruppenausbildung waren, für ein paar Tage in der Gleisinstandsetzung eingesetzt, auch hin und wieder Dampflokomotiven aus Sachsen umgesetzt, aber die bereits 1960 gewünschte grundlegende Sanierung und Modernisierung unterblieb.

Das Personal kochte außerhalb der Saison mit den Reiseverkehrskräften auf Sparflamme. Wer mit Handwagen und Koffer vom Heim zum Bahnhof fuhr, um das Gepäck aufzugeben (so etwas gab es auch einmal!) oder einzustellen, wurde überrascht vom Aushang: „13 bis 15 Uhr Mittagspause". In Göhren fuhr um 12.18 Uhr der Zug ab, sonntags aber wurde das Bahnhofsgebäude um 11 Uhr abgeschlossen.

Andere Misslichkeiten waren die verschlossenen Toiletten, fehlende Bindfäden für die Kofferanhänger, fehlende Auskunftzettel, die ungünstige Lage der Züge, so dass der Urlauber praktisch nie seine Essenzeiten im Heim einhalten konnte, wollte er die Bahn für einen Ausflug benutzen.

Längst hatten sich die Bedürfnisse verändert, weil infolge der Konzentration der Reiseziele auf die DDR an der Ostsee immer Saison herrschte. Doch bei den Reichsbahn-Dienststellen blieb die optimierte Besetzung der Dienstposten. Im Sommer halfen die Lehrlinge des ersten Lehrjahrs aus, die einsatzbereit waren, denen indes die volle Ausbildung fehlte. Die Eisenbahner vollbrachten anerkennenswerte Leistungen (täglich 6.000 bis 7.000 Mark Verkehrseinnahme bei Fahrpreisen von überwiegend unter einer Mark!).

Wie zu Großvaters Zeiten wurden an kühlen Tagen die Wagen von eisernen Öfchen erwärmt mit dem Vorteil, dass sie nicht auskühlten, wenn die Lokomotive den Zug verließ. Merkwürdig war jedoch: Wagen ohne Ofen wurden mit Lokomotiven ohne Heizflansch bespannt, während die Lokomotiven mit dem Flansch jene Wagen zogen, die auch durch die Öfen beheizt werden konnten. So blieb es nicht aus, dass die Reisenden froren. Um die Heizung der Wagen und den passenden Einsatz der Lokomotiven kümmerte sich niemand. Der „Rasende Roland" war zur Traditionsbahn geworden; da musste man einiges hinnehmen.

Eine Traditionsbahn war sie eigentlich nicht, abgesehen von einem Traditionszug. Auf Rügen fehlte „die brachiale Kommandogewalt", damit so etwas wie die Traditionsbahn in Radebeul zustande kam.

Von 1990 an hatten sich die Verhältnisse grundlegend verändert. Die Ostseebäder warteten auf Urlauber, mussten ihnen bei schlechtem Wetter Glanzstücke anbieten. Da war der „Rasende Roland" als Attraktion besonders für „Westler" gerade recht, die keinen Regelbetrieb mit Dampflokomotiven mehr kannten und ihn hier im Urlaub nutzen konnten. Nach weiteren fünf Jahren stieß die Deutsche Bahn am 21. Juni 1995 ihr ungeliebtes Kind ab, und der Landkreis Rügen als neuer Eigentümer hatte auch nicht die glücklichste Hand, als er die Betreiber aussuchte. Immerhin blieb der „Rasende Roland" nach schweren Tagen den Urlaubern erhalten und wurde zur Attraktion auf der Ferieninsel Rügen.

Der beste Standort

Mit dem Ablegen der Zweideck-Eisenbahnfähre „Mukran" wurde die 273 Seemeilen (505 Kilometer) lange Fährverbindung Mukran – Klaipeda (Memel) in der Litauischen Sowjetrepublik am 2. Oktober 1986 eröffnet. Die DDR-Zeitungen und -Zeitschriften schrieben, das sei das bisher größte Integrationsvorhaben im Transportwesen zwischen der DDR und der UdSSR.

Warum am 18. Juni 1982 der Bau der „Linie der Freundschaft" tatsächlich beschlossen wurde, gab niemand bekannt, allenfalls wurde das 18-Stunden-Trajekt mit der „Effektivität und Qualität der Außenhandelstransporte" begründet. Das kann auch ein Grund gewesen sein. Das wahre Motiv für den Aufwand war gewiss militärstrategischer Art, auch wenn den eine Fachkraft in der Staatlichen Plankommission der DDR nach einer Veröffentlichung im „Neuen Deutschland" 2007 noch heftig bestritt. Die UdSSR befürchtete, beim Transit ihres Nachschubs für die sowjetische Armee in der DDR durch Polen und erst recht, wenn es zu Auseinandersetzungen mit der NATO gekommen wäre, Schwierigkeiten zu bekommen. Die oppositionelle Gewerkschaftsbewegung „Solidarność" war ein Risiko, wenn Truppen

In der Umladehalle wechseln die Güter von den Wagen der europäischen Normalspur auf die Wagen der in der UdSSR vorherrschenden Breitspur (1988)
Foto: Hafner

und Militärgut ungehindert durch Polen transportiert werden sollten.

Deswegen wurden auch bis 1986 Einzelheiten zum Fährhafen und -bahnhof als Geheimnis gehütet. Gewiss mögen die zunehmenden Diebstähle und Beschädigungen des zivilen wie des militärischen Gutes beim Transit durch Polen und auch die ständig von den Polnischen Staatsbahnen geforderten Frachterhöhungen eine Rolle für die direkte Fährverbindung gespielt haben, wesentlich für die Investitionsentscheidung dürfte aber die ungehinderte und unbeobachtete Verbindung UdSSR – DDR gewesen sein.

Im Ministerium für Verkehrswesen der DDR war am 1. November 1980 die Hauptabteilung Bauvorhaben Fährverkehr DDR – UdSSR gebildet worden, geleitet von Dieter Weiß, dem bisherigen Stellvertreter des Generaldirektors der Deutschen Reichsbahn für den Bereich Vorhaltung der Bahnanlagen. Weiß war wegen einer Westreise seiner Ehefrau zu deren Verwandten in Ungnade gefallen. Minister Otto Arndt musste den Fachmann ablösen, um sein Gesicht zu wahren. Nun hatte er für Weiß eine neue, dankbare Aufgabe gefunden.

Wo der neue Fährhafen und Fährbahnhof, obendrein mit Breitspurgleisen (auf jenen bestand die sowjetische Seite), zu errichten war, musste nicht Weiß' Abteilung erkunden. Das nahmen ihm, selbstverständlich ebenfalls unter strenger Geheimhaltung, andere Institutionen, beauftragt von Willi Stoph, dem Vorsitzenden des Ministerrats, ab. Und zwar das Institut für Meereskunde bei der Akademie der Wissenschaften, die Seewetterdienststelle, die Staatliche Gewässeraufsicht Küste, die Staatlichen Plankommission, das Seefahramt, eine Arbeitsgruppe für Organisation und Inspektion beim Ministerrat, die Technische Universität Dresden, der Seehydrografische Dienst, das Ingenieurbüro für Rationalisierung des Eisenbahntransports und weitere heutzutage gänzlich unbekannte Stellen. Unter „Nutzbarkeit und Standhaftigkeit der geplanten Fährverbin-

Für die Umladearbeiten darf die Deutsche Reichsbahn ausnahmsweise ausländische Arbeitskräfte beschäftigen. Bei den Vietnamesen nennt man das Facharbeiterausbildung (1989)
Foto: Hafner

dung" war vor allem die Sorge um die zu erwartenden meteorologischen und ozeanografischen Bedingungen zu sehen.

Später wurde der gewählte Standort neben dem Dorf Neu-Mukran an der Ostküste Rügens gegenüber anderen möglichen Standorten als vorteilhaft herausgestellt, weil er im Windschatten der Insel liegt und gegen Winde aus nordwestlichen bis südwestlichen Richtungen geschützt ist, auch unmittelbar vor dem Tiefwassergebiet, welches am wenigsten von Vereisungen betroffen ist.[59]

Auch waren keine so genannten Revierfahrten für die Fähren notwendig. Schließlich waren 277 Seemeilen Mukran - Klaipeda die kürzeste Entfernung zwischen der DDR und der (damaligen) UdSSR. Am Standort in Mukran fand man für die Bahnanlagen eine leidlich ebene Fläche und Platz für eventuelle Erweiterungen. Zu diesen kam es erst, als der Sassnitzer Hafen mit dem Fährverkehr nach Trelleborg nach Mukran verlegt worden ist. Dass das der Baustelle benachbarte Feuersteinfeld, ein Naturschutzgebiet, gefährdet war, darauf wurde wenig Rücksicht genommen. Über Jahre war es abgesperrt. Keiner sollte sehen, was beim Aufbau des neuen Bahnhofs geschieht.

1981 begann der Betriebsteil Dresden des Entwurfs- und Vermessungsbetriebes der Deutschen Reichsbahn mit der Projektierung des Fährbahnhofs nach den Vorstellungen des Ingenieurbüros für Rationalisierung des Eisenbahntransports. Untersucht wurden zunächst vier Varianten, die sich durch direkte und indirekte Bedienung der Umladeanlagen aus den Ordnungsgruppen und durch die Anordnung der Umladeanlagen in Rechteck- oder Schräglage unterschieden.

Vorgegeben war, dass sich der Bahnhof an die eingleisige Hauptbahn Stralsund – Lietzow – Saßnitz[60] anschließt und sich auf einer Länge von etwa 4 Kilometern zwischen dieser Strecke und der Ostseeküste erstreckt. Mukran sollte gleichzeitig Fähr-, Grenz- und – das war eigentlich seine betriebliche Aufgabe – Spurwechselbahnhof sein. Die Besonderheit des Fährbahnhofs besteht darin, dass er aus einem Normal- und einem Breitspurteil besteht, die beide in den Umladeanlagen, in der Umachsanlage und im Instandhaltungsbereich miteinander verzahnt sind.

Die normalspurigen Gleisanlagen umfassen als wichtigste Gleisgruppen

- die Einfahrgruppe
- die Richtungs-, Ordnungs- und Ausfahrgruppe
- verschiedene Vorstellgruppen.

Alle weiteren Anlagen, wie das Heizwerk, das den Fährkomplex und Teile der Stadt Saßnitz beheizte, die Lokomotiv- und Wagenreparatur seit 7. Oktober 1988 (bis dahin Reparaturen in der Umachshalle) oder der Bauhof, waren an die Normal- und an die Breitspur angeschlossen.

Das Ingenieurbüro und das Zentrale Institut für Verkehrsforschung rechneten für die Dimension der Eisenbahn- und Umschlaganlagen mit einer Jahrestransportmenge von 5,3 Millionen Tonnen.[61] Davon sollten täglich 20 bis 30 Wagen umgeachst, an ihnen die Drehgestelle gewechselt werden. Das waren vor allem Kesselwagen mit Gefahrgut, für die die DDR wegen der unterschiedlichen Kupplungssysteme so genannte Kuppelwagen bauen musste. Das Reichsbahnausbesserungswerk „Wilhelm Pieck" Karl-Marx-Stadt baute Diesellokomotiven der Baureihe 105/106 für die Breitspurgleise um.

Bei vollem Fährbetrieb von 1989 an sollten je drei Fährschiffe der DDR und der UdSSR fahren. Die Mathias-Thesen-Werft in Wismar baute diese Schiffe, die je 103 Breitspurgüterwagen aufnehmen konnten. In Mukran sollte ihre Ladung auf Normalspurwagen umgeladen bzw. in einem Anteil von 10 bis 30 Prozent nach Austausch des Laufwerkes in das Binnenland befördert werden.

Die Fährschiffe bewältigen die Entfernung zwischen den beiden Fährhäfen im Durchschnitt mit einer Geschwindigkeit von 15,5 Knoten (etwa 28,7 km/h) in rund 17,2 Stunden. Alle acht Stunden war ein Fährschiff abzufertigen. Die beiden Etagen der Fährschiffe sind über jeweils eine im Stahlbau Dessau der Deutschen Reichsbahn konstruierte Fährbrücke mit den Eisenbahngleisen des Fährbahnhofes verbunden. Der Fährbahnhof wurde an der Abzweigstelle Borchtitz zur Strecke Stralsund – Saßnitz angeschlossen. Wegen der Fähranlage Mukran ist die Strecke auch elektrifiziert worden. Zum zweigleisigen Ausbau kam es nicht, der Rügendamm zwischen Stralsund und Altefähr sollte ein Engpass bleiben, obwohl nach den Standortuntersuchungen 1981 die „Rekonstruktion" dieses Abschnitts zu einem späteren Zeitraum vorgesehen wurde. Für die Kapazitätserhöhung erhielten die Bahnhöfe Stralsund Rügendamm, Altefähr 1988 und danach Lietzow zusätzliche Gleise und moderne sicherungstechnische Anlagen.

In der „Fahrt frei", Zeitung der Eisenbahner, wurde das Bauvorhaben durch die Stellenanzeigen bekannt, denn für den Fährbahnhof wurden über 3.000 Eisenbahner gesucht und mit Neubauwohnung, Kindergartenplatz und auch Kleingarten in Bergen oder Sagard gelockt. 2.000 von ihnen kamen hauptsächlich aus den südlichen Direktionsbezirken.

Bis zur Eröffnung 1986 durfte nichts über den „Fährkomplex" veröffentlicht werden. Zu diesem gehörten der Hafen und der Bahnhof. Er besaß 1990 folgende Ausmaße:

Gelände der Fähranlage	5 km^2
Länge des Bahnhofs	4 km
Gleislänge Breitspur	32 km
Gleislänge Normalspur	53 km
Weichen Breitspur	115
Weichen Normalspur	174

Die Fährschiffe müssen stets paarig von den Rangierlokomotiven befahren werden

Geplante Ent- und Beladung: täglich 270 Breitspurwagen und 1.000 Normalspurwagen. Der Fährbetrieb von und nach Klaipeda erreichte nie das geplante Ausmaß. In Wismar wurden nur fünf Fährschiffe gebaut: „Mukran“, „Greifswald“ der Deutschen Seereederei sowie „Klaipeda“, „Vilnius“ und „Kaunas“ der Litauischen Reederei LISCO. Die DDR verzichtete Anfang 1990 auf den Bau der „Wismar“.

Dass militärische Gesichtspunkte eine wichtige Rolle spielten, zeigte sich an der Ausstattung der Fährschiffe ohne Kabinen für Mitreisende, nur Gleise und Flächen zum Aufstellen von Fahrzeugen. Erst als der Lkw-Transit dominierte, wurden die Schiffe entsprechend nachgerüstet.

Als grundsätzlichen Mangel sahen es die Fachleute der Reichsbahn an, dass im Unterschied zum sonstigen Eisenbahnfährverkehr die Zuständigkeit für den Hafen (als Anschlussbahn) und für die Fährschiffe der Deutschen Seereederei übertragen wurden. Minister Arndt traute den Eisenbahnern nicht zu, den Fährverkehr in den geplanten Dimensionen unter Regie der Deutschen Reichsbahn regeln zu können. Der Reichsbahn blieb der Bahnhof, mit dem sie allerdings genug Sorgen erhielt. Abgesehen von der hier erforderlichen Bau- und Ausrüstungskapazität, die woanders genauso gut gebraucht wurde, hatte sie für die Folgemaßnahmen im Netz einen Investitionsaufwand von 46,6 Millionen Mark zu erbringen, ohne den Aufwand für die Profilfreimachung der Strecken, die von den Wagen der Sowjetischen Eisenbahnen benutzt wurden! Bei der Reichsbahn meinte man 1982: „Die zu erwartenden baulichen Aufwendungen für Profilfreimachungsmaßnahmen im Netz der DR sowie für die Umachsanlage im Fährkomplex stehen in keinem vertretbaren ökonomischen Verhältnis zum Umfang der umzuachsenden Wagen.“[62]

Rasch zeigte sich, was Eingeweihte bereits 1982 befürchtet hatten, dass die Anlagen nicht ausreichten, obwohl die errechnete Kapazität nie erreicht wurde, und dass der Ausgleich der Leerwagen nach Zahl und Gattung nicht ausgewogen war. Für Präzision beim Leerwagenausgleich waren die Sowjetischen Eisenbahnen auch auf anderen Bahnhöfen an der polnisch-weißrussischen und polnisch-ukrainischen Grenze nicht eben bekannt. Und in Mukran funktionierte er auch nicht. Während man hier vor allem Konsumgüter, zum Beispiel Kinderwagen (!), Möbel und Papier belud, wozu gedeckte Breitspurwagen benötigt wurden, kamen aus Klaipeda zu 80 Prozent offene Wagen mit Holz, Roheisen und Schienen. Die Exportgüter lagerten über Gebühr und schränkten den Platz ein. Auf dem Bahnhof und anderen im Reichsbahndirektionsbezirk Greifswald kam es ständig zum Rückstau der Wagen für Mukran.

In den Jahren 1986 bis 1989 litt der Fährbahnhof zusätzlich unter folgenden Problemen:

- der „Festigung der Arbeitskollektive“ unter den Bedingungen ständiger Neuzugänge und der in Mukran andersartigen Arbeitsvorgänge mit den dazu unerfahrenen Eisenbahnern (Personalstärke allein des Bahnhofs 1.600 Eisenbahner!).
- sowie einem großen Ausmaß von Differenzsendungen (fehlende Begleitpapiere, mangelhafte Abfertigung).

Im Netz der Deutschen Reichsbahn waren 14 Tage durchschnittliche Umlaufzeit je Breitspurwagen viel zu lang. Zu schaffen machte die Sorglosigkeit im Umgang mit Arbeitsmitteln und den sozialen Einrichtungen bis zum Vandalismus vor allem unter den zeitweise abgeordneten Eisenbahnern und den rund 250 Aushilfskräften.

Um den Problemen auf dem Fährbahnhof Herr zu werden, wurde mehrmals die Leitungsstruktur geändert, ein Vizepräsident bestellt, hochrangige Leitungskräfte über Wochen eingesetzt und immer wieder Leiter örtlicher Dienststellen für ein halbes Jahr abgeordnet. Es gab kaum einen Leiter von wichtigen Bahnhöfen, der nicht in Mukran hatte „für Ordnung sorgen“ sollen. Die Probleme indes blieben.

Mitten im Bahnhofsgelände und etwas erhöht thronte das Zentrale Dienstgebäude mit der Rechenstelle, das seit 1996 leer steht. Sämtliche Gebäude wurden in der Montagebauweise errichtet, wobei die vom Betonwerk gelieferten Typenbauten, wie der Projektant bereits 1986 feststellte, nicht vollkommen dem zugedachten Zweck entsprachen bzw. Ziegelbauten sich günstiger gestellt hätten. Das traf insbesondere auf die beiden Stellwerke „B 1/R 2“ und „R 3/R 4“ (Spurplantechnik, Bauform WSSB III) zu.

1989 erreichte der Bahnhof mit etwas mehr als 3 Millionen Nettotonnen Umschlag statt der geplanten 5,3 Millionen Tonnen seinen Zenit. Noch 1990 musste die Reichsbahn für Wagen über Mukran kurzzeitig eine Beladesperre aussprechen, weil es immer noch an gedeckten Breitspur-Leerwagen mangelte. 1989 waren die „kapazitätswirksamen Objekte“ fertig gestellt. Die DDR musste wegen des hohen Anteils von Krangut (in beide Richtungen jährlich 3,1 Millionen Tonnen) in die Umschlagkapazität zusätzlich investieren. Bis 1993 sollte für 300 Millionen Mark gebaut werden. Andererseits sank seit Inbetriebnahme des vierten und fünften Fährschiffes die durchschnittliche Auslastung der Fährschiffe. 98 Wagen waren je Fahrt geplant, trajektiert wurden 1989 im Durchschnitt 88,7 Wagen.

Am 15. und 16. Januar 1990 trafen sich der Stellvertreter des Ministers für Verkehrswesen für den Bereich des Seeverkehrs, Rentner, mit den sowjetischen Stellvertretern der Minister für Eisenbahnwesen, Butko, und Seeflotte, Nedjak. Rentner klagte, Mukran sei für 60 Prozent Stückgut projektiert worden. Nun habe sich eine „faktische Umkehrung der Gutartenstruktur ergeben, die zu gravierenden Kapazitätsdisproportionen im Umladekomplex in der DDR führte.“[63] Massengüter kamen aus der UdSSR, Fertigprodukte wurden aus der DDR exportiert.

Die Klage war eigentlich überholt, weil der Rückgang im Export und Import seit dem zweiten Quartal 1990 für ruhige Zeiten in Mukran sorgte, wäre nicht die Unpaarigkeit des Wagenzulaufs geblieben. Monatlich kamen 600 bis 1.000 Wagen von Klaipeda, die vierfache Wagenzahl wurde für die Gegenrichtung benötigt. Bis 1994 herrschte durch den Abzug der Westgruppe der sowjetischen bzw. GUS-Streitkräfte[64] noch reger Betrieb, denn etwa 40 Prozent der Rückzugsbewegungen aus Deutschland passierten Mukran.

Höchstleistungen in Produktion und Transport – da kann die Farbe vom Putz blättern. Bahnbetriebswerk Aschersleben
Foto: Mandelartz

Auch Hilfstransporte liefen 1990 über Mukran: 250 Lkw für die Erdbebenopfer in Armenien, 21.000 Tonnen Obst, 400.000 Tonnen Kartoffeln und 100.000 Tonnen Fleisch, Teil der West-Berliner Senatsreserve. Im ersten Halbjahr 1992 wurden beispielsweise knapp 300.000 Tonnen Gut trajektiert, vor allem in Richtung baltische Republiken und GUS-Staaten, davon allein 180.000 Tonnen Fahrzeuge, Munition und technische Ausrüstung der Westgruppe der Streitkräfte der ehemaligen UdSSR in Deutschland. 1993 wurden Lokomotiven der Baureihe 120 für die Litauische Eisenbahn und Raumzellen für die Unterbringung des GUS-Militärs an den neuen Standorten verschifft.

Der dramatische Rückgang des Schienenverkehrs erforderte nur noch zwei Fährschiffe. Die Hauptdecks wurden von Straßenfahrzeugen besetzt. Ein großer Teil der Eisenbahner war überflüssig geworden. 1993 hatte der Bahnhof noch 1.400 Eisenbahner, 1994 610, 1995 400, 1996 200, 2009 ganze 70!

1990 hatten einige Leute geglaubt, wenn das Trajekt im Westen bekannt sei, flösse der Güterstrom nach Mukran. Noch im Herbst 1993 zeigte sich der Leiter des Fährbahnhofs optimistisch, weil im September mit 52.000 Tonnen ziviler Güter gegenüber 24.000 Tonnen Militärgut erstmals seit 1990 der zivile Anteil überwog. Politiker von Mecklenburg-Vorpommern und Fachleute der Deutschen Reichsbahn bekundeten in der am 30. September 1991 zusammengesetzten Arbeitsgruppe des Bundesministers für Verkehr, Vertretern der Treuhandanstalt, des Landes Mecklenburg-Vorpommern, der Stadt Sassnitz, der Seereederei Rostock, der Deutschen Reichsbahn und der Deutschen Bundesbahn die Absicht, den Hafen Mukran als Drehscheibe für den skandinavischen Fährverkehr auszubauen, außerdem den Willen, die bestehende Fährverbindung nach Litauen zu entwickeln und eventuell neue nach Russland einzurichten. Geprüft wurde zu Beginn des Jahres 1993, ob von den Schwedischen Staatsbahnen erbrachte Leistungen, wie die Ganzzugbildung, Wagenuntersuchung und -instandsetzung, zum Bahnhof Mukran verlegt werden könnten. Viele Vorschläge gab es seit 1993 zum Schicksal Mukrans, aber wenig Greifbares.

Nach 1990 genügten zwei Rangierlokomotiven. Die Reedereien trafen nun auch Vorkehrungen, um den Straßen- und Passagierverkehr gewinnen zu können. Die fünf Schiffe erhielten von 1993 an hydraulisch absenkbare Rampen für die Straßenfahrzeuge, statt der zwölf Kabinenplätze für die Besatzung 120 für Passagiere. Der Hafen war am 1. August 1992 als Tochterunternehmen Fährhafen Mukran GmbH aus der Deutschen Seereederei ausgegliedert worden und wurde am 1. April 1993 von der Treuhandverwaltung kommunalisiert. 90 Prozent gehören der Stadt Sassnitz und 10 Prozent dem Land Mecklenburg-Vorpommern.

Die zu den Baltischen Eisenbahnen innerhalb der Sowjetischen Eisenbahnen (SZD) gehörenden Fährschiffe wechselten zur Lithuanian Shipping Company (LISCO). Die Deutsche Seereederei im Kombinat Seeverkehr und Hafenwirtschaft schuf für ihre Fährschiffe die Tochtergesellschaft Euroseabridge.

Mangelwirtschaft

Das Erbe des Krieges: Verwüstungen nach der Bombardierung des Bahnhofs Saalfeld (Saale) (9.4.1945)
Foto: Rbd Erfurt

Das Elend mit den Bahnanlagen

Das Eisenbahnwesen auf dem Gebiet der sowjetischen Besatzungszone, aber auch in den drei westlichen Zonnen, lag 1945 zu großen Teilen darnieder. Recht unterschiedlich war allerdings der Wiederaufbau. Während es im Westen vor allem darum ging, wie er bezahlt werden sollte und die Deutsche Reichsbahn (West) bzw. Deutsche Bundesbahn unter den Verkehrsträgern auch den Kürzeren zog, fehlte es bei der Deutschen Reichsbahn (Ost) an allem: an Material, an Ausrüstung und am Geld, obwohl sie stets den weitaus größten Anteil an Transportleistungen zu übernehmen hatte.

Ungeachtet dessen hatte sie den Verlust von Anlagen und Einrichtungen (auf Neudeutsch: Infrastruktur) durch die Demontage der Gleise, Strecken, Bahnhöfe, Sicherungstechnik sowie der Maschinen in den Werkstätten hinzunehmen, um die Auflagen der sowjetischen Besatzungsmacht für die Reparationsverpflichtungen zu erfüllen.

60 Prozent der Reichsbahnausbesserungswerke waren zerstört, über die Hälfte der Lokomotiven nicht betriebsfähig. Der Verlust bei den Gleisanlagen, bei Brücken und Stellwerken war zwar hoch, blieb aber angesichts der Kriegsereignisse mit zwölf Prozent der Hauptgleise und 20 Prozent der Stahlbrücken und Stellwerke immerhin noch in einem erträglichen Verhältnis.

Diese Schäden und die besondere Belastung infolge der Demontage von Gleisen und der Beschlagnahme von Lokomotiven und Wagen, noch vor dem Kriegsende als „Trophäenaktion" begonnen, wurden nie überwunden. Bis Anfang 1946 wurde nach dem Grundsatz „Alles auf die Räder" so viel Tonnage so schnell als möglich verladen. Ob die Ausrüstungen und Maschinen in der Sowjetunion überhaupt verwendet werden konnten, etwa die elektrischen Lokomotiven der Deutschen Reichsbahn mit einem gänzlich anderem Stromsystem, spielte dabei keine Rolle.

Zu den mehr als 2.000 Industriebetrieben, die demontiert wurden, gehörten auch das Bahnkraftwerk Muldenstein und Reichsbahnausbesserungswerke. Während in den westlichen Besatzungszonen etwa drei bis fünf Prozent der industriellen Kapazität abgebaut und außer Landes gebracht wurden, ging in Mitteldeutschland ein Drittel verloren.

Bei der weiteren Betrachtung soll unberücksichtigt bleiben, dass die Reparationen bis 1953 auch der laufenden Produktion entnommen wurden, denn für die Deutsche Reichsbahn spielte das keine Rolle, vielmehr, dass sie kaum in der Lage war, mit den im Krieg zerstörten und nun noch dezimierten Anlagen sowie dem unzureichenden Fahrzeugpark die ständig höher werdenden Transportaufgaben zu erfüllen.

In der Literatur findet man oft die Formulierung, die sowjetische Besatzung habe die Gleise (zweites Streckengleis, Bahnhofsgleise, komplette Strecken) abgebaut. Nein, diese Demontagen hatten die Eisenbahner nach Weisung der Hauptverwaltung bzw. Generaldirektion Reichsbahn auszuführen, und diese erhielt den Befehl dazu von der Transportabteilung der Sowjetischen Militäradministration in Deutschland (SMAD). Diese war auch für die Genehmigung des Wiederaufbaus von Gleisen zuständig, die sie oft versagte.

Zerbombtes Stellwerk W 8 vom Dresdner Hauptbahnhof, wieder aufgebaut (1949)

Exakte Zahlen über die Demontage der Gleise, der Werkanlagen und der Abgabe von Lokomotiven sind nie veröffentlicht worden. Überhaupt galt das Thema Reparationen in die UdSSR als Tabu, wurde allenfalls als Wiedergutmachung für den verbrecherischen Zweiten Weltkrieg, den die Nazi-Herrschaft angezettelt hatte, umschrieben. Betont wurde dagegen die brüderliche Hilfe der Sowjetunion für die DDR. Auch die Verkehrswissenschaftlerin Professor Dr. Elfriede Rehbein würdigte die Rückgabe von Ausrüstungen für das Bahnkraftwerk Muldenstein und der elektrischen Lokomotiven so, ohne die Gegenleistung zu erwähnen (Lieferung von Weitstreckenwagen für die Sowjetischen Eisenbahnen aus dem Werk Ammendorf).

Geschätzte mindestens 6.000 Kilometer Gleis und 11.000 Weicheneinheiten wurden abgebaut, das Eisenbahnnetz ganzer Landschaften wie das in Vorpommern und in der Altmark ausgedünnt. Die Reichsbahndirektionsbezirke Cottbus und Greifswald besaßen keine zwei- und mehrgleisigen Streckenabschnitte mehr. Auch von den 3.970 Kilo-

Schnellfahrabschnitte für Erprobungen bei der Deutschen Reichsbahn (1966)

Strecke	Abschnitt	Geschwindigkeit [km/h]	Bemerkungen
Cottbus – Görlitz	km 141,5 – 154,0	110	
Cottbus – Lübben	km 39,0 – 49,0 (7 km)	40, nach Ausbau auf 100 km/h geplant, nicht ausgeführt	Spreewaldbahn, Meterspur
Berlin – Szczecin	Passow – Casekow (10 km)		Angebot an Industrie, Abschnitt mit 3. Schiene für Erprobung von Fahrzeugen in Meterspur auszurüsten. Wurde von 1996 bis 1967 benutzt.
Halle (Saale) – Jüterbog	km 82,0 – 71,0	160	Vom 17.10.1966 an.
Neustadt (Dosse) – Wittenberge	1969	160	Von 1970 an nach Oberbauerneuerung

Deutschland muss büßen: Verladenes Reparationsgut auf dem Weg in die UdSSR, heimlich vom vorbei fahrenden Zug aufgenommen
Foto: Ullstein

meter Strecken der Privat- und Kleinbahnen fehlten rund 820 Kilometer.[65] Der Abbau betraf auch manches Bahnhofsgleis.

Nicht jeder Streckenabbau war unmittelbar auf die Reparationsleistungen zurückzuführen. Um Gleismaterial für den Wiederaufbau dringend benötigter zweiter Gleise, wie Guben – Frankfurt (Oder), oder den Bau des Berliner Außenrings zu gewinnen, musste die Generaldirektion der Reichsbahn den weiteren Abbau von Gleisen und Strecken anordnen. So den Abbau des K-Oberbaus der Strecke Stendal – Salzwedel und den Austausch durch Oberbaumaterial der Strecke Haldensleben – Letzlingen oder den Abbau der Schmalspurstrecke Goßdorf-Kohlmühle – Hohnstein (Sächs Schweiz).

Primitive Zustände

Auch der Wiederaufbau zerstörter bzw. gesprengter Brücken verzögerte sich. Viele Stellwerksanlagen blieben unersetzt oder in einem primitiven Zustand, oft bis nach 1990. Auf zahlreichen Bahnhöfen fehlte jahrzehntelang der Bahnhofsblock, also die elektrische Abhängigkeit zwischen den Signalen und Weichen sowie der Stellwerke untereinander. Sogar Hauptbahnen fehlte bis in die 1980er-Jahre die Zugsicherung durch den Streckenblock.

Dabei war es eine der ersten Aufgaben der Hauptverwaltung Deutsche Reichsbahn in der Zentralverwaltung für Verkehr, nach 1945 die durch die Kriegsschäden und die Umstellung auf eingleisige Betriebsführung primitivsten Verhältnisse in der Sicherungstechnik zu beseitigen. Leistungsfähige Hersteller von Stellwerkstechnik standen nicht zur Verfügung, da sie entweder ihren Sitz in den westlichen Besatzungszonen hatten oder gleichfalls demontiert und damit faktisch stillgelegt worden waren.

Die Hauptverwaltung organisierte den Neuaufbau von Signalwerkstätten und bildete Stellwerks-Bauzüge. Letztere sollten die Strecken „durcharbeiten". Die Signalwerkstätten sollten für größere Reichsbahndirektionsbezirke je drei, für kleinere je zwei Bauzüge aufstellen und ausrüsten.[66] Im Oktober 1945 ergab sich folgender Stand (siehe Tabelle unten).

Diese Aufstellung zeigt einen Ausschnitt des Dilemmas, in dem die Deutsche Reichsbahn steckte. Die vor dem Krieg bestehenden Signalwerkstätten waren inzwischen völlig ausgeräumt, einige beschäftigten sich mit dem Aufarbeiten von Teilen für elektrische Stellwerke, Schlüsselwerke, Signale und Antriebe. Im Reichsbahndirektionsbezirk Dresden waren die früher bestehenden Signalbauzüge in andere Bezirke gefahren und dort zerstört worden. Der Signalbauzug der Signalmeisterei Brockau (in Schlesien) war aus dem Sudetenland zurückgekehrt und wurde 1945 in Saalfeld eingesetzt. Der Signalbauzug K[67] 1 der Reichsbahndirektion Erfurt war auf dem Bahnhof Meiningen dabei, das durch Bombenabwurf zerstörte Stellwerk „Ms" elektromechanischer Bauart durch ein fahrbares Stellwerk zu ersetzen. Der zweite Zug war in Heringen (britische Besatzungszone) geblieben, Zug 3 überholte auf dem Bahnhof Nordhausen die stark vernachlässigten Sicherungsanlagen.

Der Stellwerksbauzug M 2 von Magdeburg war 1946 auf der Strecke Brandenburg - Magdeburg eingesetzt, K 1 wechselte von dieser nach Halberstadt, um das Stellwerk „Hr" wieder betriebsfähig herzurichten.

Nach und nach durfte (sie musste sich das von der SMAD genehmigen lassen!) und konnte die Deutsche Reichsbahn auf den am stärksten belasteten Streckenabschnitten das zweite Gleis wieder aufbauen, wie 1954 zwischen Halle (Saale) und Magdeburg, 1,9 Kilometer zwischen Halle (Saale) und Sangerhausen, 4,39 Kilometer zwischen Karl-Marx-

Plan und Ist für Bauzüge (1945)

Reichsbahndirektion	Wieviel Bauzüge können hergerichtet werden?	Bauzüge eingesetzt	Maschinen und Geräte vorhanden?
Berlin	1 für mechanische, 1 für elektromechanische Stellwerke	6	nein
Cottbus	0	0	nein
Dresden	1 für mech., 1 für elektromech. Stellwerke	4	zum Teil
Greifswald	0	2	nein
Halle	2 und 4 Trupps	2 und 4 Trupps	ja
Magdeburg	0 für mech., 1 für elektromech. Stellwerke	2	nein
Schwerin	1 für mech., 1 für elektromech. Stellwerke	2	ja

Stadt-Kappel und Karl-Marx-Stadt-Siegmar, zwischen Ruhland und Hoyerswerda sowie die Verbindungskurve bei Querfurt, die für die Kohlenab- und Leerwagenzufuhr des Braunkohlenreviers Geiseltal benötigt wurde.

Den seit Kriegsbeginn 1939 vernachlässigten Zustand der Anlagen und die veränderten Bedingungen durch infolge der Teilung Deutschlands umgelenkte Verkehrsströme bekamen die Reisenden durch Zugverspätungen, geringe Reisegeschwindigkeit infolge langer Aufenthaltszeiten für Kreuzungen mit anderen Zügen, die Eisenbahner insgesamt durch lange Ausbleibezeiten der Lokomotiven samt Peronal und auch durch den von Verspätungen verursachten „unechten" Lokomotivmangel („Warten auf Lok") zu spüren.

Den „Aktivisten der ersten Stunde" überreicht der Oberst Iltschenko am 30. April 1948 im Lokomotivschuppen Dresden-Neustadt Ehrenurkunden

Foto: Rbd Dresden

Überlastete Nebenbahnen

Auch waren Nebenbahnen wie Treuenbrietzen – Belzig – Brandenburg („Brandenburgische Städtebahn") oder Löbau (Sachs) – Oberoderwitz (– Zittau) für den Zugverkehr so wichtig wie die Hauptbahnen geworden und wurden nun mit Achslasten bis zu 21 Tonnen befahren. Von den (nach dem Stand von 1959) 9.350 Kilometern Hauptbahnen und 8.500 Kilometern Nebenbahnen sowie 11.150 Kilometern übrigen Gleisen waren 29 Prozent für Achslasten bis 16 Tonnen, 18 Prozent bis 18 Tonnen und 53 Prozent für mehr als 18 Tonnen zugelassen, auf den Nebenbahnen jedoch nur zehn Prozent für Achslasten bis zu 18 Tonnen. Wegen dieser Überlastung mussten die Gleise vorzeitig erneuert werden.

Das Fahren über eingleisige Strecken in Zugbündeln, bis 1967 typisch zwischen Leipzig und Dresden, oder der „Ringverkehr" mit bestimmter Richtung der Züge auf der einen sowie auf der anderen parallen Strecke konnten nur Ersatzmaßnahmen sein. Stets fehlte es an der „einfachen Reproduktion" der Anlagen, also an deren geregelter Instandhaltung, von Erweiterungen der Kapazitäten ganz zu schweigen. Letztlich war, um ein Beispiel zu nennen, der Wiederaufbau der Strecke (Rostock –) Lalendorf – Neustrelitz nach 1958 nur die, wenn auch modernisierte, Wiederherstellung der früher vorhandenen Anlage (der „Lloydbahn"), um die Abfuhr der Güter aus dem neuen Rostocker Überseehafen in Richtung Süden zu ermöglichen.

1952 wurde bereits über den Mangel an „Neustoffen" und den noch größeren Mangel an Arbeitskräften zur Instandhaltung des Oberbaus geklagt. Es fehlten 3.000 Arbeitskräfte. Viele waren in andere Betriebszweige der Reichsbahn oder in Betriebe der volkseigenen Industrie gewechselt, wo sie unter besseren Arbeitsbedingungen höhere Löhne erhielten. Bezeichnend ist die Feststellung der Hauptverwaltung Strecken in ihrer Denk-

Güter mit Hand verladen. Auch Frauen machen mit. Berlin Ostgüterbahnhof 1954

Foto: Historische Sammlung Deutsche Bahn

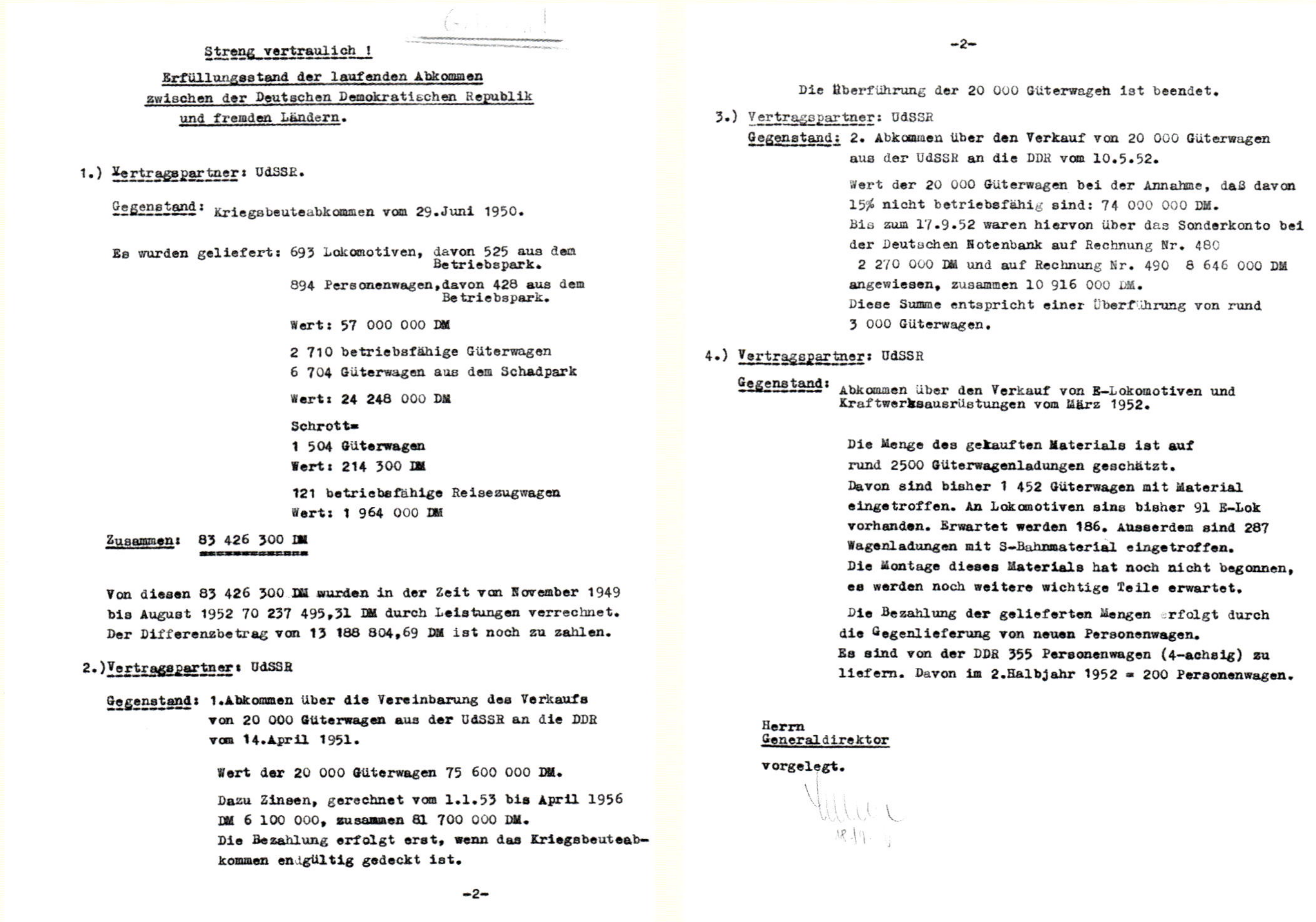

Streng vertraulich !

Erfüllungsstand der laufenden Abkommen zwischen der Deutschen Demokratischen Republik und fremden Ländern.

1.) Vertragspartner: UdSSR.

Gegenstand: Kriegsbeuteabkommen vom 29.Juni 1950.

Es wurden geliefert: 693 Lokomotiven, davon 525 aus dem Betriebspark.
894 Personenwagen,davon 428 aus dem Betriebspark.

Wert: 57 000 000 DM

2 710 betriebsfähige Güterwagen
6 704 Güterwagen aus dem Schadpark

Wert: 24 248 000 DM

Schrott=
1 504 Güterwagen
Wert: 214 300 DM

121 betriebsfähige Reisezugwagen
Wert: 1 964 000 DM

Zusammen: 83 426 300 DM

Von diesen 83 426 300 DM wurden in der Zeit von November 1949 bis August 1952 70 237 495,31 DM durch Leistungen verrechnet. Der Differenzbetrag von 13 188 804,69 DM ist noch zu zahlen.

2.) Vertragspartner: UdSSR

Gegenstand: 1.Abkommen über die Vereinbarung des Verkaufs von 20 000 Güterwagen aus der UdSSR an die DDR vom 14.April 1951.

Wert der 20 000 Güterwagen 75 600 000 DM.

Dazu Zinsen, gerechnet vom 1.1.53 bis April 1956 DM 6 100 000, zusammen 81 700 000 DM.
Die Bezahlung erfolgt erst, wenn das Kriegsbeuteabkommen endgültig gedeckt ist.

-2-

-2-

Die Überführung der 20 000 Güterwagen ist beendet.

3.) Vertragspartner: UdSSR

Gegenstand: 2. Abkommen über den Verkauf von 20 000 Güterwagen aus der UdSSR an die DDR vom 10.5.52.

Wert der 20 000 Güterwagen bei der Annahme, daß davon 15% nicht betriebsfähig sind: 74 000 000 DM.
Bis zum 17.9.52 waren hiervon über das Sonderkonto bei der Deutschen Notenbank auf Rechnung Nr. 480 2 270 000 DM und auf Rechnung Nr. 490 8 646 000 DM angewiesen, zusammen 10 916 000 DM.
Diese Summe entspricht einer Überführung von rund 3 000 Güterwagen.

4.) Vertragspartner: UdSSR

Gegenstand: Abkommen über den Verkauf von E-Lokomotiven und Kraftwerksausrüstungen vom März 1952.

Die Menge des gekauften Materials ist auf rund 2500 Güterwagenladungen geschätzt.
Davon sind bisher 1 452 Güterwagen mit Material eingetroffen. An Lokomotiven sins bisher 91 E-Lok vorhanden. Erwartet werden 186. Ausserdem sind 287 Wagenladungen mit S-Bahnmaterial eingetroffen.
Die Montage dieses Materials hat noch nicht begonnen, es werden noch weitere wichtige Teile erwartet.

Die Bezahlung der gelieferten Mengen erfolgt durch die Gegenlieferung von neuen Personenwagen.
Es sind von der DDR 355 Personenwagen (4-achsig) zu liefern. Davon im 2.Halbjahr 1952 = 200 Personenwagen.

Herrn
Generaldirektor
vorgelegt.

Die zurückgegebenen Lokomotiven und Wagen darf die DDR bezahlen. Offiziell heißt das „großzügige und uneigennützige Hilfe" – seitens der Sowjetunion

Quelle: Barch DM 1-3871

schrift „Zur Lage des Oberbaus 1949 – 1953": „Eine Bahnunterhaltungsrotte in Meiningen von 32 Köpfen besteht aus 3 Jugendlichen, 1 Bummelanten und 28 Kräften, denen laut ärztlicher Bescheinigung nur leichte Arbeit zugemutet werden darf. Selbst aus den Bauzügen fließen in den Notstandsgebieten die Männer ab, verlockt durch die Werbung der Grubenbetriebe mit besserer Entlohnung und Sachwerten."[68]

Mängel am Oberbau

Jahr	Schienenbrüche	Langsamfahrstellen infolge Oberbaumängeln[70], Zahl/Kilometer
1954	7404	124/212,3
1955	9.735	70/100,6
1956	13.319	162/305,4
1957	14.515	208/460,5
1958	16.928 [71]	173/542,0

Die Braunkohlenfeuerung der Dampflokomotiven bescherte den Bahnmeistereien weitere Schwierigkeiten, weil sie der Veraschung der Bettung kaum Herr wurden. Die Asche im Schotter minderte die Wasserdurchlässigkeit, Entlüftung und Elastizität des Oberbaus oder verhinderte sie ganz. „Außer einer vorzeitigen Zerstörung sämtlicher stählerner Oberbaustoffe einschl. der hölzernen Schwellen trägt die Veraschung wesentlich zur Steigerung der Schienenbrüche bei"[69] (siehe Tabelle links).

Zur Erhaltung der Betriebssicherheit der Gleisanlagen mussten neben den bereits genehmigten Oberbauarbeiten (31 Kilometer Gleiserneuerung, 98 Kilometer Schwellenerneuerung, 29 Kilometer Gleis- und 50 Kilometer Schwellenauswechslung) mindestens auf 300 Kilometer Länge die Schwellen erneuert werden. Dafür waren 480.000 neue Schwellen, 11.400 Tonnen Walzerzeugnisse und 3.300 Tonnen Schrauben notwendig. Das waren Mengen, die der Deutschen Reichsbahn bei dem allgemein herrschenden Holz- und Stahlmangel niemals zugeteilt wurden, wie das gesamte „Oberbaugesundungsprogramm" 1953 gestrichen worden ist. Dabei lag die Mehrzahl der Schwellen bereits 20 bis 30 Jahre im Gleis.

Immerhin begann Ende der 1950er-Jahre die Mechanisierung der Oberbauarbeiten mit

Berlin-Köpenick im Februar 1947. Die S-Bahn-Strecke Ostkreuz – Erkner muss komplett abgebaut werden. Erst im Mai 1948 ist sie eingleisig wieder hergestellt
Landesarchiv Berlin/Rißleben

Geräten aus eigener Herstellung und der Hoffnung, zwei Gleisstopfmaschinen „Matisa" aus der Schweiz zu erhalten. Die Verwaltung Bahnanlagen forderte dringend, im ehemaligen Eisenbahnwerk Brandenburg West das Weichenwerk aufzubauen, das jährlich mindestens 2.000 Weicheneinheiten liefern sollte. Denn es fehlten die gebräuchlichen Weichen mit 300 und 500 Meter Halbmesser für Geschwindigkeiten von 40 km/h bzw. 60 km/h im abzweigenden Strang. Bisher konnten abgängige Weichen nur durch aus dem Abbau der zweiten Gleise gewonnene und aufgearbeitete Weichen ersetzt werden.

Der Nachholbedarf bei der Erneuerung des Oberbaus (19.400 Kilometer Gleise durchzuarbeiten, 3.426 Kilometer zu erneuern) sollte im Siebenjahrplan 1959 bis 1965 mit jährlich 460 Kilometer befriedigt werden. Verkehrsminister Erwin Kramer forderte hierfür zusätzliche Mittel, doch die Staatliche Plankommission beschied ihm am 16. Mai 1959, das ginge weit über die Orientierungsziffer hinaus und habe „in dieser Größenordnung einen erheblichen Einfluß auf die Gestaltung des Siebenjahrplans." Da nützte es wenig, wenn Fritz Selbmann, Stellvertreter des Vorsitzenden der Staatlichen Plankommission, sich „für solche Mehrforderung einsetzen" wollte.[61]

Die Hauptverwaltung Bahnanlagen hatte wie so oft auch Kurt Leiser, der für die Vorhaltung der Bahnanlagen zuständige Stellvertreter des Ministers, Vorlagen für die Dienstberatung des Ministers oder für das Kollegium des Ministeriums für Verkehrswesen einzureichen und dabei „Maßnahmen zur Verbesserung des Oberbaus 1959" erarbeitet, die dem Zeitgeist entsprechend am 28. September 1959 „Plan zur Durchführung der Beschlüsse der 6. Tagung des Zentralkomitees der SED" genannt wurden.[70] Der unbefriedigende Zustand der Anlagen ließ sich nur allmählich und auch nur zeit- und teilweise überwinden.

Unveränderte Ursachen des Elends

1959 benannte die Hauptverwaltung Bahnanlagen in diesen „Maßnahmen" die wesentlichen und dabei nahezu gleich gebliebenen Ursachen der Misere: ungenügende Mechanisierung der Arbeitsvorgänge und Ausnutzung der Geräte und Maschinen, anhaltender Weggang der Arbeitskräfte, unzureichender Einbau neuer Gleisstoffe seit 1939. Man muss hinzufügen, dass bei solchen Zustandsbeschreibungen stets die Schwächen der „Leitungstätigkeit" herauszustellen waren. Leiser wurde gerügt, er habe durch die Bestätigung der Halbjahrespläne die ungenügende Arbeit der Hauptverwaltung unterstützt. „Das Verhältnis der leitenden Funktionäre innerhalb der HV und zum Stellvertreter des Ministers, Gen. Leiser, ist nicht von parteilichen Prinzipien getragen. Dabei trägt die Parteigruppe der HV Bahnanlagen für das Zustandekommen einer nicht genügend offenen, kameradschaftlichen Atmosphäre die Hauptverantwortung.

In persönlichen Aussprachen äußerte z. B. der Gen. Seiler sowie der Gen. Freitag[72] u. a., daß in der Parteigruppe keine Diskussionen zustandekommen, sobald der Gen. Leiser anwesend ist."[68]

Man sollte deswegen nicht meinen, im Gleisnetz der Deutschen Reichsbahn sei es zu keinem Forschritt gekommen. 1960 begann das Programm der Zentralen Oberbauerneuerung (ZOE), später Zentral ausgewählte Reparaturen Oberbau (ZARO) genannt, nach dem bei vollständiger Sperrung von Strecken, um die Maschinen besser ausnutzen zu können, die Strecken erneuert, die Bahnhöfe flüssiger gestaltet (zum Beispiel durch Weichen mit größerem Halbmesser im abzweigenden Gleisstrang, durch mögliche gleichzeitige Einfahrten) und die Bahnsteige verbessert wurden.

Um dem Holzmangel zu begegnen, wurden Gleisjoche mit Betonschwellen verlegt, bis 1970 mehrere Jochmontageplätze, auch für den Einsatz von Strafgefangenen, geschaffen. Doch der Rückstand blieb, zumal die Deutsche Reichsbahn einen Teil ihrer Gleisbaukapazität für die Grenzsicherungsmaßnahmen von 1961 an, den Bau von Anschluss- und Werkgleisen sowie für die Forderungen des Militärs verwenden musste.

Der unzureichende Zustand war keine interne Angelegenheit der DDR-Staatsbahn. Wiederholt beschäftigte sich der Nationale Verteidigungsrat der DDR mit dem Thema. Er und der Generalstab der Nationalen Volksarmee befürchteten, die Eisenbahn werde im „Verteidigungszustand" ihren Aufgaben nicht gerecht. In einem Sachstandsbericht über die operative Vorbereitung der DDR stellte das Ministerium für Nationale

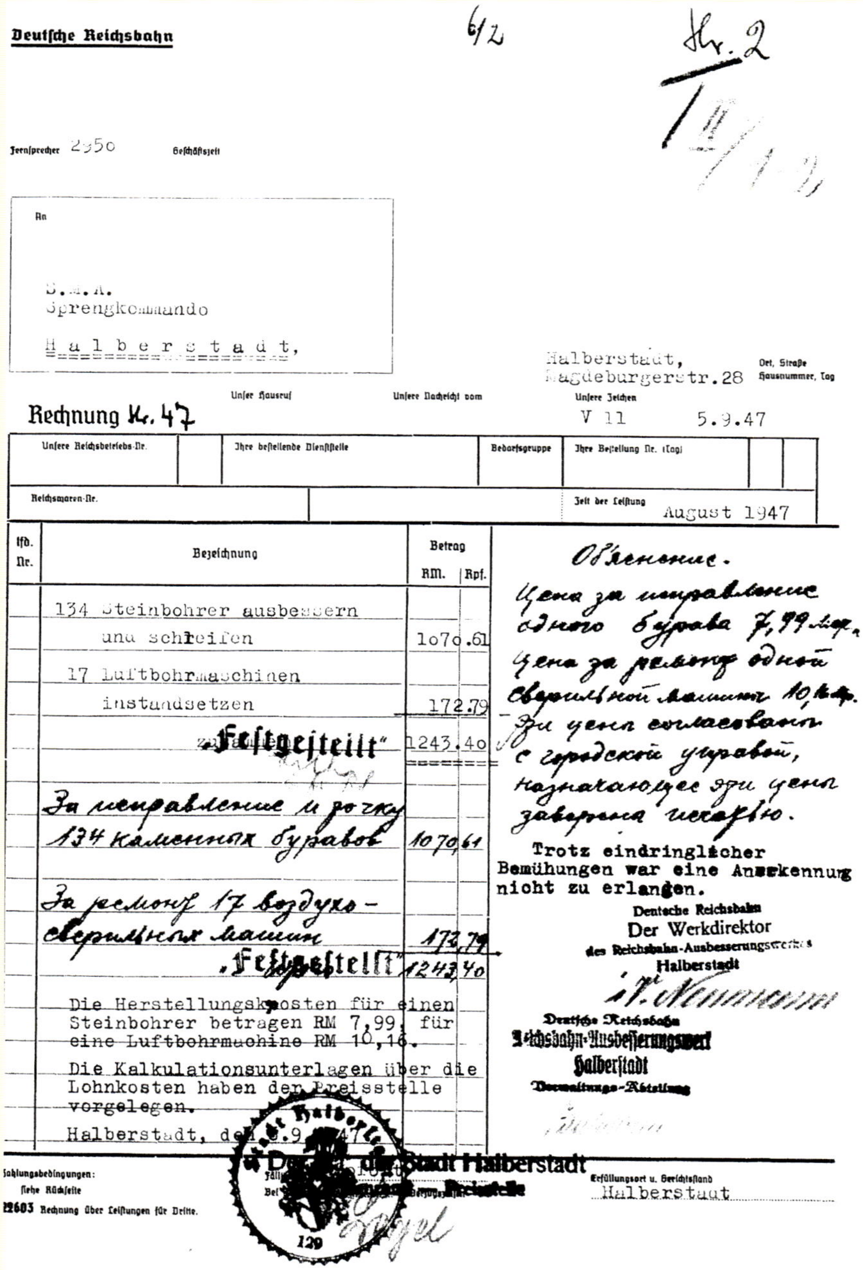

Deutsche Reichsbahn

Fernsprecher 2350 Geschäftszeit

An

S.M.A.
Sprengkommando
H a l b e r s t a d t,

Halberstadt,
Magdeburgerstr. 28
Ort, Straße, Hausnummer, Tag

Rechnung Nr. 47

Unser Hausruf | Unsere Nachricht vom | Unsere Zeichen V 11 | 5.9.47

Unsere Reichsbetriebs-Nr.	Ihre bestellende Dienststelle	Bedarfsgruppe	Ihre Bestellung Nr. (Tag)
Reichsmaren-Nr.		Zeit der Leistung	August 1947

lfd. Nr.	Bezeichnung	Betrag RM.	Rpf.
	134 Steinbohrer ausbessern und schleifen	1070	.61
	17 Luftbohrmaschinen instandsetzen	172	.79
	zusammen „Festgestellt"	1243	.40
	За исправление и точку 134 каменных буравов	1070	61
	За ремонт 17 воздухо-сверлильных машин	172	79
	„Festgestellt"	1243	40

Объяснение. Цена за исправление одного бурава 7,99 м. Цена за ремонт одной сверлильной машины 10,16 м. Эти цены согласованы с городской управой, назначающее эти цены заверена печатью.

Trotz eindringlicher Bemühungen war eine Anerkennung nicht zu erlangen.

Deutsche Reichsbahn
Der Werkdirektor
des Reichsbahn-Ausbesserungswerkes
Halberstadt
i.V. Neumann

Die Herstellungskosten für einen Steinbohrer betragen RM 7,99, für eine Luftbohrmaschine RM 10,16.

Die Kalkulationsunterlagen über die Lohnkosten haben der Preisstelle vorgelegen.

Halberstadt, den 5.9.1947

Deutsche Reichsbahn
Reichsbahn-Ausbesserungswerk
Halberstadt
Verwaltungs-Abteilung

Der [illegible] der Stadt Halberstadt
[illegible] Preisstelle

129

Zahlungsbedingungen: siehe Rückseite

Erfüllungsort u. Gerichtsstand Halberstadt

12603 Rechnung über Leistungen für Dritte.

Für 1.243,40 RM berechnet das Reichsbahnausbesserungswerk Halberstadt im Jahre 1947 für Schleif- und Instandsetzungsarbeiten an Bohrern der sowjetischen Besatzungsmacht und bekommt die Leistung nicht bezahlt. Die seinerzeit übliche Begründung für die Ausbuchung lautet „Trotz eindringlicher Bemühungen war eine Anerkennung nicht zu erlangen."

Quelle: RAW Halberstadt

Verteidigung 1961 fest, dass sich von der Gesamtgleislänge von 28.800 Kilometern nur acht Prozent in einem guten, 37 Prozent in einem befriedigenden, aber 55 Prozent in einem schlechten Zustand befänden.[73] Die Schienen waren stark abgefahren, die Schwellen gebrochen, die Weichen überaltert. Die über 10.000 Brücken in der DDR waren insgesamt nur unzureichend erhalten. Eine Reihe von Strecken besaß zwar eine hohe Kapazität, war aber nicht ausgelastet, andere Strecken mit viel geringerer Kapazität waren überlastet – eine Folge der veränderten Verkehrsströme nach 1945. Aus militärischer Sicht bedeuteten die seit den Anfängen der Eisenbahn gewachsenen Ost-West-Tangenten einen Vorteil, wenn sie auch ungleichmäßig verteilt waren. Zum Beispiel fehlten im Norden der DDR solche Verkehrswege; in Mecklenburg musste deshalb für den Truppenaufmarsch mit dem Wiederaufbau der Ost-West-Verbindungen begonnen werden, aber all diese Strecken waren vom wirtschaftlichen Standpunkt für den zivilen Regelverkehr unnötig, und deshalb zögerte die Deutsche Reichsbahn, hier mit zweistelligen Millionenbeträgen und wertvollem Schienenmaterial zu investieren.

Abgesehen von Strecken, die noch aufnahmefähig waren, wurde das Streckennetz ständig bis an die Grenze der Leistungsfähigkeit genutzt. Anhaltend blieb der Widerspruch zwischen dem Fahren insbesondere der Güterzüge, bei deren Ausfall die Erfüllung des Transportplans gefährdet gewesen wäre, und dem Bauen bzw. Instandsetzen, um das Fahren zu ermöglichen. Da sich die Stäbe für die operative Betriebsleitung meist durchsetzten, kam es beispielsweise auf dem Leipziger Güterring L.-Leutzsch – Engelsdorf fast zum betrieblichen Kollaps.

Der wesentliche Grund für das Missverhältnis vom Anspruch nach ständig steigenden Transportleistungen und der Wirklichkeit, dass diese nur mit Qualitätseinbußen wie Verspätungen, Schienenbrüchen, Langsamfahrstellen und gar Unfällen möglich waren, lag in der nachteiligen Behandlung des Transportwesens, das wegen einer geringen Bruttoproduktion wirtschaftlich nicht als wachstumsfördernd erachtet wurde, obwohl sowjetische Erfahrungen der 1920er-Jahre (und nicht nur die, sondern auch die im Zweiten Weltkrieg gewonnenen) einen im Verhältnis zur gesamten Volkswirtschaft überproportionalen Ausbau des Eisenbahn- und Straßennetzes als zweckmäßig empfahlen.

Mitte der 1950er-Jahre war die Deutsche Reichsbahn den logistischen Anforderungen

Sonderzug bei Oberlichtenau zwischen Riesa und Karl-Marx-Stadt (1977). Das freie Planum vor dem Zug verrät, dass hier einmal das zweite Gleis lag

selbst eines konventionellen Krieges, die aus der Motorisierung und Beschleunigung des Gefechtes entstanden, nicht gewachsen. Auch im zivilen Regelbetrieb kam sie teilweise nicht über die durchschnittlichen Reisegeschwindigkeiten von 1914 hinaus.

Besondere Anforderungen

In militärischer Perspektive wurden die ostdeutschen Kriegsfolge- und Strukturprobleme durch die geografische Lage des Landes verstärkt. Für die DDR als das westlichste Land des „sozialistischen Lagers" ergaben sich noch die besonderen Anforderungen, die vielen Transporte, die im Kriegsfalle aus dem Osten kämen, auf dem Schienenwege und den Straßen aufzunehmen. Dabei war zunächst nicht einmal ein Überblick über den Umfang dieser Transporte vorhanden. Ebenso fehlten konkrete Berechnungen, mit welchen Zerstörungen auf dem Gebiet des Verkehrswesens in einem modernen Kernwaffenkrieg zu rechnen war.

Der Nationale Verteidigungsrat betrachtete Anfang der 1960-er Jahre den weiteren Ausbau operativ wichtiger Ost-West-Strecken und die Verbindungen zwischen diesen Strecken (sogenannte Rochaden) sowie den Ausbau von Umgehungsmöglichkeiten für luftkriegsgefährdete Eisenbahnknotenpunkte und Brücken als Ziel der Kriegsvorbereitung im Eisenbahnwesen. Außerdem war der Bestand an militärisch notwendigen Wagentypen zu erhöhen. Bis 1965 sollten die Knotenpunkte Halle/Leipzig, Pasewalk und Cottbus durch Umgehungen militärisch „störfrei" gemacht und fünf Behelfsbrücken über die Elbe und die Mulde vorbereitet werden. Bereits vorher hatte das Ministerium für Nationale Verteidigung Material zur „Doublierung" der Oder- bzw. Neiße-Brücken in Guben und Muskau – allerdings unsachgemäß – eingelagert.

Westliche Beobachter wussten bereits seit den 1940er-Jahren, dass die „Zonen-Reichsbahn" auf einen militärischen Konfliktfall vorbereitet wurde. Die sowjetischen Kommissare befahlen strategische Reserven an Lokomotiven, Güterwagen, Betriebsstoffen und Ersatzteilen, die nur mit ihrer Genehmi-

Militärisches Zeremoniell mit Eisenbahnern: Das Eisenbahnbauregiment Doberlug übergibt das zweite Gleis der Strecke Riesa – Elsterwerda an den Minister für Verkehrswesen. Wurde es allein für zivile Zwecke gebaut? (1981)

Foto: Historische Sammlung Deutsche Bahn

Ein Hebelwerk für das Stellwerk 2 in Tharandt (1949). Die Signalwerkstatt Radebeul hilft, zerstörte und stillgelegte Stellwerke wieder in Betrieb zu nehmen
Quelle: Barch DM-1 1944 a

gung verwendet werden durften. Die Reservelokomotiven mussten innerhalb von sechs Stunden einsatzfähig sein.

Auch wurde durch Spionage oder eigene Beobachtungen bei Besuchsreisen bemerkt, dass zahlreiche Umgehungskurven gebaut, aber im Regelverkehr nicht benutzt wurden.[74] Nicht nur technisch, auch organisatorisch bereitete sich die Deutsche Reichsbahn in enger Zusammenarbeit mit den sowjetischen Transportabteilungen in der DDR auf den „Verteidigungsfall" vor. Unter harmlos klingenden Bezeichnungen wie Büro des Ministers, Büro des Präsidenten, Büro des Amtsvorstandes arbeiteten Eisenbahner und Offiziere der Nationalen Volksarmee daran, die Deutsche Reichsbahn auf militärische Einsätze zum Beispiel für Truppenbewegungen zu Manövern, aber auch für die Mobilmachung und für den „Verteidigungszustand" einzurichten. Entsprechend den Gepflogenheiten der Wirtschaft wurden 1970 diesen Abteilungen neue und wieder unverfängliche Bezeichnungen gegeben: Hauptabteilung I bzw. Abteilung I, 1982 Hauptabteilung Spezielle Transport- und Bauaufgaben (STBA).

Selbstverständlich lagen alle Tätigkeiten dieser Abteilungen, auch die des Dispatcherdienstes, des Fahrplanwesens etc. unter strenger Geheimhaltung. Die Kader wurden vor Aufnahme und während ihrer Tätigkeit ständig gründlich nach Sicherheitsbelangen überprüft, ggf. ausgewechselt.

Zur bestmöglichen Ausnutzung des Streckennetzes im Kriege sollten auf Befehl „Berechnungsfahrpläne" in Kraft treten, die gegebenenfalls den Verkehr in nur eine Richtung bündelten. Dafür bestanden wie bei früheren Mobilmachungen und Kriegen unter Verschluss gehaltene Militärfahrpläne. Die mit Befehlsrecht ausgestattete und regelmäßig an Übungen beteiligten Leitungsstäbe im Verkehrsministerium, in den Direktionen und in den Ämtern der Deutschen Reichsbahn hatten eine quasi-militärische Betriebsführung zu garantieren. Dass mitunter solche Operativstäbe im Winter oder im Herbstverkehr gebildet und, wie manche meinten, sich unsinnig lange zu beschäftigen

Vorschlag eines Eisenbahners von der Bahnmeisterei Berlin-Wannsee. Mit einem solchen Kasten könnte die Lokomotivasche aus dem Schotter geschüttelt werden *Quelle: „Fahrt frei" 1949*

hatten, war auch eine unverfängliche Vorbereitung auf Kriegszeiten.

Eisenbahnbau-Einheiten, nicht zu verwechseln mit den Pionierverbänden der Nationalen Volksarmee, wurden aufgestellt, die auf ziviler Grundlage die Zusammenarbeit des militärischen mit dem zivilen Sektor fördern sollten. Der Militärbereich der Staatlichen Plankommission, das Ministerium für Verkehrswesen und der NVA-Hauptstab planten seit Ende 1965 „Truppen des Militärtransportwesens". Auf regionaler Ebene sollten die Wehrbezirkskommandos in der Vorbereitung und Koordination des Schienenverkehrs mit den Reichsbahndirektionen zusammenarbeiten.

Der Schienenverkehr im Kriege

Für das neue System der Territorialverteidigung sah der Nationale Verteidigungsrat Ende der 1960er-Jahre die Bildung von Bezirkstransportkommandanturen und zweier zentraler Transportkommandanturen für Eisenbahn und Binnenschifffahrt sowie von Einheiten zur Instandsetzung der Verkehrswege vor. All das war bis 1971 eingerichtet. Die vom Nationalen Verteidigungsrat 1964 behandelte Vorlage der operativen Vorbereitung für die Jahre 1966 bis 1970 teilte den höchsten Etat innerhalb der Teilgebiete Nachrichten-, Straßen- und Eisenbahnwesen sowie Seewasserstraßen und Hafenwirtschaft dem Eisenbahnverkehr zu, während der 1963 überarbeitete Plan für den Zeitraum bis 1965 noch dem Straßenbau die größten Investitionen vorbehalten hatte.

Nur der Schienenverkehr versprach, das bei einem Aufmarsch der Vereinten Streitkräfte erforderliche riesige Transportvolumen wenigstens teilweise bereitstellen zu können. Auch im Perspektivplan für 1971 bis 1975 wurde mehr Geld in das Eisenbahn- als in das Straßenwesen gesteckt, und nur die neu zur operativen Vorbereitung zählenden Staatsreserven erhielten ein noch größeres Budget. Da wurden Objekte gebaut, ohne dass sie im zivilen Verkehr benötigt wurden, wie die Nebenbahn Falkenberg (Elster) – Beeskow (ehemalige Niederlausitzer Eisenbahn) zur Hauptbahn umgebaut, wobei diese weiterhin als Nebenbahn betrieben worden ist.

Schwellenloser Oberbau? Nein, verschmutztes Rangiergleis, dem jegliche Elastizität verloren ging, in Zittau

Foto: Hauptverwaltung Bahnanlagen

Eine neue Kernaufgabe bestand für das Verteidigungs- und das Verkehrsministerium in der zweiten Hälfte der 1960er-Jahre darin, aus der östlichen in die westliche Richtung „sieben frontale Eisenbahnrichtungen" vorzubereiten. Einige von ihnen hatten über verschiedene Staatsgrenzen hinwegzuführen: so eine Strecke von Stettin (Sczcecin, Polen) über Neubrandenburg und Güstrow nach Lübeck (!), eine Verbindung von Stettin über Angermünde, Templin und Wittenberge zum bundesdeutschen Grenzbahnhof Büchen, eine weitere von Děčin (Bodenbach, ČSSR) auf der Achse – Dresden – Karl-Marx-Stadt – Gera – Weimar – Gotha bis Bebra, schließlich eine vierte von Guben über Cottbus und Halle sogar bis nach Goslar (!). Die operative Vorbereitung war weit in den Westen hinein geplant, bis auf das Gebiet der Bundesrepublik, wenn auch die Infrastruktur nur bis zur innerdeutschen Grenze konkret sein konnte.

Die Lasche wird vom Schienenkopf gehalten, zwei Schrauben fehlen. Zuviel für die Rotte der Bahnmeisterei

Foto: Hauptverwaltung Bahnanlagen

Als sich 1979 herausstellte, dass infolge von Alkalischäden der Betonschwellen-Oberbau (im Straßenwesen die Betonbrücken) brüchig wurde und in kürzester Zeit ausgewechselt werden musste, weil dessen Tragfähigkeit nicht mehr gegeben war, erhielt die Deutsche Reichsbahn verhältnismäßig rasch Hilfe, zum Beispiel durch den Import von zwei Schnellumbaumaschinen. Diese Fürsorge der staatlichen Organe galt nicht vordergründig dem zivilen Schienenverkehr, sondern man konnte die Bündnisverpflichtungen im Militärwesen der Warschauer Vertragsstaaten nicht ignorieren.

Auch wenn die Strecken repariert und beschleunigt elektrifiziert wurden, blieben die Anlagen höchst störanfällig, hemmten und behinderten den Eisenbahnverkehr. 1987 bestanden 1.180 Langsamfahrstellen, davon im wöchentlichen Durchschnitt 192,3 (zu denen nicht die wegen aufgehobener Signalabhängigkeit, wegen Bauarbeiten, wegen fehlenden zweiten Stopfganges usw. bei

Selbst als Heizmaterial eignen sich die Schwellen nicht. Ein Wunder, dass das Gleis noch 16 Tonnen Achslast verträgt

Foto: Hauptverwaltung Bahnanlagen

Bei Bergfelde: Bau des Berliner Außenrings — *Foto: ZBDR*

Ein Brückenpfeiler wird zwischen Waren (Müritz) und Neustrelitz für den Wiederaufbau der Strecke Lalendorf – Neustrelitz gesetzt

Foto: ZBDR

Die originale Bildunterschrift lautet: „Doch vorrangig bestimmt die neue Technik den Baufortschritt.“ Dennoch ist die Mechanisierung bei der Zentralen Oberbauerneuerung nahe Ilmenau bescheiden (1970) — *Foto: Ellguth*

planmäßigen Instandsetzungsarbeiten) gehörten. Diese außerplanmäßigen Langsamfahrstellen führten zu Verspätungen, ebenso die Gleissperrungen wegen der 6.610 Schienenbrüche. Die Ankunftspünktlichkeit im schnellfahrenden Netz bewegte sich 1987 in den Direktionsbezirken Berlin, Cottbus, Dresden und Erfurt zwischen 54 und 31 Prozent.[75] Herausragend mit schlechten Ergebnissen war stets der Reichsbahndirektionsbezirk Halle nicht nur wegen des vergleichsweise größeren Streckennetzes, sondern wegen der Belastung der Strecken, denen kaum Sperrpausen zur Instandhaltung gegönnt wurden. Die Gegenüberstellung dieses Direktionsbezirkes mit den Durchschnittszahlen aller acht Reichsbahndirektionen im Jahr 1987: Langsamfahrstellen Halle 288, Durchschnitt 147,5; Schienenbrüche Halle 1.760, Durchschnitt 826,25.

Allein die Zahlen vermitteln kein Bild von der Stellung der Deutschen Reichsbahn in der Volkswirtschaft. Derartige Gesamtdarstellung bzw. der Überblick wurde publizistisch stets vermieden bzw. war untersagt. Alfred Neumann, Mitglied des Politbüros im Zentralkomitee der SED und Stellvertreter des Vorsitzenden des Ministerrates, der gemäß Arbeitsverteilungsplan ständig ein wachsames Auge auf die Deutsche Reichsbahn warf, erkannte, dass und wie sie von der DDR-Planwirtschaft vernachlässigt wurde. Im diplomatischen Ton versuchte er am 9. Mai 1986 Günter Mittag, den allmächtigen Sekretär für Wirtschaftspolitik im Politbüro der SED, für Veränderungen zu gewinnen: „Ich gehe davon aus, daß wir die gleiche Meinung über die Bedeutung der Eisenbahn für den volkswirtschaftlichen und gesellschaftlichen Kooperationsprozeß haben und man die Erfordernisse dieses Wirtschaftszweiges nicht gleichstellen kann, den Bedingungen eines x-beliebigen Industriekombinates."

Fehlendes Material für Instandsetzung und Neubau 1986

Erzeugnis	Fehlmenge	Bemerkungen
Radsätze	63 %, 4.013 Stück	Neubau Güterwagen, Produktion Gleisstopfmaschinen und Instandhaltung Fahrzeuge nicht gesichert
Schnittholz	9.326 m^3	Neubau und Instandhaltung der Güterwagen und Bahnanlagen (Rohschwellen) nicht gesichert
Vollradscheiben	7.500 Doppelachsen	
Schaltschütze	keine Bilanzeinordnung	Instandhaltung, Reisezugwagen und Modernisierung der Berliner S-Bahn nicht gesichert
Fahrmotoren Ellok	keine Bilanzeinordnung	Reparatur Ellok nicht gesichert mit Auswirkung und Anteil der elektrischen Traktion
Gleichstrommotoren	21,8 %	Reparatur Triebfahrzeuge, Reisezugwagen und Robotertechnik nicht gesichert
Getriebemotoren	keine Bilanzeinordnung, 231	Rationalisierungsmittelbau sowie Instandhaltung technischer Anlagen und Robotertechnik nicht gesichert
Schwingungsdämpfer	250 Lieferrückstände von 1985	
Tafelglas, Walzglas, Sicherheitsglas	12 – 56,8 %	Instandhaltung Reisezugwagen, Triebfahrzeuge, Moderniuierung der S-Bahn, Konsumgüterproduktion und Rekonstruktion von Hallendächern nicht gesichert
Handwaschbecken	3,4 %	Ausrüstung Begleiterwagen und Bettenwagen[77] nicht gesichert
Gußeiserne Gliederkessel	keine Bilanzeinordnung 56 Stück	Ausrüstung von 53 Begleiter- und 3 Krankenwagen[70] nicht gesichert
Gleitlager mit galvanischer Laufschicht	1000 Paar	Lagerschalenwechsel bei Instandhaltung und Reparatur nicht in vollem Umfang gesichert
Schwellenschrauben	65,9 %, 5.396 Stück	
Hakenschrauben	80,6 %, 2.996 Stück	
Federringe	88,9 %, 3.200 Stück	
Luftbehälter 100 – 400 Liter	2.160 Stück	Neubau von Reise- und Güterwagen sowie Instandhaltung der Fahrzeuge nicht gesichert
Bremsteile	nur für den Neubau bestätigt	

Das Befehlsstellwerk in Salzwedel geht aus einem Mobilen Stellwerk hervor, angehoben und ummauert (1993)

Das Forschungs- und Entwicklungswerk in Blankenburg baute das Jochverlegegerät vom Typ II für den Betonschwellenoberbau (1962)
Foto: Illner

Der Brief enthielt eine Anlage über „gegenwärtige Probleme der materiell-technischen Sicherstellung der Instandhaltung und der Neubauproduktion im Eisenbahnwesen 1986“.[76] Wer sie liest, muss sich unwillkürlich fragen, wielange konnte das noch gut gehen (siehe Tabelle S. 77).

Diese Aufstellung ist nur ein Auszug aus der Liste mit den Fehlmengen. Hinzu kamen viel zu geringe Lieferungen von Stahlgusserzeugnissen, Gesenkschmiedestücken, Walzstahl, aber auch Dreh- und Fräsmaschinen, Lastkraftwagen, Personenkraftwagen, Krane.

Die Planwirtschaft behandelte die Deutsche Reichsbahn als Transportbetrieb, in dem scheinbar die Instandhaltung keine Rolle spielte. Die Partei hatte aber die Betriebe zur Eigenproduktion von Rationalisierungsmitteln, die Deutsche Reichsbahn obendrein zu der von Fahrzeugen verpflichtet, obwohl dafür die Voraussetzungen alles Andere als ausreichend waren.

Keine Leute, keine Leute!

1957 erfuhr ein ehemaliger Fahrdienstleiter, dem 1946 wegen seiner Mitgliedschaft in der NSDAP gekündigt worden war, vom Genossen Seibt, Sekretär der SED-Betriebsparteiorganisation des Bahnhofs Zittau, seine Bewerbung brauche man nicht, man habe Fahrdienstleiter wie „Sand am Meer“. Der Sand verrieselte aber bald.

Denn seit den 1960er-Jahren machte sich bei der Deutschen Reichsbahn der Arbeitskräftemangel bemerkbar, zuerst in den unteren Lohngruppen, also bei den weniger Qualifizierten. Die organisatorischen bzw. technologischen Maßnahmen zur Verringerung des Personalaufwands wie das Fahren von Einmann- und Nullmannzügen waren ein Tropfen auf den heißen Stein. Sie machten sich kaum bemerkbar, zumal jetzt zusätzlich Zugfertigsteller und ihre Helfer benötigt wurden.

Bald begann die Werbung von Arbeitskräften „aus der nichtarbeitenden Bevölkerung“. Weil die Betriebe mit immer lukrativeren Angeboten des Gehalts, besseren Arbeitsbedingungen und sozialen Einrichtungen lockten, musste auch auf diesem Gebiet der Zentralismus durchgesetzt werden.

Die Betriebe sollten sich die Arbeitskräfte nicht gegenseitig „abwerben“. Die Kaderleiter sprachen sich gegenseitig ab, wer wen einstellen durfte, das Amt für Arbeit mischte sich ein und erlaubte schließlich Inserate mit Arbeitskräftewerbung nur noch in besonderen Fällen, zum Beispiel für Betriebe der „strukturbestimmenden Vorhaben“ oder für Schwerpunktbetriebe.

Geworben wurde nun auf Transparenten vom Betriebsgelände aus oder – bei der Deutschen Reichsbahn – durch Anzeigen in der Eisenbahnerzeitung „Fahrt frei“. Und auch die wurden misstrauisch beobachtet. Als ganz unmöglich wurden Stellenangebote

Nicht mehr nach Köpfen, sondern mit Vollbeschäftigungseinheiten (VbE) sollten Arbeitskräfte erfasst werden. Karikatur in der Zeitung „Fahrt frei“

Auf dem Stellwerk „W 11" in Falkenberg (Elster) (1984). Der Rangierbahnhof hat eine Vielzahl von Stellwerken durchgehend zu besetzen

Historische Sammlung der DB/Zimmer

für Dienstvorsteher, Kaderleiter, Leiter etc. angesehen. Interne Stellenausschreibungen waren bei der Reichsbahn unbekannt. Dem Werktätigen blieben für einen Wechsel von Betrieb zu Betrieb einige Schlupflöcher: Zum Beispiel brauchte er nach dem Dienst in den bewaffneten Organen oder nach dem Direktstudium nicht in seinen früheren Betrieb zurückzukehren.

Von den 1970er-Jahren an verstärkte sich das Problem mit den offenen Stellen bzw. dem Arbeitskräftemangel. „Keine Leute, keine Leute" wurde zum geflügelten Wort. Zu keiner Zeit vermochte es die DDR-Volkswirtschaft, die Deutsche Reichsbahn erst recht nicht, ein technisch-organisatorisches Potential einzusetzen, um die Leistungen mit vorhandenen bzw. weniger Kräften zu erbringen. Das Arbeitsvermögen wurde regelrecht vergeudet. Man denke nur die Vielzahl der meist durchgehend mit qualifizierten Kräften besetzten Blockstellen, deren „gesellschaftliches Arbeitsvermögen" nicht einmal vollständig genutzt wurde. Deswegen empfanden manche Blockwärter ihren Arbeitsplatz – mitunter noch in einsamer Umgebung – auch als langweilig.

Zwei Beispiele von mit Personal besetzten Blockstellen:

- **Strecke Halle – Eisenach**
  Kilometer 26,9 Kriechau, 34,84 Uichteritz, 39,87 Goseck, 42,89 Henne, 49,37 Schulpforta, 63,3 Darnstedt, 68,9 Flurstedt, 74,41 Oberroßla, 76,67 Ilm, 82,2 Denstedt, 91,76 Ulla, 98,23 Niederzimmern, 103,28 Azmannsdorf, 111,27 Erfurt-Hochheim, 117,23 Marienthal, 157,49 Schönau (Hörsel);
- **Leipzig – Dresden**
  Kilometer 19,18 Zauche, 48,32 Großböhla, 57,87 Bornitz (b Oschatz), 61,07 Canitz, 72,26 Glaubitz, 80,84 Medessen, 88,34 Baßlitz, 91,95 Gröbern, 98,29 Elbgaubad.

Die Blockstellen zu automatisieren, die mit ihnen verbundenen Bahnübergänge aufzuheben oder mit einer automatischen Sicherung zu versehen, dazu fehlte es an Sicherungstechnik und Baukapazität. Die Arbeitsorganisation blieb bis nach 1990 wie zu Zeiten vor der Wende vom 18. zum 19. Jahrhundert. Technische Lösungen mit Hilfe von Achszählanlagen, wie die Bedienung der Blockstelle von einem Nachbarbahnhof aus, wie seit 23. Juli 1988 in Grünhof (Strecke Wittenberge – Ludwigslust) praktiziert, blieben die Ausnahme und waren eigentlich nur ein Behelf.

Das Arbeitskräfteproblem, das nicht gelöst wurde, führte es zu einem steten Niedergang der sozialen Lage der Eisenbahner durch Überstunden, Nichtgewährung von Ruhezeiten und von Erholungsurlaub – allesamt gesetzliche Ansprüche! Unbesetzt bleibende Dienstposten förderten die Unordnung, die Unwirtschaftlichkeit und untergruben die Autorität der Vorgesetzten, welche die Beachtung von Vorschriften forderten und eine „hohe Ordnung, Disziplin und Sicherheit" (im Eisenbahnerjargon nur ODS genannt) durchsetzten sollten, aber nicht einmal für den „technologischen Mindestbedarf" sorgen konnten.

Der Personalmangel wurde zunehmend zum Tabu, von jedem spürbar, aber es sollte davon nichts an die Öffentlichkeit gelangen, der Klassengegner (darunter verstand man auch die West-Medien) kein Futter erhalten.

Hierzu eine Episode vom Bahnhof Britz, der an der Strecke Eberswalde – Angermünde liegt. Ein Fahrdienstleiter schrieb an die „Fahrt frei", Zeitung der Eisenbahner, vom willkürlichen Vorgehen des Leiters des Bahnhofs. Er hatte das Fernbleiben von den beiden Zwölf-Stunden-Schichten mit der Disziplinarmaßnahme „Verweis" geahndet. Dabei hatte der Fahrdienstleiter an dem Wochenende zwei Ruhetage. Weil aber Kollegen

Wandzeitung in Dresden: Wie toll es ist, Eisenbahner zu sein. Wer fühlt sich damit angesprochen?

Foto: Rbd Dresden

ausgefallen waren, fragte ihn der Leiter des Bahnhofs, ob er die beiden Schichten übernähme. Das lehnte der Angesprochene ab mit dem Hinweis, sein Sohn habe Jugendweihe, er möchte bei seiner Familie sein. War unter diesen Umständen der Verweis berechtigt?

Nach Rücksprache mit dem Fachmann für Arbeitsrecht in der Abteilung Arbeit und Löhne des Ministeriums für Verkehrswesen antwortete die „Fahrt frei“ auf ihren Seiten, es ginge nicht an, dass ein Beschäftigter wegen der Sonderschicht gefragt werde und wenn dieser sie ablehne, dass er disziplinarisch zur Verantwortung gezogen werde. Anders sei das bei angeordneten Überstunden. Die könnten nach dem Rahmenkollektivvertrag der Deutschen Reichsbahn nicht ohne weiteres abgelehnt werden. Hier aber habe der Leiter des Bahnhofs nur gefragt und sich scheinbar mit der Ablehnung zufrieden gegeben. Zu einer Anordnung hatte er sich, vielleicht wegen des freundlichen Arbeitsklimas, nicht entschließen können.

Diese Veröffentlichung benutzte Mathias Walden im Sender Freies Berlin und in der Zeitung „Die Welt“ im Zusammenhang mit einer Rede Erich Honeckers auf einem Plenum des Zentralkomitees der SED zu einer Polemik, jetzt werde im Osten scharf durchgegriffen. Die Politische Verwaltung der Deutschen Reichsbahn, vermutlich von Genossen im SED-Zentralkomitee aufmerksam gemacht, verbot daraufhin, in der „Fahrt frei“ noch einmal über Überstunden zu schreiben. Das Thema kam nicht mehr in die Zeitung, wurde allenfalls als Eingabe behandelt.

Der Arbeitskräftemangel mit den damit folgenden Überstunden und nicht gewährtem Urlaub bestand weiter. Er verschärfte sich derart, dass in den 1980er-Jahren sich höchste Stellen im Ministerium für Verkehrswesen damit auseinandersetzten. Viel Papier wurde beschrieben, so die „Arbeitskräftesicherungskonzeption 1986/90“ vom 28. November 1985 oder die „Konzeption zur Sicherung und zum Einsatz des gesellschaftlichen Arbeitsvermögens im Verkehrswesen der Hauptstadt der DDR, Berlin“, im Jahr 1987. Öffentlich wurde von solchen Konzeptionen nichts bekannt. Die prekäre Lage spürte der Eisenbahner an seinem Arbeitsplatz. Von 1965 bis 1975 waren die Leistungen der Deutschen Reichsbahn wie all die Jahre angestiegen:

Vor der Betriebsgaststätte des Bahnhofs Karl-Marx-Stadt-Hilbersdorf
Foto: Rbd Dresden

- Warenproduktion auf 140 Prozent,
- Gütertransportleistungen auf 128 Prozent,
- Personenbeförderungsleistungen auf 122 Prozent.

Der Arbeitskräftebestand hatte im selben Zeitraum um rund 34.500 VbE bzw. 12 Prozent, im Bereich Eisenbahntransport um etwa 35.200 VbE bzw. 16 Prozent abgenommen (VbE = Vollbeschäftigteneinheit; die Bundesbahn verwendete in ihrer Statistik statt des überkommenen Begriffes „Köpfe" Personen bzw. „P".).

Sogar Amtsvorstände gesucht

Vom Arbeitskräftemangel am härtesten betroffen waren bereits in den 1950er-Jahren schwere und schmutzige Tätigkeiten, seit den 1960er-Jahren auch der Betriebs- und Verkehrsdienst (Fahrdienstleiter, Stellwerkswärter, Rangierpersonal, Zugbegleiter, Güterbodenarbeiter) sowie der Betriebsmaschinendienst (Lokomotivführer), insbesondere wenn es um den Schichtdienst ging. In der Zeit zwischen 1980 und 1990 wurden sogar Leiter von Dienststellen und Amtsvorstände gesucht. Weil auf solchen Stellen immer öfter geeignete Kader fehlten, wurde es auch schwierig, fachkundige Verwaltungsleiter und Vizepräsidenten zu finden, zumal die Sicherheitsorgane immer größere Anforderungen stellten, je höher in der Hierarchie die Stelle bewertet wurde.

Erhard Grahl, Stellvertreter des Generaldirektors der Deutschen Reichsbahn für den Bereich Ökonomie, ließ 1977 als „Vertrauliche Dienstsache" eine Analyse über die „Unterbesetzung in wichtigen Beschäftigungsarten" im Bereich Eisenbahntransport anfertigen, in der auch einige Ursachen benannt wurden:[78]

- Von 1970 bis 1975 konnte der natürliche Abgang wegen Erreichen des Rentenalters, Todes oder Invalidisierung durch Zugänge aus der Berufsausbildung nicht ausgeglichen werden. Die Differenz betrug 14.000 Beschäftigte. So kam es, dass ein Fünftel der Eisenbahner zwischen 56 und 65 Jahre alt war und ein Zwanzigstel das Rentenalter längst überschritten hatte.
- Als „gesellschaftlich notwendiger Abgang", gemeint war: zu den „bewaffneten Organen", zum Studium, zu Staats- und Parteiorganen, gingen weitere 6.500 VbE verloren.
- Etwa 78.500 VbE waren ausgeschieden mit der Begründung, die Arbeits- und Lebensbedingungen (gemeint waren die Entlohnung und der Schichtdienst) seien unbefriedigend, auch aus anderen Gründen (zum Beispiel Haftstrafen) musste das Arbeitsrechtsverhältnis beendet werden.

Auf dem Bahnhof Berlin-Rummelsburg sind Eisenbahner in ihrer Freizeit bei der Unkrautbeseitigung im Einsatz. So erledigte sich manches. Das nennt sich „Subbotnik", eine von Lenin entlehnte Aktion, der allerdings an in der Freizeit montierte, zusätzliche Lokomotiven gedacht hatte
Foto: Herder

Reinigungsbrigade im Bahnbetriebswagenwerk Hoyerswerda: Der Brigadier ein Mann, ansonsten bleibt die schmutzige Arbeit den Frauen vorbehalten Foto: Preußer

Am meisten schmerzte der Umstand, dass meist jüngere Beschäftigte, auch junge Facharbeiter, die Deutsche Reichsbahn verließen. Ein Zehntel dieser Facharbeiter verschwand im ersten Berufsjahr und kam nicht wieder. Wohlgemerkt: Zu diesem Zehntel gehörten nicht einmal diejenigen, die ein Studium aufnahmen oder zu den bewaffneten Organen eingezogen worden sind.

Was nicht in der Analyse stand, aber jeder wusste: Die extensive Produktion mit entsprechend großer Verwaltung und Sozialeinrichtungen zehrte die Reserven von Arbeitskräften auf. Hinzu kam der aufgeblähte Staats- und Parteiapparat, wenn zum Beispiel zu solch kleinen Kreisstädten wie Hohenmölsen, Stadtroda, Zossen, Gadebusch usw. nicht nur die Kreisverwaltungen (Rat des Kreises), sondern auch die Kreisdienststellen der Parteien und Organisationen reichlich Personal benötigten.

Ein Zugführer auf dem Bahnhof Buna (1979): Manche arbeiten weit über das Rentenalter hinaus

Blockstelle Nahrstedt an der Strecke Stendal – Oebisfelde (1987)

Unproduktive Arbeitszeit

Auch die Politischen Organe der Deutschen Reichsbahn (die entsprechend beim Ministerium des Inneren und bei der Nationalen Volksarmee bestanden) banden etliche Arbeitskräfte. Hinzu kam die unproduktive Arbeitszeit in Form von Freistellungen zu gesellschaftlichen Veranstaltungen, Schulungen und Parteischulen. Hin und wieder wurde gegen sie polemisiert und gefordert, diese strikt einzuschränken. Kein Leiter wagte es jedoch, dem Vermerk auf der Einladung „Ist freizustellen!" zu widersprechen.

Bei der Rationalisierung mit technischen Mitteln gerieten die DDR-Wirtschaft und besonders die Deutsche Reichsbahn ins Hintertreffen. Zahlen über die Produktivitätsentwicklung wurden nicht bekannt. Die Deutsche Reichsbahn hatte keine Gelegenheit, „Gastarbeiter" aus dem Ausland zu beschäftigen.[79] Ihre Lösung, Verwaltungskräfte im operativen Dienst einzusetzen, zum Beispiel Technologen als Blockwärter, Gruppen-

23. Juli 1988: Der erste Tag, an dem die Blockstelle Grünhof vom Fahrdienstleiter in Ludwigslust mit bedient wird

Alljährlich warten die Bahnmeistereien für ihre Reparaturarbeiten auf den „Studentensommer", an dem sich auch ausländische Studenten beteiligen
Foto: Rbd Dresden

leiter als Güterbodenarbeiter oder Rangierleiter, konnte ebenso wenig zur Lösung des Arbeitskräftemangels beitragen wie die bei extremen Bedarf von der Hauptverwaltung des Betriebs- und Verkehrsdienstes eingesetzten Rangierkolonnen Nord und Süd,[80] die von Gerichten seit den 1970er-Jahren zunehmend in Urteilen ausgesprochene „Arbeitsplatzbindung" oder die „Rangieraufgebote" (unter Druck zu großen Rangierbahnhöfen abgeordnete Jungeisenbahner aller Hauptdienstzweige, was eigentlich nach sowjetischem Vorbild eine freiwillige Angelegenheit sein sollte). Verbittert registrierte der Leiter des Bahnhofs Olbernhau, wie gute Facharbeiter der Deutschen Reichsbahn kündigten, um nicht im Rangierdienst auf dem Bahnhof Karl-Marx-Stadt-Hilbersdorf eingesetzt zu werden. Sie fürchteten nicht nur die Gefahr des Rangierbetriebes, sondern sahen diese Tätigkeit als eine soziale Abwertung an.

Das Reichsbahnamt Frankfurt (Oder) berichtete 1977, dass der Widerstand der Dienstvorsteher und der zuständigen Betriebsgewerkschaftsleitungen größerer Bahnhöfe wachse, Eisenbahner zu anderen Dienststellen abzuordnen. „Während noch im Jahre 1973 75 Abordnungen [...] möglich waren, ist dies im Jahre 1977 auf wenige Ausnahmen beschränkt, ohne daß der Amtsvorstand die Möglichkeit hat, bei Weigerungen der Beschäftigten selbst bzw. der örtlichen Betriebsgewerkschaftsleitungen sich darüber hinwegzusetzen. Anläßlich solcher Auseinandersetzungen wird den Eisenbahnern mitunter mangelnde Einsicht bzw. auch mangelhafte Einsatzbereitschaft unterstellt. In voller Übereinstimmung mit der Politischen Abteilung und der Gewerkschaftsleitung des Reichsbahnamtsbezirkes Frankfurt (O) wird hierzu erklärt: Nach wie vor gibt es bei der übergroßen Mehrheit der Eisenbahner eine außerordentlich hohe Einsatzbereitschaft, Disziplin und Ordnung und großes Verständnis für die oft unüberbrückbaren Schwierigkeiten. Dabei leisten gerade die Dienstvorsteher zur Aufrechterhaltung der Betriebsführung Vorbildliches. Diese Einsatzbereitschaft liegt nach unserer Einschätzung weit über dem Normalen und Zumutbaren."[81]

Wie bereits bemerkt, führte der Fehlbestand des Personals zu einer beachtlichen bis unvertretbaren Anzahl von Überstunden, das Vierfache im Vergleich mit anderen Bereichen der DDR-Wirtschaft. Nur im örtlichen Verkehrswesen (Straßenbahn, Autobus) lag die Anzahl der Überstunden extrem höher. Im Bereich Eisenbahntransport leisteten 1975 die Beschäftigten jeweils durchschnittlich/maximal Überstunden:

- Fahrdienstleiter 293/1.000,
- Rangierleiter 207/300 bis 500,
- Zugführer 263/600 bis 800,
- Triebfahrzeugführer 381/1.000 bis 1.200.

Nach einer Verfügung mussten die im Kalenderjahr über 1.000 hinausgehenden Überstunden vom Leiter des Reichsbahnamtes bzw. Leiter der jeweiligen Verwaltung genehmigt werden. Die Genehmigung wurde selten verweigert.

Auch der Urlaub konnte zahlreichen Beschäftigten nicht gewährt werden. 1975 hatten 25,5 Prozent der Fahrdienstleiter den im Kalenderjahr zustehenden Urlaub nicht erhalten, 27,8 Prozent der Triebfahrzeugführer nicht. Als die „Bugwelle“ des Resturlaubs von Jahr zu Jahr größer wurde, bot die Deutsche Reichsbahn an, den entsprechenden Wert der Arbeitstage auszuzahlen. Von dieser Möglichkeit machten viele Eisenbahner Gebrauch.

Qualität und Sicherheit beeinträchtigt

Die physische Überbelastung, die Nichtbesetzung von Dienstposten, zum Beispiel die der Zugabfertiger, sowie das fehlende Reparatur- und Instandhaltungspersonal führten nicht nur zum Mehraufwand infolge der Nacharbeiten wegen fehlgeleiteter Gütersendungen, sondern auch dazu, dass der Transportbedarf nicht gedeckt werden konnte. Zu diesem Eingeständnis kam die genannte Grahl-Analyse. 1977 waren 75 Bahnhöfe und 204 Stellwerke nicht besetzt, obwohl sie benötigt wurden. 154 Betriebsstellen waren zeitweilig ausgeschaltet, obwohl für sie keine Dienstruhe vorgesehen war. Dadurch musste ein Fünftel der Nahgüterzüge ausfallen, wurden Gleisanschlüsse nicht bedient, die Stückgut-Umladehallen in Karl-Marx-Stadt-Hilbersdorf und Cottbus wurden nur zu 60 bzw. 70 Prozent genutzt.

Der „Diensthabende“ der Reichsbahndirektion Berlin dokumentierte täglich die unter- und unbesetzten Dienstposten. Am 18. Januar 1979, einem Donnerstag, waren das von 6 bis 14 Uhr:

- Berlin-Wuhlheide Rbf 1 Rangierer in der Zugbildung und 1 Zugabfertiger,
- Berlin-Pankow 2 Rangierer in der Zugbildung,
- Betriebsbahnhof Berlin-Rummelsburg 1 Rangierer am Ablaufberg, das Rangierpersonal der Gruppe 3/4, alle Zugabfertiger, 1 Rangierer auf dem Abstellbahnhof,
- Berlin-Schöneweide 2 Rangierer am Ablaufberg,
- Seddin 1 Rangierleiter in der Gruppe Süd (Frachten von und nach West-Berlin),
- Wustermark Rbf 1 Rangierer,
- Frankfurt (Oder) Rbf 4 statt 10 Rangierleiter, 9 statt 7 Rangierarbeiter,
- Abzweigstellen Werbig und Bahnhof Golzow ohne Fahrdienstleiter,
- Blockstelle Heidehaus ohne Blockwärter,
- Bahnhöfe Werbig und Lossow ohne Weichenwärter.[82]

Besonders an den Wochenenden fehlte es den Rangierbahnhöfen infolge ungenügender Besetzung an der vollen Leistung. Dienstruhe in der Zugauflösung und –bildung an Sonnabenden, Sonn- und Feiertagen, wie bei der Vorkriegs-Reichsbahn, bei der Deutschen Bundesbahn und auch in West-Berlin, wo die Transportverordnung nicht galt, kannte die Deutschen Reichsbahn in der DDR nicht. Erst nach 1990 kehrten solche Gepflogenheiten zurück. Die Leiter hatten die Arbeitsfähigkeit der Rangierbahnhöfe zu sichern. Das wurde bereits jeweils freitags durch ein strenges Rapportsystem kontrolliert, indem die volle Besetzung „nach oben“ gemeldet werden musste.

Der Beruf des Eisenbahners war, insbesondere bei den praktischen Tätigkeiten, unattraktiv geworden. Der durchgehende Schichtdienst, unregelmäßige Schichtwechselzeiten beim Zugpersonal, die Tätigkeit im Freien, obendrein schwer und schmutzig, die Dienstbereitschaft eines Teils der Beschäftigten gegen eine geringe Vergütung, die sie eine um die andere Woche an die Wohnung band (das Mobiltelefon war noch nicht erfunden!), der um durchschnittlich 100 bis 300 Mark geringere Nettolohn bei vergleichbarer Tätigkeit in anderen Betrieben und die geringeren Sozialleistungen schreckten viele Leute ab, Eisenbahner zu werden oder ein Leben lang zu bleiben.

Die Planwirtschaft besaß selbstverständlich die Zahlen über den Zugang an Arbeitskräften: Von 1977 bis 1980 sollten es 6.500 sein. Selbst wenn diese Voraussage eintraf, dann blieb nach dem planbaren „natürlich und gesellschaftlich notwendigen Abgang“ eine Differenz von 9.400 Beschäftigten, die durch Rückkehrer von der Nationalen Volksarmee, Arbeitskräfte anderer Volkswirtschaftsbereiche und aus der nicht arbeitenden Bevölkerung ausgeglichen werden sollten. Bei den Schwerpunktbeschäftigungsarten blieb das Minus von rund 28.000 VbE.

Jeder fünfte Eisenbahner fehlt

Da die Regierung bei ihren großzügigen sozialpolitischen Maßnahmen, „Einheit von Wirtschafts- und Sozialpolitik“ genannt, be-

Die Wagenerfassung für die Zugfertigstellung in Saalfeld (Saale) über Funk, wodurch zumindest eine Arbeitskraft eingespart werden kann (1988)

Der Minister Otto Arndt (vordere Reihe rechts) überblickt die Probleme. Er kommt am 30. September 1989 zur Aufnahme des elektrischen Zugbetriebes Cottbus – Lübbenau (Spreewald). Im Bild links von ihm Werner Walde, Erster Sekretär der SED-Bezirksleitung Cottbus, und Dr. Friedrich Schumann, Präsident der Reichsbahndirektion Cottbus

Foto: Emersleben

schlossen hatte, die Arbeitszeit zu verkürzen und für Schichtarbeiter den Urlaub zu verlängern, verschärfte sich die Situation abermals. Grahl sah bis 1980 sogar eine Unterbesetzung allein im Bereich Eisenbahntransport von rund 45.000 VbE voraus. Zum technologischen Arbeitskräftebedarf fehlte dann jeder fünfte Eisenbahner. Wer wunderte sich, wenn die Deutsche Reichsbahn nicht so funktionierte wie erwartet?

Grahl forderte 1977 Maßnahmen, um den Bedarf zu ersetzen. Neben dem Üblichen, wie es seinerzeit in Versammlungen heruntergebetet wurde (Maßnahmen auf dem Gebiet von Wissenschaft und Technik, Zuführung aus der Berufsausbildung, materielle und moralische Stimuli, „sozialistische Intensivierung“) nannte die Vertrauliche Dienstsache zwar Bekanntes, aber auch bislang nicht Gesagtes.

Zu diesen Vorstellungen gehörte die „richtige Einordnung der Eisenbahn“ in die Volkswirtschaft. Gemeint waren die bessere Bilanzierung (also Zuteilung von Leistungen und Material) beim Bau, bei den Ausrüstungen, auch für Sozialbauten, die Bereitstellung von Wohnungen und die bessere Versorgung. Mangelwaren (Obst, Ketchup und ähnliches) sollten in den Reichsbahn-Kantinen genauso angeboten werden wie in anderen bevorzugten Einrichtungen. So etwas sprach sich herum. Das Rangierpersonal vom Bahnhof Wilthen verlangte zum Beispiel „Frühstückswurst“, also Schinken und Kochwurst, die in der Oberlausitz nur unter dem Ladentisch gehandelt wurde. Dem Leiter des Bahnhofs, Hans von P., war es möglich, mit der Fleischerei eine entsprechende Vereinbarung zu treffen, so dass täglich zur Frühstückspause diese bessere Wurst geholt werden konnte.

Dem Stellvertreter des Generaldirektors ging es nicht um solche Kleinigkeiten, sondern um eine generelle Lösung des Problems. Zu den „Maßnahmen“ gehörte auch die Forderung: „Durch den zusätzlichen Einsatz von Ausrüstungen für 200 Wegübergangssicherungsanlagen, 9 Gleisbildstellwerken, für 20 km automatischen Streckenblock (Großenhain – Elsterwerda) sowie für dezentrale sicherungstechnische Rationalisierungsmaßnahmen mit einem Wertumfang von 100 Mio M können Arbeitsplätze für 2.000 VbE zusätzlich eingespart werden.“

Abneigung vor dem Schichtdienst

Auch musste die Gleichberechtigung von Mann und Frau im Eisenbahndienst realistisch betrachtet werden: „Zur Reduzierung des hohen Frauenanteils im Hauptdienstzweig Betrieb und Verkehr sind in den technischen Hauptdienstzweigen verstärkt Einsatzmöglichkeiten für weibliche Arbeitskräfte zu schaffen." Das war notwendig, denn die Räte der Kreise wiesen die Schulabgänger zur Berufsausbildung zu, dabei zu 80 Prozent weibliche. Diese Facharbeiter durften auf den meisten Stellwerken mechanischer Bauart nicht eingesetzt werden, weil es die Arbeitsschutzanordnung Nummer 5 untersagte, ebenso nicht im Rangierdienst. Ohnehin verabscheuten weibliche Eisenbahner, wenn sie Kinder zu versorgen hatten, den Schichtdienst.

Als Minimalforderung wurden für Schwerpunktbeschäftigungsarten genannt, aber nicht verwirklicht:

- Lohnerhöhung von monatlich 100 Mark sowie von 50 bis 60 Mark für das Reparatur- und Instandhaltungspersonal, um die Disproportionen des Lohns zwischen der Reichsbahn und der Industrie bzw. dem Bauwesen zu verringern. Erhöhung der jährlichen zusätzlichen Belohnung von acht Prozent des Gehalts auf zwölf Prozent
- Höhere materielle Anerkennung treuer Dienste
- Differenzierte Herabsetzung des Rentenalters analog den Regeln für Bergmannsrenten, zum Beispiel vom 21. an und für jedes weitere Jahr der Beschäftigung um ein halbes Jahr.

Verwirklicht, 1990 jedoch aufgehoben, wurden

- die günstigen Freifahrtregelungen für Eisenbahner, wehrdienstleistende Eisenbahner und Eisenbahnrentner und deren Familienangehörige
- Prämien für Abgänger der Nationalen Volksarmee, wenn sie eine Tätigkeit in einer Schwerpunktbeschäftigungsart aufnahmen, selbst wenn sie bisher nicht Eisenbahner waren
- Veränderung der Dienstrangordnung: Beförderungen über den Plandienstrang hinaus für Eisenbahner mit langjähriger Dienstzeit und „die Einführung von tätigkeitsbezogenen Diensträngen wie Lokführer, Oberlokführer und Hauptlokführer"
- „Einführung von Ehrenurkunden für bestimmte Beschäftigungsdauer in Schwerpunktbeschäftigungsarten, verbunden mit einer entsprechenden Prämie".

Frauen wollen im Beruf tätig sein und helfen, dem Arbeitskräftemangel zu begegnen. Anni Rausch lernte Triebfahrzeugführer (das „in" gab es noch nicht) und fährt eine El-Lokomotive

Foto: Rampp

Vorgeschlagen, aber nicht eingeführt, wurden ferner:

Attraktivere Gestaltung der Dienstkleidung sowie Aufhebung für die Schwerpunktbeschäftigungsarten der Beitragszahlung der Pflichtmitglieder, also kostenlose Bereitstellung der Uniform. Auch hatte man an die „Erweiterung des Freizeitfonds für nicht am Dienstort wohnende Eisenbahner" gedacht. Sie sollten, ohne dass dazu Details erklärt wurden, mit der Reichsbahn günstiger an- und abreisen können, bevorzugt Mopeds kaufen dürfen und bei Benutzung eigener Fahrzeuge eine höhere Erstattung der Kosten erhalten.

Weitgehend unerfüllt blieb auch die Bestandserweiterung der Reichsbahn-Wohnungen, Ferieneinrichtungen sowie die Förderung des Eigenheimbaus. Die Versorgung der Eisenbahner „in Schwerpunktdienstorten mit hochwertigen Industriewaren (z. B. Kfz)" – eine Parallele zur Frühstückswurst in Wilthen, wenn auch auf höherem Niveau – blieb ein Wunsch. Die Unterbesetzung der Stellen, insbesondere im Betriebs- und Verkehrs- sowie im Maschinendienst, blieb.

Als die SED und der Ministerrat 1985 von der Deutschen Reichsbahn forderten, ihre Leistung zu erhöhen, mussten Arbeitskräfte aus anderen Betrieben zur Reichsbahn delegiert werden. Denn vom 1. Juli bis 31. Dezember 1986 wurden zwar 2.984 Arbeitskräfte neu eingestellt. Ihnen stand ein Abgang von 4.000 Eisenbahnern gegenüber. Das Präsidium des Ministerrates der DDR beschloss am 24. Oktober 1986, diese Delegierungen fortzusetzen.

Schwellenschrauben sind für ein stabiles Gleis unerlässlich. Die Deutsche Reichsbahn bekommt nicht die Menge, die sie braucht. Gleis bei Flughafen Berlin-Schönefeld 1990

In der Zeit vom 29. Juli bis 31. Oktober 1986 erhielten vornehmlich, um den hohen Schadwagenbestand zu senken, die Reichsbahnausbesserungswerke 1.145, die Bahnbetriebswagenwerke 513 zusätzliche Arbeitskräfte. Doch die Ämter für Arbeit bei den Räten der Kreise, zum Beispiel Delitzsch, Eberswalde, Geithain, Leipzig Stadt, Wittenberg, hielten sich nicht an die Auflagen dieser gigantischen Arbeitskräfteumverteilung. In den Betrieben dieser Kreise gab es ebenfalls keinen Überfluss an Werktätigen.

Von den 1986 zum Dienst in der Nationalen Volksarmee einberufenen 300 Lokomotivführern wurden von Oktober bis zum Jahresende 200 zurückgeschickt, 102 blieben bei den Bahnbetriebswerken noch für den Spitzenverkehr zum Jahreswechsel 1986/1987.

Kaum zu glauben, für Schwellen fehlen Schrauben

Wenn das Präsidium des Ministerrates am 17. Juli 1986 einen Beschluss zur Sicherung der Transportplanerfüllung fasste, musste schon Einiges im Argen liegen, hatte doch das Transportwesen und speziell die Eisenbahn in der DDR nicht den höchsten Stellenwert. Es fehlte dieser fast an allem, weil sie es bei der staatlich gelenkten Zuteilung nicht kaufen durfte: Ringfedern, Vollradscheiben, Hochleistungspuffer, Bremsschläuche, Poolboxpaletten, Holzschwellen, Gerotorpumpen für Gleisbremsen, Gabelstapler und noch viel mehr, und außerdem fehlten Arbeitskräfte. Besonders beklagte das Ministerium für Verkehrswesen dem Ministerrat gegenüber Fehlpositionen von Schwellenschrauben.[83] In einer Vertraulichen Dienstsache beschrieben Genossen des Ministerrats im Jahre 1986 den jährlichen Bedarf der Deutschen Reichsbahn von rund 15 Millionen Stück. Geliefert wurden die für den Oberbau benötigten Schrauben vom Betriebsteil Zerbst des VEB Schraubenwerke Magdeburg. Er war in der DDR Alleinhersteller. Die geringe Menge von 2.300.000 Stück kam aus der ČSSR. Ebenfalls wurden bei der Deutschen Reichsbahn Schwellenschrauben produziert, in kleinen Werkstätten und in kleinen Partien.

Für 1987 drohten Engpässe. Die ČSSR wollte nur noch die Hälfte liefern. Ungarn bot 200.000 Stück zum Preis von 0,48 Rubel (= etwa 1,68 Mark der DDR) je Stück an, ein Tropfen auf den heißen Stein und viel zu teuer. Da könnte die DDR den fehlenden Rest auch aus dem Nichtsozialistischen Wirtschaftsgebiet[84] beziehen. Dort kostete die Schwellenschraube 1,30 Mark, allerdings in harter Währung.

Haarsträubend waren die Zustände beim Hauptproduzenten in Zerbst. Da sah es wie im Frühkapitalismus oder noch schlimmer aus, keinesfalls wie der Lehre nach unter sozialistischen Produktionsverhältnissen. Der ebenfalls vertrauliche Bericht einer Arbeitsgruppe für Organisation und Inspektion beim Ministerrat vom 15. August 1986 sprach Bände, wie tatsächlich sozialistische Arbeitsplätze gestaltet sein konnten. 1965 hatte die DDR eine hochproduktive Einzweckanlage, eine einzige, aus dem Nichtsozialistischen Wirtschaftsgebiet importiert, mit der zwischen 8 und 13 Millionen Schwellenschrauben im Jahr produziert wurden. Nach 20 Jahren Dauerbetrieb – nur an Sonntagen wurde zwei Schichten lang pausiert – traten gehäuft Störungen auf. Eine Generalreparatur unterblieb. Alles sollte nur ein Provisorium sein. Die Arbeitsgruppe berichtete dem Stellvertretenden Ministerpräsidenten Werner Krolikowski:

„Die Anlage steht in einer baufälligen Altbausubstanz. Im Sommer werden die Dachfenster rausgeschlagen, um die Frischluftzu-

Für Weichen werden im sogenannten „Kleineisen" ebenfalls Schrauben benötigt
Foto: ZBDR

fuhr zu gewährleisten. Dadurch sind bei Regenfällen sowohl die Anlage als auch die Arbeitskräfte Witterungsunbilden ausgesetzt. 50 bis 60° Temperatur sind keine Seltenheit. Ca. 50 % der Energie (Gas) geht wirkungslos in die Luft, da die Anlage nach einem energieunökonomischen Wirkprinzip arbeitet. Die Bestückung und Entnahme der Rohlinge und der fertigen Schwellenschrauben erfolgt manuell."

Andere Orte mit geeigneten Maschinen gab es nicht. Was einmal funktionierte, war 1965 verschrottet worden. Eine neue Anlage selbst zu bauen, sei teurer als eine neue, energiesparende aus dem Westen für 8 Millionen Valutamark (DM). So schrieb der Ministerpräsident an den Sekretär des Zentralkomitees der Sozialistischen Einheitspartei Deutschlands, Genossen Dr. Günter Mittag, „Die Genossen Tautenhahn, Klopfer, Arndt und Beil[85] sind beauftragt, den Bericht gründlich auszuwerten und beauftragt, für die [...] aufgeführten Erzeugnisse, wie Ringfedern, Vollradscheiben, Bremsschläuche, Poolboxpaletten, Holzschwellen, Schwellenschrauben u. a. Entscheidungen vorzuschlagen, die bei diesen Erzeugnissen Lösungen auf Dauer schaffen, um aus eigenem Aufkommen die Deutsche Reichsbahn in ausreichender Menge und Qualität zu versorgen."

Mittag verfügte die Mitteilung des Ministerpräsidenten in die Ablage. Das nächste Problem konnte kommen.

„Solche Probleme werden uns an die Wand schleudern." E. H.[86]

Die Wahrheit über die Katastrophe „Schwellenkrebs"

„Nehmen wir die Fragen mit der Reichsbahn. Man kann sich drehen und wenden wie man will. Es muss doch einen geben, der uns angeschmiert hat. [...] Solche Probleme, wie die 7,2 Milliarden Mark Aufwand für das Auswechseln von Schwellen und Masten, werden uns an die Wand schleudern.", ärgerte sich der Generalsekretär der Sozialistischen Einheitspartei Deutschlands, Erich Honecker, während der Politbürositzung am 17. November 1987.

Zu dem Zeitpunkt waren die Ursachen für das Milliardengrab längst bekannt. Viel Papier war mit Analysen und Berichten beschrieben worden, aber keiner kam an der Tatsache vorbei, dass man von Alkalischäden wusste, die zunächst ignoriert wurden. Bei der Deutschen Reichsbahn, die als einziger Betrieb genaue Aufzeichnungen über die Schäden führte, traten Alkalischäden an den Betonmasten für die Fahrleitung elektrifizierter Strecken und an Schwellen des Oberbaus auf – also bei wesentlichen Elementen des Fahrweges. Dabei war gerade erst in jüngster Zeit mit der Zentralen Oberbauerneuerung das marode Streckennetz mit viel Geld, Material und Arbeitskräfteeinsatz in Ordnung gebracht worden. Nach einer späteren Überprüfung stellte das Amt für Standardisierung, Messwesen und Warenprüfung fest:

Betonwerk Güsen
Bei fast allen Spannbetonschwellen des Typs BS 66 der Produktionszeit Dezember 1987 Risse bis 6 Zentimeter Länge und 0,15 Millimeter Dicke, vorwiegend in Längsachse orientiert mit teilweisen Verästelungen. Bei auf Lager liegenden 267 Stück Schwellen des Typs BS 78 der Produktion 1985 wurden Risse mit einem größeren Zerstörungsgrad gefunden.

Betonwerk Rethwisch
Spannbetonschwellen des Typs BS 78 der Produktion 1984 analoge Risse wie bei dem Werk Güsen. 684 Bockschwellen des Typs POS 2i für die S-Bahn der Produktion 1984 Schäden in Form von Abplatzungen und Rissen mit Längen bis zu 6 Zentimeter und Weiten von 0,1 Millimeter.

Jedenfalls wurde die Brisanz des Vorgangs erkannt, wie die Reaktion des Generalsekretärs zeigte. Der Ministerrat ließ im Geheimen die Angelegenheit von seiner Arbeitsgruppe für Organisation und Inspektion untersuchen. Die legte wiederum als „Vertrauliche Dienstsache" am 30. März 1987 ihren Bericht vor.[87] Demnach traten 1979 infolge von Alkali-Kieselsäure-Reaktionen die ersten Betonschäden in der DDR bei Kern- und Kohlekraftwerken, Flugbetriebsflächen, Straßen- und Eisenbahnbrücken, Spannbetonschwellen, Verkehrsflächen und

Arbeitsgruppe für Organisation
und Inspektion beim Ministerrat
- Kontrollabteilung -

Berlin, den 30. März 1987

VVS

Vertrauliche Verschlußsache
B 2 - 332/87
10. Ausf. 19 Seiten

B e r i c h t

über Ursachen und volkswirtschaftliche Probleme bei Betonschäden, insbesondere infolge Alkali-Kieselsäure-Reaktionen, sowie Maßnahmen zu deren vorbeugender Vermeidung

Ausgehend von wiederholten Hinweisen zu aufgetretenen Schäden an Betonelementen bzw. -konstruktionen, erfolgte eine Untersuchung zum Stand der Durchsetzung der mit dem Beschluß des Ministerrates vom 20. 3. 1985 festgelegten Maßnahmen "Zur Sicherung einer zuverlässigen Qualität der Erzeugnisse des Bauwesens".

Dabei wurde folgendes festgestellt:

In der DDR treten seit 1979 Betonschäden infolge Alkali-Kieselsäure-Reaktionen auf. Betroffen wurden bisher Objekte in Kern- und Kohlekraftwerken, Flugbetriebsflächen, Straßen- und Eisenbahnbrücken, Spannbetonschwellen, Verkehrsflächen und Wohnbauten (siehe Anlage 1).

Das Untersuchungsergebnis wird als Vertrauliche Verschlusssache eingestuft

Quelle: Barch DM1-4854

Wohnbauten auf. Spannbetonmasten wurden von Sulfatschäden und Ettringitschäden betroffen. Die Arbeitsgruppe des Ministerrats stellte auch fest, dass eine Gesamtübersicht zu den Schäden fehlt. Während zum Beispiel im Bereich des Ministeriums für Verkehrswesen eine exakte Fortschreibung der Schäden erfolgte, wurden Betonschäden aus anderen Bereichen (z. B. Landwirtschaft) nur dann erfasst und deren Ursachen ermittelt, wenn die der Staatlichen Bauaufsicht gemeldet wurden.

Es traten nicht nur Schäden durch die Alkali-Kieselsäure-Reaktion ein, wie die Arbeitsgruppe feststellte, sondern auch durch „betontechnologische Verfahren“. Darunter sollte zu verstehen sein, dass beim Mischen der zulässige Alkaligehalt überschritten wurde und die Alkalien mit der in den Zuschlagstoffen vorhandenen Kieselsäure reagierten, wenn das Gemenge feucht war. Das kam in der DDR nicht selten vor. „Das Ansteigen des Alkaligehaltes der Zemente wurde Mitte der 70er Jahre in der DDR mit der breitenwirksamen Einführung des energieökonomischen Trockenverfahrens zur Zementklinkerproduktion hervorgerufen, da zu diesem Zeitpunkt in den Zementstandards keine Begrenzung des Alkaligehalts festgelegt war.“ Die Sulfatschäden hatten wiederum ihre Ursache im Schleuderbetonverfahren, das angewendet wurde, wenn Spannbetonmasten für die Reichsbahn herzustellen waren. Von etwa 13.000 Masten wurden Schäden bei rund 3.000 Masten festgestellt.

Der VEB Schraubenwerk Zerbst stellte Schwellenschrauben SS7 nicht durchgängig normgerecht bereit. „Übergrößen im Durchmesser – mit bloßem Auge durch die Werktätigen im Montageprozeß der Spannbetonschwellenkomplettierung nicht erkennbar – führten zu Zwangsspannungen und vielfach zur Zerstörung der Spannbetonschwellen.“ Das betroffene Schwellenwerk in Güsen produzierte für sozialistische Länder Spannbetonschwellen und musste Schwellenschrauben aus der Bundesrepublik Deutschland beziehen, um unbeschädigte Schwellen exportieren zu können.

International wurden für hochbelastete Betonelemente maximal 450 kg/m^3 Beton eingesetzt. In der DDR sind Zementeinsatzgrößen über 500 kg/m^3 keine Seltenheit gewesen. Daraus resultierte, dass bei Verwendung alkaliarmer Zemente mit zum Beispiel 0,6 Prozent Alkaligehalt und 500 kg Zement/m^3 Beton eine Masse von 3.000 g/m^3 Alkalien in den Beton eintrug und die kritische Grenze für die Auslösung von Schäden damit erreichte. Das traf für die Schwellenwerke in Güsen und Rethwisch zu.

Auf den Staatshaushalt kam ein immens hoher Sanierungsaufwand zu, allein für die Widerlager der Autobahnbrücke Kavelstorf mussten zwei Millionen Mark, für die Gleise im Reichsbahnnetz 300 Millionen Mark/Jahr bereitgestellt werden. Die Schäden sollten enden, indem alkaliarmer Zement produziert wurde. Das wäre möglich, so die Arbeitsgruppe, wenn der Alkaligehalt mit geeigneten einheimischen Zuschlagstoffen „abgepuffert“ würde, zum Beispiel durch Braunkohlenfilterasche, derer es genug gab. Aber: „Im Kraftwerk Hagenwerder zum Beispiel fällt eine geeignete alumosilivatische Asche in Höhe von ca. 1 Millionen Tonnen/Jahr an. Davon werden dem VEB Zementkombinat derzeitig rd. 160 Kilotonnen/Jahr zur Verfügung gestellt. Der auf ca. 100 ... 600 Kilotonnen/Jahr steigende Bedarf des Zementkombinates ist z. Z. aufgrund fehlender Umschlagskapazität in Hagenwerder nicht gesichert.

Bei schrittweiser Erhöhung der Filteraschenbereitstellung aus dem Kraftwerk Hagenwerder könnten ca. 200 kt Rohbraunkohle-Äquivalent volkswirtschaftlich eingespart, die Zementqualität und das Aufkommen stabilisiert sowie die Aschedeponiekosten in Hagenwerder verringert werden. Diese Effekte seien durch stärkere Nutzung anderer einheimischer Rohstoffe (z. B. Hüttenbims) weiter steigerungsfähig. International wird die Abpufferung von Zementen seit über 10 Jahren durchgeführt.“ Nicht in der DDR, da die Verladung nicht funktionierte. Immerhin produzierte das Zementwerk Deuna 1 im Jahre 1987 entsprechend dem Plan 1.483 Kilotonnen Zement mit einem Alkaligehalt von über 1,2 Prozent. Zur Begrenzung des Alkaligehaltes bis 1,0 Prozent im Zement waren für die Umstellung der Zementmühlen, Erweiterung der Bunkerkapazität und weitere Maßnahmen insgesamt ca. 35 Millionen Mark aufzuwenden. In Deuna II wurde ein Zement mit bis zu 1,3 Prozent Alkaligehalt hergestellt. Die Substitution des bisher aus der eigenen Lagerstätte eingesetzten Sandes durch unregenerierten Gießereisand aus dem VEB Gießereisand Nudersdorf (Nudersdorf wiederum nutzte Sande aus dem Deckgebirge des Braunkohlentagebaues Profen) führte zu einer Absenkung des Alkaligehaltes auf durchschnittlich 0,9 Prozent. Ein solches Verfahren kam den Zementwerken wegen hoher Kosten für den Transport von Nudersdorf nach Deuna zu teuer und unterblieb deshalb. Bereits 1974 erschien in der Bundesrepublik Deutschland eine vorläufige Richtlinie „Vorbeugende Maßnahmen gegen schädigende Alkalireaktionen im Beton“. Darin wurden Begrenzungen des Alkaligehaltes im Zement beim Einsatz opalhaltiger Zuschlagstoffe festgelegt. Durch das Amt für Standardisierung, Messwesen und Warenprüfung der DDR unterblieb es, entsprechende Schlussfolgerungen zu ziehen, schließlich wurden Schäden in der Bundesrepublik Deutschland und nicht die der DDR beschrieben.

Magdeburg-Rothensee: Gerissen infolge der Alkalireaktion (1992)

Alkaliarmer Zement wurde bis 1983 im Nass- oder Halbtrockenverfahren hergestellt. Mit dem neuen Trockenverfahren ließ sich viel Energie sparen. Nur enthielt danach der Zement einen zu hohen Alkaligehalt. Obwohl 1983 an alkaliarmen Zementen 57.000

Kiesaufbereitung im Betonwerk Rethwisch
Foto: Kniestedt

In Rethwisch wird fleißig produziert und keiner ahnt, dass die Schwellen nur von kurzer Lebensdauer sind (1987)
Foto: Emersleben

Tonnen in der DDR-Bilanz fehlten, wollte das Werk I des Zementwerkes Karsdorf seine „energieökonomischen Zielstellungen“ verwirklichen und begann, seine Ofenlinie zu „zersägen“. Auch der Schrottplan musste erfüllt werden. Der Minister für Verkehrswesen verhinderte mit seinem energischem Einspruch gegenüber dem Minister für Bauwesen die vom Zementkombinat vorgesehene Stilllegung des gesamten Werkes I im VEB Zementwerk Karsdorf.

Unabhängig vom Bericht des Ministerrates setzte das Zentralkomitee der Sozialistischen Einheitspartei Deutschlands eine eigene Arbeitsgruppe in Marsch mit dem Auftrag, „parteimäßig“ festzustellen, wer persönlich Schuld an der Misere habe. Ohne Kontakte mit Experten stellten die Parteiarbeiter unter anderem fest:

„Die Entwicklung und Produktion der Betonschwellen und Schleuderbetonmaste entsprach dem damaligen wissenschaftlich-technischen Erkenntnisstand und den darauf beruhenden Standards und Vorschriften in der DDR. Dabei muss berücksichtigt werden, dass die Ursachenermittlung auf Grund des Langzeitcharakters der Alkali-Kieselsäure-Reaktionen zum damaligen Zeitpunkt nicht eindeutig erkennbar war. Zeitraffende Prüfungen des Langzeitverhaltens des Betons führten nicht zu wissenschaftlich gesicherten Aussagen, die eine zwingende sofortige Veränderung des Vorschriften- und Standardwerkes erfordert hätten. Der Prozess des internationalen und des eigenen Erkenntnisfortschritts über die Schadensursachen bei Beton und wirksamer Methoden zur Vermeidung von Betonschäden infolge Alkali-Kieselsäure-Reaktionen vollzog sich über einen längeren Zeitraum. Zur Vermeidung von Betonschäden wurden von der Staatlichen Bauaufsicht des Ministeriums für Bauwesen und des Ministeriums für Verkehrswesen neue verbindliche Vorschriften erlassen. In den Jahren seit Beginn der Betonschwellenproduktion bis 1980 war die Betonforschung in der DDR unzureichend entwickelt. Das war mitbedingt durch das Fehlen von entsprechend ausgebildeten Fachkräften sowie moderner Prüf- und Labortechnik. Darauf sind auch die Versäumnisse, aus internationalen Veröffentlichungen über Betonschäden die Tragweite richtig zu erkennen und rechtzeitig die erforderlichen Konsequenzen zu ziehen, maßgeblich zurückzuführen. Die dargelegten komplexen Zusammenhänge erschweren auch den exakten Nachweis des bewußten oder fahrlässigen Verschuldens von Einzelpersonen bzw. Kollektiven."[88] Einen Schuldigen konnten die ZK-Mitarbeiter nicht finden.

Bislang ging die Meinung um, Alkalischäden treten nur im Norden der DDR auf, da in dem Gebiet glaziale Sande und Kiese verwendet werden. Die ZK-Arbeitsgruppe stellte jedoch fest, dass im Zeitraum 1983/84 verstärkt von Schäden an Betonen mit Zuschlagstoffen aus den mittleren und südlichen Bezirken der DDR dazu zwang, die Untersuchung auf alkali-empfindliche Bestandteile auch auf diese Gebiete auszudehnen. Dabei musste festgestellt werden, dass zum Beispiel bestimmte Splitte aus Grauwacken der Werke Oßling und Koschenberg ebenfalls alkaliempfindliche Bestandteile enthalten.

Eine bestimmte Erhöhung des Alkaligehaltes des Zementes ist auch durch die Energieträgerumstellung von Heizöl auf Braunkohlenbrennstaub eingetreten, da im Unterschied zu Öl oder Gas mit der Asche der Kohle Alkalien in den Brennprozess eingebracht werden. Besonders problematisch war in diesem Zusammenhang der Einsatz von Salzkohle aus dem westelbischen Förderraum, während die Lausitzer Kohle nur geringe Alkalibestandteile aufwies. Für die weitere Verringerung des Alkaligehaltes der Zemente stand die Aufgabe, neben den bereits in Produktion befindlichen Sortimenten „Alkaliarmer Zement" mit einem Alkaligehalt von kleiner als 0,6 Masse-Prozent (A-Zement) und von „Alkalireduziertem Zement" mit einem Alkaligehalt von kleiner als 0,8 Prozent (R-Zement) den zulässigen Alkaligehalt aller übrigen Zemente auf maximal 1 Prozent zu begrenzen."

Auf dem Bahnhof Berlin-Wuhlheide lagern die unbrauchbar gewordenen Schwellen

Foto: Emersleben

Im Falle der Betonschäden an den Schleuderbetonmasten durch Sulfattreiben wurde zum Beispiel ermittelt, dass dafür die Wechselwirkung von drei wesentlichen Faktoren die Ursachen setzte:

- Der Einsatz eines für diese Zwecke ungeeigneten Zementes mit hellem Gehalt an Trikalziumaluminat.
- Die Entmischung der Zement- und Zuschlagstoffbestandteile des Betons im Schleuderprozess.
- Eine zu forcierte Warmbehandlung des Fertigbetons und fehlende feuchte Nachbehandlung.

Schließlich kam man im Zentralkomitee zu dem Schluss: „Die Forschungs- und Entwicklungsarbeiten in den beteiligten Kombinaten des Bauwesens und in der Bauakademie der DDR wurden ohne ausreichende Koordinierung betrieben, wobei insbesondere die stoffliche Betonforschung vernachlässigt worden ist." Weiter heißt es in dem Bericht: „Immer deutlicher hat sich in den letzten Jahren herausgestellt, daß eine forcierte Wärmebehandlung des Betons zur Beschleunigung der Abbindeprozesse das Entstehen von Betonschäden begünstigt. Durch zu raschen Temperaturanstieg und zu hohe Temperaturen wird der normale Abbindeprozeß gestört. Bei späterem Zutritt von Feuchtigkeit werden dann chemische Prozesse ausgelöst, die zu Treibererscheinungen führen." Die Betonschwellen lagen, Wind und Wetter ausgesetzt, im Gleis und waren besonders gefährdet. Sie zerbröselten. Auf die Reichsbahn kam viel Arbeit zu. 1988 wurde die Aktion „Netzstabilisierung" ausgerufen, bei der jährlich auf bis zu 600 Streckenkilometer die Schwellen auszutauschen waren. Oberbaumaschinen und Gleisumbauzüge wurden gekauft, damit recht schnell wieder ein stabiler Oberbau wenigstens auf den Magistralen lag.

In Unseburg arbeitet ein mobiler Schwellenbrecher. Viel Volksvermögen muss vernichtet werden (1990)

Foto: Emersleben

Von Lokomotiven, Triebwagen, Personen- und Güterwagen

Bei der neuen Dampflokomotiv-Baureihe 65^{10} dürfen die „alten Hasen" noch mitreden. Bei Knappenrode 1979

Erster „Ausschuss zu Lokomotivbetriebsfragen"

Die Tagungen des Lokomotivausschusses hatten in Deutschland eine lange Tradition. Fachleute begleiteten mit Vorschlägen die Entwicklung der Dampflokomotiven. Die Tätigkeit des Lokomotivausschusses kam selbst in den Aufbaujahren nach Kriegsende nicht zum Stillstand. Die Reichsbahn behielt den Brauch der Tagungen bei und nutzte die Hinweise des Lokomotivausschusses, der mitunter seine Bezeichnung wechselte. Am 10. Mai 1951 tagte der „Ausschuss zu Lokomotivbetriebsfragen" über den Ausfall der Ruhrkohle und zu Bauarten von Schalldämpfern. Ein Ausschuss befasste sich 1952 mit systematischen Untersuchungen des Lokomotivbetriebes und der Beschaffung. Generaldirektor Erwin Kramer wollte als Techniker solche Mitglieder in dem Lokomotivausschuss sehen, die auf praktische Er-

Im Ausschuss werden die zahlreichen Baureihen und Unterbaureihen beklagt. Die Baureihe 75, von der die Lokomotive 75 501 als sächsische Variante hier auf dem Bahnhof Löbau (Sachs) steht, gehört auch dazu (1973)

fahrungen verweisen konnten. Hinzu kam, dass sich die Aufgaben des Technischen Zentralamtes schrittweise in die Versuchsanstalten verschoben, der alte Personenkreis nicht mehr zur Verfügung stand. Am 23. Januar 1956 wurde in Berlin ein neuer Mitgliederkreis von 13 Personen, vom Hauptverwaltungsleiter bis zum Lokomotivführer, berufen. Die Ausschusssitzung bezeichnete sich als erste, obwohl das nicht zutraf, denn die Reichsbahn hatte die Tagungen kontinuierlich fortgeführt.

Die Deutsche Bundesbahn kannte keinen Lokomotivausschuss. Ihr genügte das Bundesbahnzentralamt. Bei der Reichsbahn befassten sich die letzten Ausschusssitzungen bis 1959 mit Erleichterungen für den Heizer, das waren der Stoker und die Ölhauptfeuerung. Während dessen der Übergang zur Nachfolgetraktion vollzogen wurde, wurden die Hinweise immer spärlicher. Die Dampffachleute konnten bei der Diesel- und elektrischen Traktion nicht mitreden. In den Ausschusssitzungen plätscherten die Diskussionen bis in die Belanglosigkeit. Gleichzeitig profilierten sich die Versuchsanstalten der Deutschen Reichsbahn, besonders jene in Halle. Die Mitglieder des Lokomotivausschusses erhielten nach 1959 keine Einladungen mehr. Ihre Arbeit hatte sich erschöpft.

Die Ansprache zur Eröffnung der 1956er-Sitzung, mit der der Abteilungsleiter Lokomotivbetrieb, Erich Wagner, den Stand des Dampflokomotiveinsatzes in den ersten Aufbaujahren behandelte, sei an dieser Stelle auszugsweise wiedergegeben.[89]

Bevor eine Großperspektive für die künftige Gesamtentwicklung in der Zugförderungsstruktur ausgearbeitet wurde, war es erforderlich, den Dampflokneubau zur Deckung des betrieblichen Bedarfs für den Schmalspurbetrieb in Jahre 1952 aufzunehmen. Dem Dresdner Schmalspurnetz[90] wurden nach 1945 Schmalspurlokomotiven der Baureihe 1 E 1 (750 Millimeter) und der Harzquerbahn sowie dem Schmalspurbetrieb im Erfurter Bezirk im Jahre 1955 einige Loks für 1000-Millimeter-Spur (1 E 1) zugeführt. Dabei hat sich gezeigt, dass die Laufeigenschaften der 1 E 1–Lokomotive, 1000 Millimeter, auf der Harzquerbahn den dortigen Anforderungen nicht genügen. Für die in diesem Jahre von LOWA[91] Babelsberg auszuliefernden weiteren Lokomotiven dieser Serie musste daher eine Konstruktionsänderung vorgenommen werden, um diese Lokomotiven im dortigen Raum betriebssicher einsetzen zu können,

Für die stark überalterte Schmalspurlok IV K (sächsische Länderbauart) war ursprünglich als Ersatz eine 1 D 1-Heißdampflok mit acht Tonnen Achsdruck vorgesehen.

Als Ersatz für die Lokbaureihen 78, 62, 74, 64e, 75 und teilweise auch für die Baureihen 86 und 93 wurde die Lok der Baureihe 65^{10} mit einem Dienstgewicht von 120 Tonnen und der Achsfolge 1 D 2 geliefert. Den größten Teil davon betrieb die Reichsbahndirektion Halle. Als Ersatz für die vielen Splitterlokgattungen im Nebenbahnbetrieb ist eine Universal-Nebenbahnlok mit einem Achsdruck von 15 Tonnen und der Achsfolge 1 D 2 geschaffen und in die Baureihe 83 eingereiht worden. Die Neubauloks wurden zunächst in den Reichsbahndirektionen Halle und Magdeburg in Dienst gestellt. Von dieser Serie befand sich eine Lokomotive bei der Fahrzeugversuchsanstalt Halle. Diese Baureihe war gleichzeitig auch ein Ersatz für die Baureihen 86, 92, zum Teil auch 91, 93, 75 und der Schlepptenderlokomotiven mit niedrigem Achsdruck (G 7, G 8, G 8^1).

Beide Lokgattungen waren mit reichlichen Brennstoffvorräten zur Aufnahme von Brennstoffen von geringerem Heizwert versehen. Die ersten Betriebserfahrungen mit den Lokomotiven der Baureihe 83 zeigten, dass die Lokomotiven bei wirtschaftlichem Brennstoffverbrauch und guten Laufeigenschaften, ausgezeichnete Leistungen vollbrachten. Jedoch hafteten einzelnen Bauteilen noch Mängel an, die zur Außerbetriebsetzung der Lokomotiven führten. So entsprachen die dreiteiligen Achslagergleitplatten aus Werkstoff nicht den Anforderungen. Sie müssen bereits nach einer Laufzeit von rund 10.000 Kilometer durch andere Gleitplatten ersetzt werden, da der Werkstoff vor Einbau in die Neubaulokomotiven nicht genügend auf seine Haltbarkeit im Betrieb erprobt worden war.

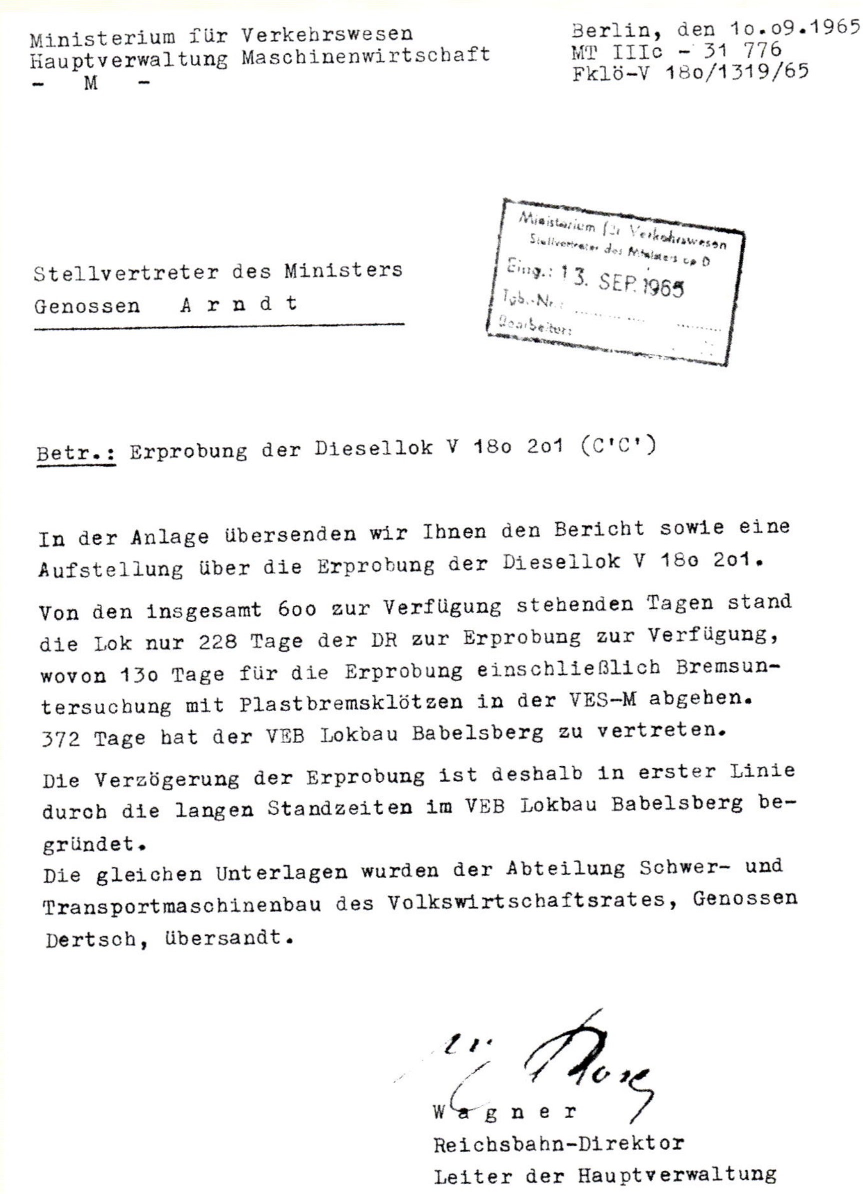
Ministerium für Verkehrswesen
Hauptverwaltung Maschinenwirtschaft
- M -

Berlin, den 1o.09.1965
MT IIIc - 31 776
Fklö-V 18o/1319/65

Ministerium für Verkehrswesen
Stellvertreter des Ministers
Eing.: 13. SEP. 1965
Tgb.-Nr.: ……
Bearbeiter: ……

Stellvertreter des Ministers
Genossen A r n d t

Betr.: Erprobung der Diesellok V 18o 2o1 (C'C')

In der Anlage übersenden wir Ihnen den Bericht sowie eine Aufstellung über die Erprobung der Diesellok V 18o 2o1.

Von den insgesamt 6oo zur Verfügung stehenden Tagen stand die Lok nur 228 Tage der DR zur Erprobung zur Verfügung, wovon 13o Tage für die Erprobung einschließlich Bremsuntersuchung mit Plastbremsklötzen in der VES-M abgehen. 372 Tage hat der VEB Lokbau Babelsberg zu vertreten.

Die Verzögerung der Erprobung ist deshalb in erster Linie durch die langen Standzeiten im VEB Lokbau Babelsberg begründet.
Die gleichen Unterlagen wurden der Abteilung Schwer- und Transportmaschinenbau des Volkswirtschaftsrates, Genossen Dertsch, übersandt.

W a g n e r
Reichsbahn-Direktor
Leiter der Hauptverwaltung

Der Leiter der Hauptverwaltung Maschinenwirtschaft beklagt sich beim Minister

Quelle: Barch DM 1-5304

Neben diesen Lokomotivgattungen sind noch zwei Baumuster der Baureihe 25 bzw. 25^{10} gebaut worden, die nach der Perspektive aus dem Jahre 1950 als Ersatz für die P 8–Lokomotive Verwendung finden sollten. Lokomotive 25 001 wurde als Kohlenstaublokomotive beim Bahnbetriebswerk Arnstadt eingesetzt. Diese Baureihe mit der Achsfolge 1 D, in Zwillingsausführung und 18 Tonnen Achsdruck, wurde nicht weiter gebaut, da entschieden worden war, als Ersatz für die P 8 eine 1 C 1 – Baureihe 23^{10} – zu schaffen.

Im Jahre 1954 wurde erstmals eine Gesamtperspektive für den Zugförderungsdienst – einschließlich Elektrifizierung – ausgearbeitet, die bereits im beachtlichen Umfang neben der Elektrifizierung die Verdieselung der Zug- und Rangierleistungen vorsah. Mit der Ausarbeitung eines Gesamtperspektivplanes (Elektrifizierung, Verdieselung, verbleibender Dampflokbetrieb, Kohlenstaublokumbau, Verbrennungstriebwagen und betriebsmaschinentechnischen Anlagen) war ein Ausschuss aus drei Mitarbeitern der Hauptverwaltung Maschinenwirtschaft beschäftigt. Wagner wörtlich: „Da zweifelsohne schon jetzt feststeht, dass im Übergangsstadium vom Dampflokzeitalter zum Zeitalter der Elektrifizierung und Verdieselung – in der weiteren Entwicklung zum Atomzeitalter auf dem Gebiet der Zugförderung – die Dampflok noch einen beachtlichen Sektor auf dem Gebiet des Schienenverkehrs einnehmen wird, ist nach gesamtwirtschaftlichen Gesichtspunkten eine sinnvolle Synthese von Dampflokneubau auf der Grundlage von Erfahrungen und technisch-wissenschaftlichen Erkenntnissen sowie der richtigen Rekonstruktion der Altbaulok durchzusetzen.

Sobald der endgültige Gesamtperspektivplan gebilligt ist, ist die Reduzierung der vielen Lokbauarten – gegenwärtig noch rund 120, wobei manche Baureihen noch 4 bis 5 Untergruppen aufweisen, wie beispielsweise die Baureihen 75, 92 – auf die für die Zugförderung noch unbedingt erforderlichen und wirtschaftlichen Lokbaureihen als nächste vordringliche Aufgabe zu lösen.

Wie bereits erwähnt, ist als Ersatz für die P 8 eine 1 C 1-Lokomotive mit gleichem Achsdruck wie die 38^{10-40} als Reihe 23 vorgesehen. Ale Ersatz für die Reihe 52 (50) wird eine 1 E-Lokomotive als Baureihe 50^{40} mit einem Achsdruck von 15 Tonnen gebaut. Von der bereits gelieferten Baureihe 65 werden im Jahre 1956 und 1957 noch weitere Lokomotiven gebaut, sodass dann insgesamt eine ausreichende Anzahl Lokomotiven dieser Baureihe vorhanden ist.

Der ursprünglich vorgesehene Ersatz der Reihe 01 durch eine leistungsstarke Schnellzug-Dampflok mit V_{max} = 130 km/h wird nicht realisiert. In der weiteren Perspektive soll die 2.400-PS-Diesellok mit V_{max} = 130 km/h dann diese 01-Leistungen übernehmen. Durch straffe Zusammenfassung der Schnell- und Eilzugleistungen in wirtschaftliche Lokdienstpläne muss erreicht werden, dass die hohen Anforderungen im Reiseschnellverkehr reibungslos erfüllt werden können. Durch Austausch müssen dann die zurzeit noch teilweise mit der 03 bespannten Eilgüterzüge mit der Baureihe 41 befördert werden. Die Schnellzuglok Baureihe 03 wird durch eine Diesellok von 1.800 PS seit einer Höchstgeschwindigkeit von 120 km/h ersetzt. Wichtig ist ferner der Ersatz der BR 58 bzw. 44 als schwere Güterzuglok mit 20 Tonnen Achsdruck. Neben der 2.400-PS-Dieselgüterzuglokomotive V_{max} = 75 km/h ist noch eine Dampflokomotive als Baureihe 45 geplant."

Zusammengefasst die Aufgaben des Lokomotivausschusses:

- Bewährung der Neubaulok und einwandfreie Diagnose ihrer Mängel und Beseitigung der Ursachen.
- Orientierung auf dem Gebiet des Dampflokbetriebes in Rahmen der Gesamtkonzeption bei der Entwicklung der Triebfahrzeuge.
- Perspektive für den noch verbleibenden Lokomotivpark und der noch erforderlichen Neubaulokomotiven mit dem Ziel der Reduzierung der Gattungen.
- Modernisierung der Altbaulokomotiven durch die Rekonstruktion.

Soweit die Ausführungen Wagners.

V 180 mit Ärger

Für manchen Beobachter blieb es ein Rätsel, warum die Deutsche Reichsbahn Diesellokomotiven aus der UdSSR bezog, glichen doch diese Fahrzeuge im Aussehen gar nicht den hierzulande bekannten Maschinen. Auch sprach sich herum, dass die „Taigatrommel" nicht nur unerträglich laut war und für weite, unbesiedelte Gebiete gebaut zu sein schien und ohne Zug-Heizanlage fuhr, für Reisezüge also ungeeignet sein musste. Wurde der Kauf aus politischen Gründen diktiert? Hing das mit der Arbeitsteilung im Rat für gegenseitige Wirtschaftshilfe zusammen?

Tatsächlich findet sich die Ursache für den Import in Berlin-Johannisthal. Der VEB Motorenwerke Berlin-Johannisthal sollte die Dieselmotoren schnelllaufender Bauart liefern, die der VEB Lokomotivbau „Karl Marx" in Potsdam einbaute. Die Reichsbahn benötigte nach der Baureihe V 180 eine stärkere Baureihe, die als Baureihe V 240 mit der Achsfolge C'C' fahren sollte. Der Lokomotivbau in Potsdam vereinbarte im März 1966 mit dem Motorenwerk die Lieferung von Dieselmotoren 12 VD 21/20 A mit einer Leistung von 1.200 PS für 1967 (2 Stück 1967, 65 Stück 1969, 70 Stück 1970). Die Entwicklung verlief nicht planmäßig, die Dieselmotoren kamen nicht zum vereinbarten Zeitpunkt. Das Potsdamer Werk musste für die serienreife Lokomotive einen Verzug von eineinhalb Jahren angeben. Weil das Motorenwerk die Motoren nur aus der Nullserie liefern würde, wollte der Lokomotivbau „Karl Marx" 1967/68 nur vier Baumuster der Baureihe V 240 an die Reichsbahn übergeben. Dem widersprach die Hauptverwaltung Maschinenwirtschaft auf der Grundlage von Ministerratsbeschlüssen.

Nicht als V 200 1001, wie hier auf der Leipziger Messe vorgeführt, übernimmt die Deutsche Reichsbahn die Lokomotive, sondern mit der Betriebsnummer V 180 059. Die Lokomotive hat eine von Formgestaltern entworfene Stirnfront

Foto: ZBDR

Im bergigen Thüringen führt die Baureihe 118 (ehemals V 180) Personenzüge. Die Reichsbahndirektion Erfurt ist mit der Stabilisierung der Motoren beschäftigt. Schleusingen 1973

Wenig ist die Baureihe 118 im Zittauer Raum zu sehen. Die Maschinen gehören meist zum Bahnbetriebswerk Görlitz. Zugkreuzung mit einem zweiachsigen Leichttriebwagen im Bahnhof Mittelherwigsdorf (Sachs) (1974)

Am 24. April 1967 stritten sich die Beteiligten bei der VVB Schienenfahrzeuge. Der Wirtschaftsvertrag sah für die Deutsche Reichsbahn an neuen Diesellokomotiven

- 5 für 1967
- 65 für 1969
- 70 für 1970

vor, was die mitwirkenden Industriezweige nicht schafften. Es fehlten „die Aggregate mit Serienreife und der Nachweis der vollen Betriebstüchtigkeit."[92] 1967 mussten die Dieselmotoren zum dritten Mal getauscht werden. In dem Jahr rechnete die Deutsche Reichsbahn mit einem Schaden von 1.702.000 Mark allein bei dieser Baureihe.[93] Auch nach 1970 wollte die Reichsbahn Lokomotiven dieser Baureihe kaufen, deshalb erläuterte der Vertreter der Hauptverwaltung Maschinenwirtschaft die Merkmale der Lokomotive, die nach 1970 zu liefern war. Bei den vorher gelieferten Maschinen erwartete die Reichsbahn die gleiche Grundkonzeption.

Die Industrie konnte die Forderungen der Deutschen Reichsbahn, die sich ja auf gesamtwirtschaftliche Entscheidungen, nämlich den Traktionswechsel, berief, nicht erfüllen. Die VVB Schienenfahrzeuge war zwar dafür, die in den Ministerrats-Beschlüssen enthaltenen Verpflichtungen einzuhalten, sah sich 1968 dazu außerstande, denn die Zulieferindustrie entwickelte keine Aggregate mit Serienreife. Die Vertreter der VVB gaben vor, nun zum ersten Mal etwas von einer elektrischen Zugheizung gehört zu haben. Eine solche Heizung gehörte auch zu dem, was nicht möglich war. Dampf von der Diesellokomotive sollte bleiben. Der VEB Lokomotivbau „Karl Marx" sah keine Möglichkeit, die von der Reichsbahn geforderten zwei Maschinenanlagen in einer maximal 19,6 Meter langen Lokomotive unterzubringen. Die für Dieselmotoren, Pumpen und Verdichter zuständigen VVB dachten bei der Zwei-Maschinen-Anlage an einen 16-Zylinder-Motor vom Typ VD 21/20, der jedoch nicht vor 1972/73 bereitstehen sollte. Um den Traktionswechsel war es damit nicht gut bestellt.

Als letzter Ausweg blieb das Vertragsgericht. Das war allerdings in der DDR-Volkswirtschaft ein Tiger mit stumpfen Zähnen. In der mündlichen Verhandlung forderte die Deutsche Reichsbahn vom Finalproduzenten, dem VEB Lokomotivbau „Karl Marx", 13.257.401 Mark Schadenersatz. Das Gericht gestand der Reichsbahn 12.574.985 Mark zu und legte zugleich fest, dass der VEB Motorenwerk Johannisthal den VEB Lokomotivbau „Karl Marx" mit dem Betrag entlasten musste. Der Vertragsstrafe lagen jedoch nicht die Verpflichtungen aus dem Wirtschaftsvertrag für die V 240 zugrunde, sondern die von der Reichsbahn beanstandete

Trotz mancher Probleme bleibt die Baureihe lange Zeit im Einsatz. Vor zwei Postwagen steht die Lokomotive 118 009 im Bahnhof Berlin-Lichtenberg (1986)

Auch im Güterzugdienst werden Lokomotiven der Baureihe V 180 (118) eingesetzt. Die Lokomotive 118 344 und 118 235 ziehen Kohlependelwagen an der Halle des Bahnhofs Görlitz vorbei (1978)

Qualität der V-180-Motoren, die zu Stillständen bei den Lokomotiven der Baureihe V 180 führten. Ministerium für Schwermaschinen- und Anlagenbau wie das „Deutsche Amt für Meßwesen und Warenprüfung" (DAMW) erkannten die schlechte Leitungstätigkeit im Johannisthaler Werk, der sich in VEB Kühlautomat Berlin umbenannt hatte. Dieser VEB konnte den hohen Betrag nicht zahlen und beantragte, die Vertragsstrafe zinslos über die Jahre bis 1975 zu verteilen. Die Hauptverwaltung Maschinenwirtschaft wollte nur drei Raten bis 1970 gewähren. Der VEB Kühlautomat zahlte 1968 der Reichsbahn 2,0 Millionen Mark und stellte den Antrag, den Restbetrag zu erlassen. Begründet wurde das mit guten Leistungen im Jahre 1968 und Preissenkungen für Motoren. Der VEB Kühlautomat fürchtete die Zwangsabbuchung des Restes der noch offenen Vertragsstrafe. Listiger Hinweis an die Hauptverwaltung Maschinenwirtschaft: Bei einer Besprechung für ein Fährschiff habe doch der Minister für Verkehrswesen Kramer eine Überprüfung zugesagt. Der Minister hatte jedoch erklärt, dass ein Nachlass nicht möglich ist. Nun verkündete der VEB Kühlautomat, wenn die Zwangsabbuchung vorgenommen wird, müsste ein „Stabilisationsverfahren" beantragt werden, also eine Art sozialistischer Konkurs. Der hätte zu Folge, dass für den Betrieb die Gesamtschulden entfallen, zugleich die Dieselmotorenproduktion eingestellt wird.

Im Ministerium für Verkehrswesen waren die Zuständigen empört. Die Angelegenheit sollte wohl auf Kosten der Werktätigen der Deutschen Reichsbahn geregelt werden. Da musste gehandelt werden. Man einigte sich mit dem VEB Kühlautomat auf einen Kompromiss. Statt 12 Millionen Mark eine Garantieverlängerung von 12 auf 24 bzw. 30 Monate für die gelieferten Dieselmotoren. Die Forderung wurde bei der Hauptbuchhaltung der Reichsbahn zulasten zentraler Kosten ausgebucht. Wenigstens erreichte die Reichsbahn,

- während des Zusatzgarantiezeitraums die Unterhaltungskosten zu senken
- die Reparaturkapazität zu entlasten
- dass Ersatzteile schneller und bevorzugt geliefert wurden, auch für Diesel-Motore, deren Garantiezeit schon abgelaufen war
- dass die Lieferpreise für Lokomotiven und Ersatzmotoren nicht erhöht wurden.

1970 erhielt die Hauptverwaltung Maschinenwirtschaft die Zusage, die restlichen Dieselmotoren würden vorfristig eintreffen. Zehn Motoren waren für Lokomotiven der Baureihe 110 und 118 bestimmt, die ohne Motor standen. Von der Baureihe V 240 war keine Rede mehr. Das hatte zur Folge, dass etwa 40 Güterzüge des internationalen Verkehrs und 40 Fern-Reisezüge weiterhin mit Dampflokomotiven gefahren werden mussten. Reisezeitverkürzungen entfielen, da Wasserhalte die Reisezeiten verlängerten. Das traf besonders auf die Verbindung Bad Schandau – Berlin/Seddin und Gutenfürst – Skandinavien zu.[94] Den VEB Strömungsmaschinen Pirna traf es am stärksten, als entschieden wurde, die Baureihe V 240 nicht zu produzieren, waren bis 1968 bei ihm bereits 18,5 Millionen Mark Entwicklungskosten, die sich nicht amortisierten, und 40 Millionen Mark Investitionen ausgegeben. Mit der Bildung eines Kombinats und der Verlagerung der Produktion auf den Betriebsteil Dresden musste der nunmehrige Betriebsteil sein Profil verändern. Die Verluste wurden nicht geringer. Dabei galt der VEB Strömungsgetriebe Pirna als einziger Konkurrent weltweit gegenüber der Firma Voith in St. Pölten und Heidenheim. Die Strömungsgetriebe aus Pirna oder Dresden eigneten sich, die bisher in den Lokomotiven der Reichsbahn eingebauten 500 Voith-Getriebe aus St. Pölten zu ersetzen. Bei den Baureihen V 100, V 180[1,2] und SVT 18 wurden die Johannisthaler Motoren verbessert, dagegen traten neue Probleme als Typenschäden auf, hauptsächlich Kolbenanrisse.

Im Ministerium für Verkehrswesen war bereits 1967 die Entscheidung zugunsten sowjetischer Diesellokomotiven gefallen, brauchte doch die Reichsbahn für den Güterzug- und schweren Reisezugdienst Diesellokomotiven mit höherer Leistung, als die

Lokomotive 118 341 aus Richtung Arnsdorf (b Dresden) vor dem Bahnhof Kamenz (Sachs) (1987)

DDR-Industrie solche herzustellen beabsichtigte. Im November 1968 stimmten die Minister für Schwermaschinen- und Anlagenbau der DDR und der UdSSR die Anzahl der Importlokomotiven ab. Zwischen 1971 und 1975 sollte die UdSSR 480 Lokomotive der Baureihe V 300 und 533 Lokomotiven der Baureihe V 400 liefern. Das entsprach dem Programm der Traktionsumstellung, das außerdem 100 Lokomotiven der Baureihe V 200 im Jahre 1969 vorsah.[95] Dass sich das Ministerium für Verkehrswesen der DDR und die Reichsbahn mit den sowjetischen Diesellokomotiven neuen Ärger einhandelten, sah 1967/68 noch niemand, blieb auch ein Tabu, obwohl schon 1967 umfangreiche Mängellisten zur V 200 geführt wurden. Zu einer vom 20. Oktober 1967 bemerkte der Stellvertreter des Ministers Marktscheffel nichtssagend: „Wie werden die Probleme in der Leitungstätigkeit berücksichtigt?“[96]

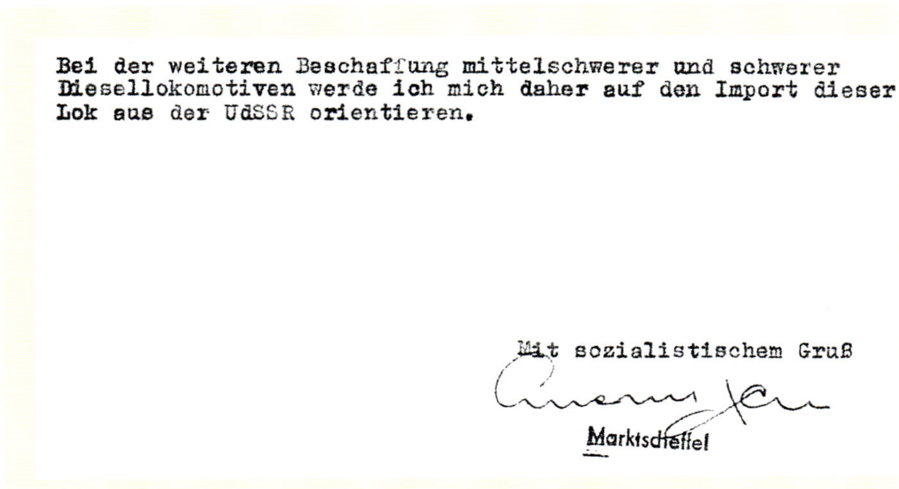

Bei der weiteren Beschaffung mittelschwerer und schwerer Diesellokomotiven werde ich mich daher auf den Import dieser Lok aus der UdSSR orientieren.

Mit sozialistischem Gruß

Marktscheffel

Ein Stellvertreter des Ministers für Verkehrswesen ist auf die Baureihe V 180 sauer und hofft auf bessere Lokomotiven aus der UdSSR *Quelle: DM 1-4703*

Herkules-Kräfte auf der Schiene, aus der Ukraine

Von Anfang an lehnten Vertreter der DDR-Industrie den Import von Diesellokomotiven ab, lobten ihre eigenen Erzeugnisse und vergaßen die diversen Probleme, die die Deutsche Reichsbahn mit ihnen hatte. Jedoch vereinbarten schon am 19. Juli 1963 in Moskau die Staatlichen Plankommissionen der UdSSR und der DDR auf Wunsch der Deutschen Reichsbahn, dass die DDR[97] 200 „Hauptstrecken-Diesellokomotiven des Typs M 62 mit 2.000 PS“ erhalten sollte. Die Verkehrsministerkonferenz bestätigte die Vereinbarung.[98] In einem Schreiben vom 12. März 1964 bat der Minister für Verkehrswesen der DDR, Dr. Erwin Kramer, den Stellvertreter des Vorsitzenden des Ministerrats und Vorsitzenden der Staatlichen Plankommission, Dr. Erich Apel, der Beschaffung von 200 Diesellokomotiven aus der UdSSR[99] zuzustimmen und dem Ministerium für Außenhandel der DDR den entsprechenden Auftrag zu erteilen. Der Import dieser Lokomotiven würde die Traktionsumstellung bei der Deutschen Reichsbahn wesentlich beschleunigen und damit sehr schnell weitere große Mengen fester Brennstoffe einsparen. Außerdem würden in der Lokomotivbauindustrie der DDR solche Kapazitätsinvestitionen vermieden, für die nach Deckung des ersten Bedarfs keine Auslastung gewährleistet war. Zum anderen waren die Diesellokomotiven aus der UdSSR mit hochleistungsfähigen und im Eisenbahnbetrieb bewährten Aggregaten ausgerüstet, die aus der in großen Serien gebauten Standard-Diesellokmotive TЭ 3 stammen. Entsprechend dem vorbereiteten Vertrag würden sich die Kosten nach der Bilanzierung von 1963 auf 226.500 Rubel (1.170.000 DM [der DDR] einschließlich 10 % Handelsspanne) je Lokomotive belaufen. Damit war die V 200 um cirka 500.000 Mark preisgünstiger als die V 180. Der Import sollte in den Jahren 1965 bis

Der erste Vertrag über die Lieferung von Diesellokomotiven wurde in Berlin zwischen den Exportbetrieben und der Hauptverwaltung Maschinenwirtschaft unterzeichnet. Rechts in Uniform der Hauptverwaltungsleiter Roland Wagner (1969)
Foto: Sammlung Schnabel

1968 stattfinden, da in diesem Zeitraum der größte Bedarf an Diesellokomotiven bei der Reichsbahn vorlag. Durch die Baureihe V 200 sollten Dampflokomotiven der Baureihe 41, 44, 50, 52, 58, 58 Kohlenstaub und 95 abgelöst werden; in den Bahnbetriebswerken Rostock und Saalfeld zum Abschluss der Dampftraktion die ölgefeuerte Baureihe 44 ersetzt werden. Soweit der Minister.

Die neuen Diesellokomotiven würden den Motor 14 D 40 als Langsamläufer erhalten. Mehrarbeiten in den Bahnbetriebswerken entstünden durch Bürstenwechsel, denn die sowjetischen Lokomotiven fuhren mit dieselelektrischem Antrieb. Den kannte die Reichsbahn nur durch die tschechoslowakische Importlokomotive V 75.

In Moskau erhielt der Minister die Zusicherung, dass Verschleißteile in einem solchen Umfange geliefert würden, wie das bisher noch nicht bekannt war. Der Verschleißteilstock garantiere die kurzfristige Beseitigung kleiner Schäden für die Dauer von ca. drei Jahren. Da sehr viele Teile, Bauelemente und Aggregate aus der sowjetischen Standardreihe TЭ 3 stammten, bestehe die Gewähr dafür, dass alle Ersatzstücke während der Lebensdauer der Lokomotive V 200 (25 Jahre) geliefert werden können. Weil der Dieselverbrauch keine Sorge bereitete, jedoch die festen Brennstoffe (Steinkohle), bei den meisten Dampflokomotiven sich der Arbeitskräfteeinsatz reduzieren ließ (1,5 auf 1) und die Deutsche Reichsbahn „den Anschluss an den Weltstand im Traktionswandel" glaubte gefunden zu haben, breitete sich eine allgemeine Zufriedenheit bei den Entscheidungsträgern aus. In der Konzeption der Hauptverwaltung Maschinenwirtschaft vom 25. Juli 1964 hieß es abschließend: „... für den wirtschaftlichen Einsatz der V 200 ebenso wie für die Erhaltung und Unterhaltung bei der DR [sind] die Voraussetzungen gegeben und [bestehen] keine größeren Schwierigkeiten. Durch den Einsatz der V 200 treten im Gegenteil [sic!] volkswirtschaftliche Einsparungen auf, durch die der notwendige Valuta-Bedarf für den Import der Ersatzteile für die laufende Erhaltung vertreten werden kann."[100]

Oberreferent Carl Schwerin vom Ministerium für Verkehrswesen der DDR (links im Bild) koordiniert als „Sonderbevollmächtigter für Import-Triebfahrzeuge" für die Deutsche Reichsbahn den Import und Einsatz der sowjetischen Diesellokomotiven. Ihm gratulieren zu seinem Geburtstag zwei Abteilungsleiter im Ministerium für Verkehrswesen, Emmerlich und Schnabel (1989)
Foto: Sammlung Schnabel

Mit dieser Ansicht wird der Besucher 1971 am Eingang der Lokomotivfabrik empfangen. Der Spruch über den Schautafeln würdigt das Jubiläum des Werkes. Es wurde von dem Chemnitzer Hartmann gegründet
Aus: Diesellokomotivfabrik Woroschilowgrad

Die Reichsbahn brauchte jedoch noch stärkere Diesellokomotiven, die sich für den universalen Einsatz, also auch für schwere Reisezüge, eigneten. Bei den genannten Verhandlungen war festgelegt worden, dazu umgehend Gespräche zu führen, und zwar noch im August 1963. Durch einen Briefwechsel zwischen dem Minister Kramer und dem Minister für Eisenbahnwesen der UdSSR, Beschtschew, wurde bekannt, dass die Lokomotiven zum gewünschten Zeitpunkt noch nicht fertig gestellt sein würden, so dass die Abstimmung verschoben wurde. Die Staatliche Plankommission der DDR drängte Kramer, aktiv zu werden. Vermutlich wollte die Plankommission die Zahlungsmittel für eine Erfolg versprechende Position einplanen. Die Abstimmung in Moskau fand nunmehr vom 28. Februar bis 6. März 1964 statt. Danach wurde Kramer darüber unterrichtet, dass der Import von 3.000- bis 3.500-PS-Lokomotiven erst von 1969 an möglich wäre. Bis zu diesem Zeitpunkt könnten nur 2.000-PS-Lokomotiven geliefert werden. Minister Kramer stimmte dem notgedrungen zu.

Am 27. Mai 1964 traf erstmals eine Delegation der Deutschen Reichsbahn und des DDR-Außenhandels beim Herstellerwerk der V 200 ein und sah zum ersten Mal eine Lokomotive der Reihe. Die Eisenbahnergruppe bestand aus drei Mitarbeitern der Hauptverwaltung Maschinenwirtschaft, einem des Reichsbahnausbesserungswerkes Dessau und einem der Versuchs- und Entwicklungsstelle der Maschinenwirtschaft. Die „Technischen Bedingungen“, ein Kundendienstvertrag und ein Liefervertrag über 150 Lokomotiven wurden erarbeitet, jedoch nicht unterzeichnet, da die finanzielle Situation noch unklar war. Es gab im Sommer 1964 beim Volkswirtschaftsrat der DDR noch keine Entscheidung, ob wirklich Die-

In Lugansk/Woroschilowgrad steht das Werk des Herstellers der Baureihe 120 bis 142 (gelber Pfeil), von der Reichsbahn abgenommen werden die Lokomotiven in Korolewo an der westlichen Grenze der UdSSR (weißer Pfeil)
Karte: Volk und Welt, Leipzig 1958

Hust, der Übergabeort für die Diesellokomotiven an die Deutsche Reichsbahn. Die Aufschrift an der Stele am Stadteingang ist für die ukrainische und ungarisch sprechende Bevölkerung gedacht (1971)
Foto: Eule

sellokomotiven aus der UdSSR importiert werden sollten. Immer noch liebäugelte man beim Kombinat Schienenfahrzeuge, die Lokomotiven für die Deutsche Reichsbahn selbst herzustellen. Auch ging es der Plankommission um die Kraftstoffbilanz. Jedoch keine Probleme gäbe es mit der Finanzierung, die sei durch einen Valutaausgleich gesichert. Die UdSSR stand bei der DDR im Minus. Immerhin ließen sich Details zur „germanisierten“ Diesellokomotive abstimmen, das heißt Forderungen und Zusagen protokollieren. Zur wichtigsten Forderung gehörte, dass die in der DDR üblichen Kraftstoffe und Motorenöle verwendet werden dürfen. Ohne eine Zusage dafür werde die DDR vom Import absehen. Weitere Forderungen der Reichsbahn und Verkäuferreaktionen in Kurzfassung:

Heizkessel – Hersteller lehnt ab, da die Lokomotiven nur für den Güterzugdienst und ohne Heizkessel entwickelt wurden. Platz fehlt dafür.

KE-Bremse – Einbau nur, wenn die DDR die „Beistellung“ vornehme, das heißt sie liefern wird. Die Delegation lehnt die sowjetische Bremse aufgrund schlechter Erfahrungen ab.

Raddurchmesser – Vergrößerung von 1.050 Millimeter auf 1.100. Mit vorgesehenen Drehgestellen nicht möglich.
Bremssohlen – DR-Bauart nicht möglich. (Im reichsbahneigenen Werk Arnstadt werden später geeignete gegossen.)

Steuerspannung – Umbau von 75 Volt auf 24 Volt abgelehnt, da in der UdSSR „tausendfach“ bewährt. Die Hauptverwaltung Maschinenwirtschaft wollte jedoch sowjetische Glühlampen nicht importieren. Ausweg: Batterie wird mit 24 Volt angezapft.

Zug- und Stoßvorrichtung – An den Friktionsapparat der sowjetischen Kupplung wird der Zughaken angebaut. Puffer und Schraubenkupplung nach UIC-Norm sowie Bremskupplung werden als einzige Zulieferteile vom Hersteller bereitgestellt (und bereits in der UdSSR angebaut).

Sprache – Dokumentation nicht in deutscher Sprache, aber an der Lokomotive die Instruktionen und die Anschriften deutsch.

Abnahme – Da in der UdSSR nur mit Drehgestellen von 1.524 Millimeter Spurweite erprobt werden kann, Abnahmefahrten vom Reichsbahnausbesserungswerk Dessau in

Mit den vorhandenen Arbeitsbedingungen mussten die Reichsbahner zurechtkommen. Der Wagen – als „Blauer Salon“ bezeichnet, war in Korolewo ihr Büro, in dem es zur Winterzeit empfindlich kalt sein konnte
Foto: Eule

Eisenbahner der sowjetischen Eisenbahn und Wolfgang Eule, auf mehrere Jahre in die Ukraine delegiert für die Abnahme (stehend 2. von rechts), vor der Lokomotive V 200 067 in Korolewo
Foto: Sammlung Eule

der DDR. Schließlich stimmte nach ausführlicher Aussprache die DDR-Delegation zu,

- Werkabnahmefahrten auf der Spurweite von 1.524 Millimeter
- Endabnahme im Gebiet der Grenzstation Tschopp auf der Spurweite von 1.435 Millimeter, sodass Probefahrten auf originalen Drehgestellen möglich sind. Hersteller werde in Tschopp eine umfangreiche Basis für alle Exportlieferungen an die Eisenbahnen DR, ČSD, MÁV, BDŽ und PKP einrichten.
- Abnahmefahrten mit Inspektoren des Ministeriums für Verkehrswesen der DDR und des Ministeriums für Eisenbahnwesen der UdSSR gemeinsam. Abnahme nur, wenn beide Inspektoren unterschreiben.
- Überführung in die DDR nach Bad Schandau im kalten Zustand in Begleitung durch Eisenbahner der Deutschen Reichsbahn.
- In Dessau Aufrüstung und eine Probefahrt. Danach Beginn der Gewährleistungsfrist.
- Anstrich, Grundfarbe bordeauxrot, Untergestell dunkelgrau, Dach hellgrau, Zierstreifen gelb.

Die Baureihe blieb ohne Zugheizeinrichtung und ohne Anlage für eine zentrale Energieversorgung im Zug, auf die sich die Reichsbahn orientierte. Die Dampfheizung sollte in Zügen der Reichsbahn zur Vergangenheit gehören. Nicht gesprochen wurde vom Schallschutz. Die überlauten eigenartigen Motorengeräusche trugen später der Baureihe den Spitznamen „Taigatrommel" ein, auch wenn sich die Reichsbahn intensiv um die Geräuschminderung im Freien mühte.

Nach der Rückkehr von den Verhandlungen empfahl die Delegation dem Minister für Verkehrswesen, die Lokomotiven dieser Baureihe zu importieren. Sie sollte bei der Reichsbahn die Baureihenbezeichnung V 200 erhalten.[101] Immer noch wurden Auseinandersetzungen mit der DDR-Fahrzeugindustrie geführt, die viel von ihrer Baureihe V 180 hielt. Bei einer hitzigen Debatte am 4. August 1964 entschied der Staatssekretär Helmut Scholz vom Ministerium für Verkehrswesen, die Reichsbahn solle 160 Lokomotiven der Baureihe V 200 erhalten, denn angesichts der fehlenden 2.700 Eisenbahner im Lokomotivfahrdienst brauche die Eisenbahn sofort zuverlässige Lokomotiven, auch wenn eine Zugheizanlage oder Energieversorgung fehle. Am 23. Juli 1964 wurde in Berlin der Liefervertrag unterzeichnet.

Die Deutsche Reichsbahn betrachtete die Baureihe V 200 nur als Zwischenstufe und brauchte zumindest zwei Lokomotiven zur Erprobung noch im Jahre 1964. Abgestimmt waren Lieferungen von 1966 bis 1970. Im September 1964 ließ sich der sowjetische Außenhandelsbetrieb auf den 64er-Termin nicht mehr ein, da vorher die Volksrepublik Ungarn die ersten 20 Lokomotiven als Vorserie erhalten sollte. Im I. Quartal 1965 könne

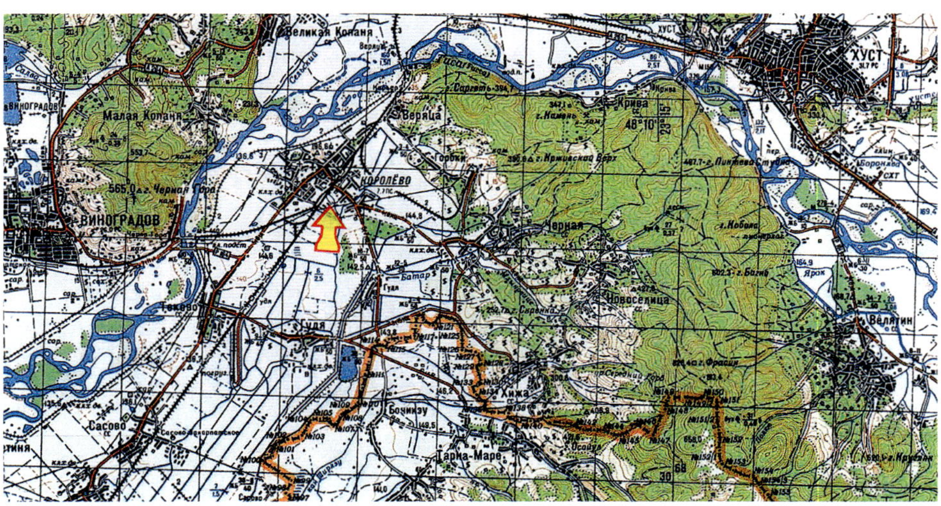

Übernahmeort Korolewo (Pfeil), rechts auf dem Bild Hust und links Winogradow mit der Strecke in Richtung slowakische Grenze. Der mäandrierende Fluss ist die Theiß
Quelle: Transkarpato, Kiew 1990

die DDR mit den Lokomotiven rechnen. Schließlich wurden die Jahreslieferungen abgestimmt und später widerrufen. Die Deutsche Reichsbahn brachte für 1968/69 noch sechs Rangierlokomotiven mit der Leistung von 1.000 bis 1.500 PS ins Spiel. Überrascht hörten die Vertreter der Hauptverwaltung Maschinenwirtschaft vom sowjetischen Außenhandel: Die Produktion von Diesellokomotiven der Type M 62 läuft nicht so an, wie das bei der Abstimmung im Juni im Herstellerwerk dargelegt worden ist. Die beiden Baumuster, die der DDR-Delegation vorgeführt wurden, befänden sich zurzeit noch in der Werkserprobung. Bis September hatte keine DDR-Delegation eine auf Mitteleuropa zugeschnittene und funktionsfähige M 62 (V 200) gesehen, denn im Juni 1964 sah man nur Prototypen.

Für die Abnahme der neuen Lokomotiven richtete das Werk eine sogenannte Basis ein, nicht in Tschopp, nicht in dessen Nähe, sondern auf dem Bahnhof Korolewo[102], 77 Kilometer von Tschopp entfernt. Ausgesucht wurde der Bahnhof, weil zur ukrainisch/slowakischen Grenze hier die normalspurige Strecke als Dreischienengleis begann, die Probefahrten mit den für die Reichsbahn vorgesehenen Radsätzen ermöglichte. Der kleine Ort Korolewo liegt an dem Fluß Theiß[103] in den Westkarpaten. Die Bevölkerung spricht überwiegend ungarisch, denn bis 1945 gehörte der Landstrich zu Ungarn, bevor er als Kriegsfolge von Stalin der Ukraine zugeordnet wurde. Größere Orte in der Nachbarschaft sind Winogradow[104] und Hust[105]. Die „Basis" bestand aus einem Umspurgleis im Lokomotivdepot und einem Wagenkasten für Büroarbeiten.

Basis in Korolewo

Als die „Basis" am 3. Februar 1967 eingerichtet war und von vier Eisenbahnern der Abnahmegruppe übernommen wurde, hatten schon 16 Lokomotiven die UdSSR zur Reichsbahn verlassen. Vier Eisenbahner in Korolewo und mindestens zwei, die die Maschinen von der Grenzstation Tschopp[106] abholten – der von der Reichsbahn getragene Aufwand für Kosten, Personal und Logistik war nicht niedrig. Die V 200 017 war die erste Maschine, die in Korolewo abgenommen und durch die Tschechoslowakei über Žilina – Nymburk nach Bad Schandau überführt wurde.

Die DDR-Eisenbahner, die mit dem Leben in der Ukraine zurechtkommen mussten, waren nach einem Schnellkurs in Russisch in die Karpaten geschickt worden und bezogen in einem Hotel von Winogradow Quartier. Diese Herberge mit kleinen Zimmern, im Winter ungeheizt, von Ungeziefer befallen und anderem Ärger veranlasste die Gruppe, nach Hust umzuziehen. Das Tagegeld zusätzlich zum Gehalt betrug 8,50 Rubel (29,75 Mark der DDR) und ließ große Sprünge nicht zu, doch die bescheidenen Verhältnisse in der Ukraine bewahrten vor großen Geldausgaben. Das Tagegeld konnte angespart werden für Bestellungen bei der DDR-Firma Genex, die dafür seltene Gebrauchsgüter vorrätig hielt. Schwierig wurde es mit Telefongesprächen in die Heimat. Fast nur nach 22 Uhr ermöglichte die gestöpselte Verbindung über Moskau ein Gespräch mit einem

Mit dem Vorheizgerät erwärmen die Eisenbahner des Bahnbetriebswerks Güsten den Dieselkraftstoff bei der Lokomotive V 200 082

Foto: Sammlung Rampp

Im Führerstand einer Lokomotive der Baureihe 120 sitzt Lokomotivführer Blütevogel (1983)

Foto: Sammlung Rampp

Noch fahren Güterzüge mit Dampflokomotiven, immer mehr sieht man sowjetische Diesellokomotiven der Baureihe 131 – wie hier bei Gatersleben, und die Diesellokomotive soll immer vor der Dampflokomotive fahren (1974)

Leiter der Hauptverwaltung, um sich Instruktionen für zweifelhafte Fälle holen zu können. Selten kam nach Korolewo der Staatssekretär, Dr. Heinz Schmidt, oder der „Sonderbevollmächtigte für den Import von Triebfahrzeugen“ der Hauptverwaltung, Carl Schwerin, denen man Beschwerden über den ungeheizten Wagenkasten und Ähnliches vortragen konnte. Sonst mussten sich die Eisenbahner selber helfen.

Die Zentrale Energieversorgung fehlt noch. Die Leistung wird voll genutzt und die mögliche Geschwindigkeit niedriger gehalten. So entsteht außer Plan die Baureihe 131. Eisenach 1973

Продолжение

Номер рисунка	Номер по каталогу	Номер чертежа детали или узла	Наименование, ГОСТ	Количество на узел	Вес, *кг*	Примечание
46	07573		Ключ 17—19, ГОСТ 2839—62	1	0,08	
	07574		Ключ 22—24. ГОСТ 2839—62	1	0,095	
	07575	ТЭ3.28.195	Масленка на 4 *л*	1	0,4	
	07576	ТЭ109.20.45.104	Ключ для регулировки тяги тормоза	1	0,3	
	07577		Плоскогубцы универсальные, ГОСТ 5547—22	1	0,15	
	07578	ТЭ2.28.41г6	Фонарь сигнальный	1	0,6	
	07579		Шприц общего назначения, ГОСТ 8043—56	1	0,4	
	07580	ТЭ3.28 300	Шланг для слива топлива	1	0,6	
	07581	Ш—1—39110—10А	Рычажный шприц	1	0,45	
	07582	ТЭ3.28.1008	Винтовой шприц	1	0,3	
	07583	ТЭ109.90.45.014	Приспособление для снятия поводков	1	0,3	
	07584	ТЭ109.90.45.030	Ключ	1	1	
	07585	ТЭ3.28.196	Ведро на 10 *л*	1	0,4	
	07586	ТЭ3.28.230	Термос	1	0,35	
	07587	ТЭ3.28.252	Фильтр для масла	1	0,4	
	07588	ТЭ3.28.466	Кружка	1	0,25	
	07589	ТЭ3.28.196	Ведро с сеткой на 8 *л*	1	0,45	
	07590		Бидон на 10 *л*, ГОСТ 5105—43	3	0,7	

Fortsetzung

Nummer des Bilds	Nummer nach den Katalog	Nummer der Zeichnung des Teils bzw. der Baugruppe	Benennung, ГОСТ	Anzahl pro Baugruppe	Masse, kg	Anmerkung
46	07573		Schlüssel 17—19, ГОСТ 2839—62	1	0,08	
	07574		Schlüssel 22—24, ГОСТ 2839—62	1	0,095	
	07575	ТЭ3.28.195	Schmierkanne für 4 l	1	0,4	
	07576	ТЭ109.20.45.104	Schlüssel zum Einstellen der Zugstange der Bremse	1	0,3	
	07577		Vielzweck-Flachzange, ГОСТ 5547—22	1	0,15	
	07578	ТЭ2.28.41г6.	Signallaterne	1	0,6	
	07579		Fettpresse für allgemeinen Gebrauch, ГОСТ 8043—56	1	0,4	
	07580	ТЭ3.28.300	Schlauch zum Kraftstoffablassen	1	0,6	
	07581	Ш—1—39110—10А	Handhebelpresse	1	0,45	
	07582	ТЭ3.28.1008	Schpindelpresse	1	0,3	
	07583	ТЭ109.90.45.014	Vorrichtung zum Abbau der Steuerschenkel	1	0,3	
	07584	ТЭ109.90.45.030	Schlüssel	2	1	
	07585	ТЭ3.28.196	Eimer für 10 l	1	0,4	
	07586	ТЭ3.28.230	Thermosflasche	1	0,35	
	07587	ТЭ3.28.252	Ölfilter	1	0,4	
	07588	ТЭ3.28.466	Krug	1	0,25	
	07589	ТЭ3.28.196	Eimer mit Sieb für 8 l	1	0,45	
	07590		Blechkanne für 10 l, ГОСТ 5105—43	3	0,7	

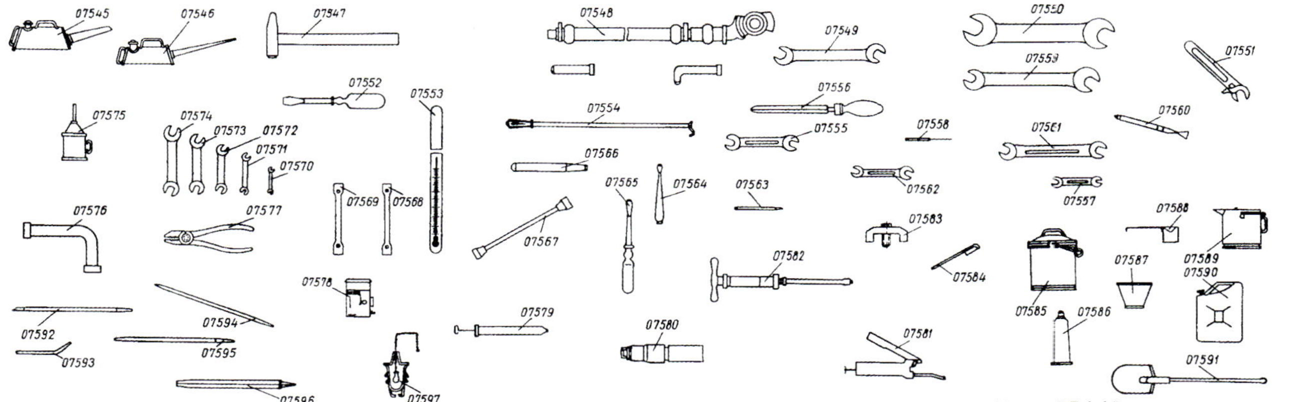

Рис. 46. Установка инструмента, посуды и принадлежностей. Bild 46. Aufstellung des Werkzeugs, Geschirrs und Zubehörs.

Mitgelieferte Kleinteile mit der Bezeichnung in Russisch und mit deutscher Übersetzung *Aus: „Ersatzteile zur Diesellokomotive", Woroschilowgrad*

Ankunft der ersten Lokomotiven

Ohne „Basis" trafen die Vorauslokomotiven ein (V 200 001 und 002) und wurden von der Versuchs- und Entwicklungsstelle für die Maschinenwirtschaft auf den Strecken Halle (Saale) – Reußen, Halle (Saale) – Köthen, Halle (Saale) – Wittenberg zum Leistungsverhalten und auf der Strecke Gräfenhainichen – Burgkemnitz mit Schwinggebern auf die Laufgüte erprobt. Sofort musste geändert werden, dass die Lokomotive bei der Inbetriebnahme im Schmieröl- und Kühlwasserkreislauf die Temperatur von + 20 °C erreichte. Dazu sollte eine stationäre, dampfbeheizte Vorwärmanlage benutzt werden. Die Prüfungen ergaben ein gutes Ergebnis, wenn mit 85 km/h gefahren wurde, also im für die Baureihe vorgesehenen Geschwindigkeitsbereich. Mit den gelieferten Bremsklötzen ließ sich der geforderte Bremsweg nicht einhalten, beeinträchtigten Stahleinlagen bei den Bremsklötzen die Reibwerte negativ. Graugussbremsklötze aus Arnstadt erfüllten die Forderungen zum Bremsweg. Während die Räume zwischen Maschinenanlage und Führerstand den Lokomotivführer recht gut vor dem Motorenlärm schützten, betrug der Geräuschpegel außen 124 Dezibel. Verursacht wurde er, weil der Hersteller die Auspuffkanäle zu kurz konstruierte und auf einen Auspuffschalldämpfer verzichtete. So gelangten die Abgase auf kurzem Weg mit lautem Geräusch über das Dach ins Freie. Die Versuchs- und Entwicklungsstelle in Halle konstruierte einen Schalldämpfer, den der Lokomotivhersteller jedoch ablehnte und von 1969 an seinen eigenen lieferte. In Dienst gestellt wurde die erste Lokomotive der Reihe V 200 vom Reichsbahnausbesserungswerk Dessau am 7. November 1966 und dem Bahnbetriebswerk Leipzig-Wahren übergeben.

Ohne Energieversorgung

Die Reichsbahn rechnete damit, nach der letzten V 200 die vielseitig einsetzbare Diesellokomotive zu erhalten, vor allem mit einer zentralen Energieversorgung. Jedoch musste sich bei der Verhandlung im Juli 1969 der Delegationsleiter Werner Wirth in Lugansk (1970 bis 1990 Woroschilowgrad) an-

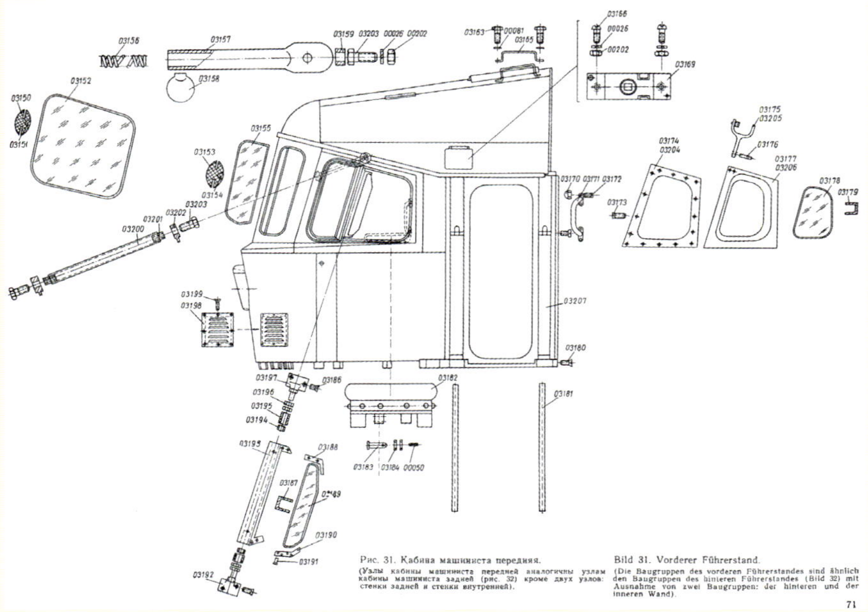

Teileskizze zu einem Führerstand der Baureihe V 300

Aus: „Ersatzteile zur Diesellokomotive", Woroschilowgrad

hören, dass der Hersteller einige Forderungen der Deutschen Reichsbahn nicht erfüllen könne. Dazu gehörten Dienstmasse, Radsatzfahrmasse (Achslast) 20 Tonnen statt 18,5, Lagerung der Fahrmotoren, die elektrische Heizung der Reisezugwagen und die elektrodynamische Bremse. Das traf die Reichsbahn schwer und stellte ihr Programm, nach dem sie die Dampflokomotiven ablösen wollte, auf den Kopf.

Der damalige Stellvertreter des Ministers Arndt unterrichte den Minister Kramer am 21. August 1969, dass wieder Kompromisse zu einigen Hauptparametern eingegangen werden müssten, die Lokomotiven in dieser Art jedoch gekauft, bei der Dienstmasse jedoch nicht mehr als 20 Megapond zugestanden werden sollen, weil die Bauten innerhalb der Direktionsbezirke Cottbus, Dresden und Magdeburg und auf den Strecken Dresden – Berlin sowie Berlin – Staatsgrenze West den Einsatz der Baureihe V 300 nicht zulasse. Man würde da mit der schwächeren V 180 oder mit Dampflokomotiven fahren müssen. Peinlich bei den „Westzügen", so die „moderne DDR" vorführen zu müssen. Auf einigen Streckenabschnitten musste die Reichsbahn die Höchstgeschwindigkeit beschränken. Die unabgefederten Fahrmotoren führten zum Mehraufwand beim Oberbau. Das konnte man alles nicht gebrauchen. Hinsichtlich der elektrischen Heizung war die Einhaltung der Zusagen, die V 300 ab Fortschrittszahl 023 mit elektrischer Zugheizung zu liefern, anzustreben – eine weiche Formulierung im Bericht. In dem internen Papier[107] hieß es weiter: Für die elektrodynamische Bremse ist analog der elektrischen Zugheizung zu verfahren. Hierbei ist durch den sowjetischen Partner zum Ausgleich des erhöhten Radreifenverschleißes die entsprechende Menge an Radreifen kostenlos zu liefern. Nachteile entstehen durch die erhöhten Stillstandszeiten für die Umrissbearbeitung und Neubereifung.

Die 3000-PS-Lokomotiven erhielten die Bezeichnung V 300, mit der Umnummerierung 1970 die Nummer 130.[108] Mit den Kompromissen entstand eine neue Frage. Sollte weiterhin auf der Höchstgeschwindigkeit von 140 km/h bestanden werden? Kein Güterzug fuhr diese Geschwindigkeit, Reisezüge maximal 120 km/h. Bei den letzten 69 Lokomotiven beschränkte die Reichsbahn die Geschwindigkeit gar auf 100 km/h. Das kam der Anfahrzugkraft zugute. Diese 69 erhielten die Baureihenbezeichnung 131.[109]

In Korolewo wurde die Arbeit vielfältiger, nicht nur wegen der Vielzahl von Qualitätsmängeln, es trafen nun Lokomotiven der unterschiedlichen Baureihen ein. Erste der 130er in der DDR, die Messelokomotive V 300 001 nicht betrachtet, waren die 130 001 und 003 bis 006. Bei der Lokomotive 130 002 hatten die Reichsbahner in Korolewo einiges zu beanstanden. Während der Lokomotivlieferungen ohne Heizanlage bemühte sich der Zulieferer in Charkow, eine Lösung zu finden. Ein zusätzlicher Generator, an den Traktionsmotor angeflanscht, sollte als zentrale Energieversorgung den Strom mit der von der Reichsbahn gewünschten Frequenz von 16 2/3 Hertz erzeugen. Die musste später auf 22 Hertz geändert werden, denn mit 16 2/3 Hertz wurde der eigene Stromkreislauf (Rückstrom) mit der dritten Welle beeinflusst, was zu empfindlichen Störungen bei den Sicherheitseinrichtungen der Reichsbahn führte. Die Deutsche Reichsbahn wünschte nach ihrem Irrtum mit den 16 2/3 Hertz die Frequenz von 23,5, die der Hersteller jedoch nicht schaffte. Im April 1973 erhielten zwei Lokomotiven einen Heizgenerator und wurden auf die Strecke zur Erprobung geschickt. Auf einem Güterwagen

Zum Depot Korolewo gehört das bescheidene Bauwerk, in dem die Achsen von der Breit- auf die Reichsbahn-Spur gewechselt werden. Auf dem Bild führen Breitspurgleise in das Gebäude (1971)

Foto: Eule

Nach den vom Werk angebrachten Betriebsnummern nach Vorgabe der Reichsbahn gehören die drei Maschinen zu den ersten aus der UdSSR
Foto: Eule

montierte man einen Belastungswiderstand (Rheostat) für vier Arbeitsstufen, und vom Bahnhof Neukondraschweskaja[110] bei Lugansk aus in Richtung Starobilsk[111] erprobten Ingenieure in Begleitung eines Spezialisten der Versuchs- und Entwicklungsstelle Maschinenwirtschaft Halle unter normalen Betriebsbedingungen mit einem 4.630 Magapond schweren Zug mit zwei Einheiten der Lokomotive ТЭ 3 und der Lokomotive 130 101 (an anderen Tagen mit 130 102) eine Vielzahl von störungsfreien Arbeitsstunden. Im Rheostatwagen wandelte man die Heizleistung in Wärme um. Die volle Leistung konnte wegen der besonderen Schienenverbinder nicht gefahren werden. Die Versuchsfahrt bestätigte die vorgesehene Konstruktion, entsprach jedoch noch nicht den Forderungen der Reichsbahn. Sie übernahm dennoch beide Lokomotiven, nutzte sie als Bremslokomotiven bei Erprobungsfahrten durch die Versuchs- und Entwicklungsstelle.

Am 24. September 1973 traf die erste Lokomotive mit zentraler Energieversorgung, so von der Deutschen Reichsbahn offiziell bezeichnet, in Korolewo ein. Nach der Abnahme hatte die Reichsbahn die ideale Lokomotive, die sie brauchte, musste sich jedoch mit der ungewollten hohen mittleren Radsatzfahrmasse (Achslast) abfinden. Auch die Lösung mit dem gesonderten Generator für die Stromversorgung war nicht ideal, da die Schwierigkeiten mit dem Rückstrom nicht gemeistert werden konnten. Das führte zur Störungen bei der Sicherungstechnik,[112] Langsamfahrten, abgesenkten Vorräten wegen der Radsatzfahrmasse, Strecken-, Bahnhofs- und Heizverboten wegen des Generatorstroms. Bald drehte sich die Versorgungslage in der DDR. Nun wurde auch noch der Diesel knapp und teuer. Das zwang, zu elektrifizieren und vertrieb so manche sowjetische Diesellokomotive von der angestammten Strecke. Bis 1982 bezog die Deutsche Reichsbahn vom Lugansker Werk die Lokomotiven. Ständig mussten Qualitätsmängel gerügt werden. Vom 15. bis 20. Juni 1975 führten in Woroschilowgrad (Lugansk) Eisenbahner der Reichsbahn mit einer Probezerlegung an der Lokomotive 132 239 vor, welche sich wiederholenden Fehler bei der Abnahme und im Betriebseinsatz festgestellt werden. Der Direktor für Export, Stscheglowitow, versprach Abhilfe. Diese Zusicherung blieb ohne Ergebnis.

Jedoch mussten sich die Vertreter der Reichsbahn auch anhören, was die Kunden-

Das kommt angesichts des akuten Personalmangels bei der Deutschen Reichsbahn nicht infrage. In Ungarn führt die Lokomotive M62-222 einen Heizwagen mit, der mit einem Heizer besetzt ist. Celldömölk 1973
Foto: Kubinszky

Die mächtigen Generatoren für die zentrale Energieversorgung werden im Reichsbahnausbesserungswerk Cottbus instand gesetzt

dienstmitarbeiter bei ihr zu bemängeln hatten. Das betraf unter anderem das Bahnbetriebswerk Neustrelitz, bei dem die Drehbank nur 300 Umdrehungen pro Minute statt 700 bis 900 und im falschen Uhrzeigersinn lief, das Bahnbetriebswerk Halle G mit den engen schmutzigen Räumen, das Bahnbetriebswerk Reichenbach, bei dem Düsenzerstäuber nicht repariert wurden, das Bahnbetriebswerk Erfurt, bei dem zwar die Spezialisten recht gut qualifiziert waren, die Kraftstoffpumpen aber falsch reguliert hatten. Und so ging es weiter.

Stärkste der Deutschen Reichsbahn

Bereits 1968 wurde in den Verhandlungen über die 4.000-PS-Diesellokomotive für die Reichsbahn diskutiert. Im Oktober 1973 wollten es die Vertreter dieser Bahn in Moskau und Woroschilowgrad genauer wissen und erfuhren, dass der Hersteller bei dieser Reihe schon mit dem Kühlsystem seine Schwierigkeiten hatte, ebenso bei den praktischen Versuchen mit dem Fahrmotor. Ganz problematisch war die Lokomotivmasse, die für die Radsatzfahrmasse nicht Gutes erwarten ließ. Wenigstens ging der Hersteller auf die Forderungen der Reichsbahn zur Vereinheitlichung von Bauteilen der neuen Baureihe und der 3.000-PS-Lokomotive (BR 130) ein. Wieder musste sich die Deutsche Reichsbahn den Vorstellungen des Herstellers anpassen. Diesmal war der Streitpunkt die Zugkraft. Im schöngefärbten Bericht – keiner durfte etwas gegen den Import sagen, weil das als Zweifel an dem „großen Bruder Sowjetunion“ und den Parteibeschlüssen ausgelegt werden konnte –, hieß es immerhin: „Nach längeren schwierigen Verhandlungen wurde wegen des Fehlens eines anderen Fahrmotors den vom Hersteller vorgeschlagenen Zugkräften zugestimmt.“[113] So wurden den Vorteile bei der Baureihe 140 – wie sie 1973 noch hieß – gesehen, denn bei Güterzügen könnte die höhere Anhängelast von 300 Tonnen schon von Wert sein. Wenn da nicht die Radsatzfahrmasse bei jedem Radsatz 21 Megapond betragen hätte! Bei den ersten beiden Baumustern wollte die Reichsbahn das auch akzeptieren. Um dem Hersteller entgegen zu kommen, die Lokomotivmasse zu leichtern, schlug die Delegation entsprechend ihrer Direktive vor, bei der pneumatischen Bremse auf die Bremsstufe R[114] und auch auf das Vorwärmgerät zu verzichten. Von der Reichsbahn abgelehnt wurde der Verzicht auf die elektro-dynamische Bremse, schon wegen des Arbeitskräfteaufwandes für das häufige Sohlenwechseln.

Gar nicht ließ sich der Hersteller auf die gewünschten Termine ein. Er lieferte nach seinem Gusto. Für ihn war alles recht kompliziert, auch wenn die Reichsbahn sich auf das Tatzlager und die Höchstgeschwindigkeit von 120 km/h bei den zwei Baumustern einließ. Eine Lokomotive mit Gestellmotor werde die Reichsbahn nicht 1977 sehen, wurde ihr angekündigt. Diese wollte mit ei-

Die erste Lokomotive der Baureihe ist fertig. Der Bildreporter arrangiert in Bukarest eine Aufnahme von ihr

Foto: Bundesarchiv

ner solchen Bauart die Baureihe 01 ablösen. So schlug die Delegation vor, dass sich die Minister mit den Lieferterminen befassen. Der Stellvertreter des Ministers, Dr. Heinz Schmidt, sprach auch am 12. Oktober 1973 mit dem Minister der UdSSR und erhielt den nichtssagenden Hinweis: Die bisherigen Erprobungsergebnisse mit dem 4.000-PS-Dieselmotor seien sehr positiv. Der Minister begrüße die bevorstehenden Verhandlungen in Woroschilowgrad zum Import von 4.000-PS-Lokomotiven. Aha!

1977 erhielt die Reichsbahn die ersten zwei Lokomotiven zur Erprobung auf eigenen Strecken und reihte sie als Splitterbauart mit der Betriebsnummer 142 ein. Äußerlich unterschied sie sich nicht wesentlich von der Baureihe 132, sodass sechs Stück importiert wurden. In Korolewo ging es mit der Baureihe 132 und zeitweise noch mit der Baureihe 120 weiter bis zum 29. März 1982. Letzte Lokomotiven wurden mit den Nummern 132 707 und 132 709 abgenommen.

Nachbesserungen – vor allem im Einsatzgebiet DDR – verhalfen den Baureihen 120 bis 142 schließlich zu einem guten Ruf und langer Lebensdauer.

Doch vor 1980 stellte sich neuer Ärger ein. Ein Werk in Bukarest baute für die Reichsbahn Diesellokomotiven der Baureihe 119. Es konnte nur schlimmer werden, und so wurde es auch.

Schrecken aus den Karpaten

Auf die Dauer konnte es sich die Deutsche Reichsbahn nicht leisten, auf weitere Diesellokomotiven zu verzichten, die sich für Neben- und Hauptbahnen eigneten. Die Die-

Die zweite Lokomotive aus Rumänien bei der Versuchs- und Entwicklungsstelle in Halle (Saale) zur Erprobung

Foto: Mehnert

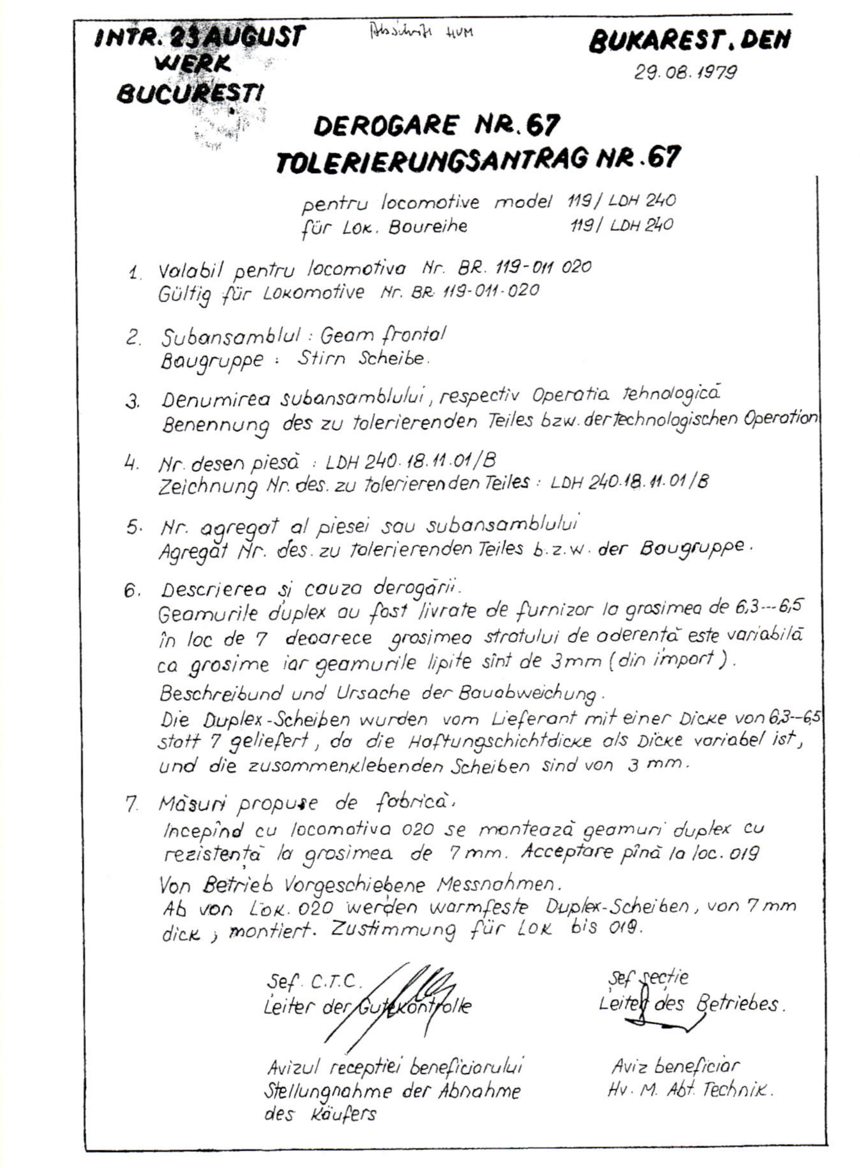

INTR. 23 AUGUST WERK BUCUREŞTI

BUKAREST. DEN 29.08.1979

DEROGARE NR. 67
TOLERIERUNGSANTRAG NR. 67

pentru locomotive model 119/LDH 240
für Lok. Baureihe 119/LDH 240

1. Valabil pentru locomotiva Nr. BR. 119-011 020
Gültig für Lokomotive Nr. BR 119-011-020

2. Subansamblul : Geam frontal
Baugruppe : Stirn Scheibe.

3. Denumirea subansamblului, respectiv Operatia tehnologică
Benennung des zu tolerierenden Teiles bzw. der technologischen Operation

4. Nr. desen piesă : LDH 240.18.11.01/B
Zeichnung Nr. des. zu tolerierenden Teiles : LDH 240.18.11.01/B

5. Nr. agregat al piesei sau subansamblului
Agregat Nr. des. zu tolerierenden Teiles b.z.w. der Baugruppe.

6. Descrierea şi cauza derogării.
Geamurile duplex au fost livrate de furnizor la grosimea de 6,3---6,5 în loc de 7 deoarece grosimea stratului de aderentă este variabilă ca grosime iar geamurile lipite sînt de 3 mm (din import).
Beschreibund und Ursache der Bauabweichung.
Die Duplex-Scheiben wurden vom Lieferant mit einer Dicke von 6,3--6,5 statt 7 geliefert, da die Haftungschichtdicke als Dicke variabel ist, und die zusammenklebenden Scheiben sind von 3 mm.

7. Măsuri propuse de fabrică.
Incepînd cu locomotiva 020 se montează geamuri duplex cu rezistentă la grosimea de 7 mm. Acceptare pînă la loc. 019
Von Betrieb Vorgeschiebene Messnahmen.
Ab von Lok. 020 werden warmfeste Duplex-Scheiben, von 7 mm dick, montiert. Zustimmung für Lok bis 019.

Sef. C.T.C.
Leiter der Gütekontrolle

Sef secţie
Leiter des Betriebes.

Avizul recepţiei beneficiarului
Stellungnahme der Abnahme des Käufers

Aviz beneficiar
Hv. M. Abt. Technik.

Tolerierungsantrag Nummer 67 — *Quelle: Barch DM 1-7818*

sellokomotiven aus der UdSSR mit ihren hohen Achslasten reichten für die anderen Aufgaben aus. Lokomotiven mit elektrischer Stromversorgung für den darauf umgestellten Wagenpark der Reichsbahn und mit einer akzeptablen Radsatzfahrmasse (Achslast) konnte kein Werk in der UdSSR bauen. Da wären Nachfolgelokomotiven der Baureihe 118.2 das Richtige gewesen. Die V 100, die der VEB Lokomotivbau-Elektrische Werke in Hennigsdorf weiterbauen würde, kam bei den Anforderungen der Reichsbahn bezüglich Heizung und Geschwindigkeit nicht in Betracht. Zudem hatte der Rat für gegenseitige Wirtschaftshilfe (RGW) in Spezialisierungsvereinbarungen empfohlen, dass die DDR nur Diesellokomotive mit einer Leistung unter 2.000 PS (1.470 kW) bauen soll. Solche Empfehlungen aus der RGW-Zentrale in Moskau betrachteten die Genossen in der DDR als vorwärts weisende Befehle und richteten sich danach. Mitarbeiter der Hauptverwaltung Maschinenwirtschaft konferierten für eine neue Baureihe in Rumänien und Polen. Bei der geforderten Achsfahrmasse für das Reichsbahn-Nebenbahnnetz sah Polen Schwierigkeiten. So blieb nur noch der Hersteller in Bukarest. Der sagte zwei Baumuster für 1974 zu, diese und die Serie zu einem hohen Preis, den der DDR-Außenhandelsbetrieb auf den Stückpreis von 321.000 Rubel (etwa 1.123.500 Ost-Mark) herunterhandeln konnte, auch weil Strömungsgetriebe aus der DDR eingebaut werden sollten. Die Art der Heizung blieb bei den Verhandlungen zunächst unklar, später fanden die rumänischen Konstrukteure eine recht gute Lösung. Eingebaut wurde der Maybach-Motor MB 820, bei dem der rumänische Lizenznehmer Änderungen vornahm. Probleme bestanden auf der Seite der Deutschen Reichsbahn. Die Schwierigkeiten mit der Achsfahrmasse waren hausgemacht, man hatte die Verstärkung der Strecken und Kunstbauten ignoriert und musste immer auf eine Masse bis höchstens 18 Megapond drängen, sollte es nicht Einschränkungen in der Verwendung der Triebfahrzeuge geben. Bisher fuhr es sich mit der Dampflokomotiv-Baureihe 52 ganz gut, und die hatte eine Achsfahrmasse von 15 Megapond. Dieselmotoren des Typs 12 KVD ließen sich auch nicht mehr beschaffen, da das Dieselmotorenwerk in Berlin-Johannisthal in den VEB Kühlautomat umgewandelt worden war und Dieselmotoren nicht mehr herstellte. Unglücklich vor der Beschaffung der Baureihe 119 erwiesen sich die ausgeführten Vorschläge der Hochschule für Verkehrswesen zum Getriebe. Für die neue Baureihe entwarf die Hochschule ein Zwei-Wandlergetriebe, das fahrdynamische Probleme brachte. Einen Teil des späteren Ärgers beim Betreiber hatte dieser also auch selbst verursacht.

Nach Meinung von Experten der Reichsbahn kam in Bukarest eine ordentliche Konstruktion zustande. Der große Unbill war, ähnlich wie in der Ukraine, in Rumänien noch schlimmer, die schlampige Arbeitsausführung, die im Einsatzland zu Ausfällen führte und zu Nacharbeiten zwang.

Bei der gelobten Spezialisierung zwischen den sozialistischen Ländern übernahm sich manches Land ohne Erfahrungen, wenn Produkte in bisher gewohnter Qualität geliefert werden sollten. Das galt auch für den Lokomotivbau in Rumänien, mit der sich der Fahrzeug- und Maschinenhersteller FAUR S. A. mit der Adresse Basarabia-Allee 256 in Bukarest befasste. Die Deutsche Reichsbahn sah wieder Ärger, wie sie ihn bereits mit anderen Baureihen in der Ukraine erlebt hatte, und zog Schlussfolgerungen. Ablehnen konnte sie den Vertragspartner nach politischen Vorgaben im eigenen Land nicht, aber aufpassen. Deshalb wurde vereinbart, nicht erst an der fertiggestellten Lokomotive im Herstellerwerk eine Abnahme vorzunehmen, sondern bereits in den Zulieferwerken die Einzelkomponenten als Bauüberwachung zu prüfen. Den Personaleinsatz musste sie verkraften, trotz Personalnot in der Heimat. Im Vier-Wochen-Rhythmus wechselten sich die aus fünf Eisenbahnern (Lokomotivführern) bestehenden zwei Abnahmegruppen ab. Das Abnahmeamt der Deutschen Reichsbahn beorderte außerdem bis zu drei Abnahmeingenieure nach Rumänien.

Vorwiegend bezogen sie Wohnungen des Werkes oder der DDR-Handelsvertretung. Ein Teil befasste sich mit der erwähnten Bauüberwachung, bei der es um Bauteile und Schweißarbeiten in den Zulieferbetrieben im Land, unter anderem in Resita, Brachow und Caransebes, ging.

Obwohl zur Baureihe 119 (Baureihe 219/229 nach 1992) die Aktenlage spärlich ist, lässt sich erkennen, dass sich das Verhältnis Hersteller und Käufer zu dem, wie es in der UdSSR herrschte, in Rumänien mitunter unterschied. In Rumänien war es schlimmer. Es ging nicht mehr um Kompromisse. Fehler bei der Herstellung zuhauf musste der Käufer tolerieren, die Eisenbahner wurden mit einer Vielzahl von „Tolerierungsanträgen" beschäftigt. Von Serienfertigung konnte bei den zahlreichen Abweichungen zwischen den einzelnen Lokomotiven keine Rede sein. Die rumänischen Partner waren auch von anderem Kaliber als die in der UdSSR. In Bukarest wurden angezeigte Mängel nicht in Abrede gestellt, sondern mit Sprüchen wie „Aha, das habt Ihr festgestellt! Darauf kam es uns an." Auch sonst blieb man immer freundlich, ohne dass sich am Schlendrian etwas änderte. Das glich der Reaktion in Lugansk. Geschickt wandte der Hersteller seine Taktik des Zeitdrucks an, wenn die „hohe Delegation" aus Berlin eintraf. Der Rückflugtermin war schon wegen der notwendigen Hotelbestellung über die Handelsvertretung bekannt. So wurde die Delegation mit diversen Mätzchen hofiert. Werkbesichtigungen, Imbiss usw. verknappten die Zeit für Auseinandersetzungen.

Zum Qualitätsbegriff herrschte im Werk eine eigenartige Auffassung. Die an exakte Arbeitsausführung gewohnten Triebfahrzeugführer, die als Abnehmer arbeiteten, staunten über manchen Vorgang. Beispiele: Nach der Probefahrt entdeckten sie an zwei Radsätzen Bremssohlen ohne Reibspuren. Zwei Bremsapparate waren ohne Funktion eingebaut. Die Akkumulatoren erhielten nicht, wie erwartet, destilliertes Wasser, denn das Werk lagerte das Wasser in rostigen Blechfässern und nicht in Glasballons. An den Bediengriffen beließ das Werk die Grate. Nicht, wie vorgegeben, runde Drehgestellbolzen wurden eingezogen, sondern ovale. Eine Spritzanlage für den Farbanstrich schien unbekannt, denn die Lokomotiven erhielten den Anstrich, indem Frauen mit einer Quaste in Marmeladeneimer tunkten und danach die Außenhaut der Lokomotive bestrichen.

Tolerierungsanträge BR 119

Lfd.Nr.	Betreff	Bedingungen
001	Gültig für Lok-Nr. 119 001-002 Achsgetriebeschrauben	Tolerierungsantrag wird zugestimmt. Ab Nullserie sind Sechskantschrauben zu verwenden.
002	Gültig für Lok-Nr. 119 002 Achsgetriebe Schlagende Geräusche bei Probefahrt	Tolerierungsantrag wird zugestimmt. VK muß vor Auslieferung Achsgetriebe austauschen.
003	Gültig für Lok-Nr. 119 001-002 Radsatz Mitnehmerbohrung in Radscheibe	Protokoll KB 3/119-1975 Mitnehmerbohrung entfällt. Bei Schaden ca. 300 000 km sind Radsätze kostenlos zu ersetzen.
004	Gültig für Lok-Nr. 119 001-002 Radsatz Riefen an Achsschenkel	Tolerierung wird zugestimmt, wenn Garantie verlängert und vom VK Ersatz gestellt wird.
005	Gültig für Lok-Nr. 119 001-002 Radsatz Scheibenrad Außendurchmesser zu klein.	Tolerierungsantrag wird abgelehnt. Maßunterschreitung - Scheibenrad Außendurchmesser
006	Gültig für Lok-Nr. 119 001-002 Lokkasten Schweißung am Lokkasten	Tolerierungsantrag wird zugestimmt, wenn vor Übergabe der VK einseitige Hebeversuche durchgeführt hat.
007	Gültig für Lok-Nr. 119 001-002 Hilfsgetriebe Entleerventile	Probleme sind vom VK bis 30.06.76 bis zur Übergabe DDR zu klären.
008	Gültig für Lok-Nr. 119 001-002 Zähler für Motorstunden (Betriebsstunden)	Tolerierungsantrag wird für 119 001 u. 002 zugestimmt.
009	Gültig für Lok-Nr. 119 001-002 Befestigung - Lichtanlaßmaschine	Vom VK ist bei der 1. Schadgruppe die Befestigung der Lima an Serienausführung anzugleichen.
010	Gültig für Lok-Nr. 119 001-002 Waschbecken und Warmwasserspender	Tolerierungsantrag wird für 119 001 und 002 zugestimmt.
011	Gültig für Lok-Nr. 119 001-002 Scheibenwaschanlage	Scheibenwaschanlage ist vom VK bis Ablauf - Garantie - nachzurüsten.

Die Änderungen setzen sich mit einer Vielzahl von Tolerierungsanträgen fort. Ist das Produkt nicht ausgereift? Quelle: DM 1-7819

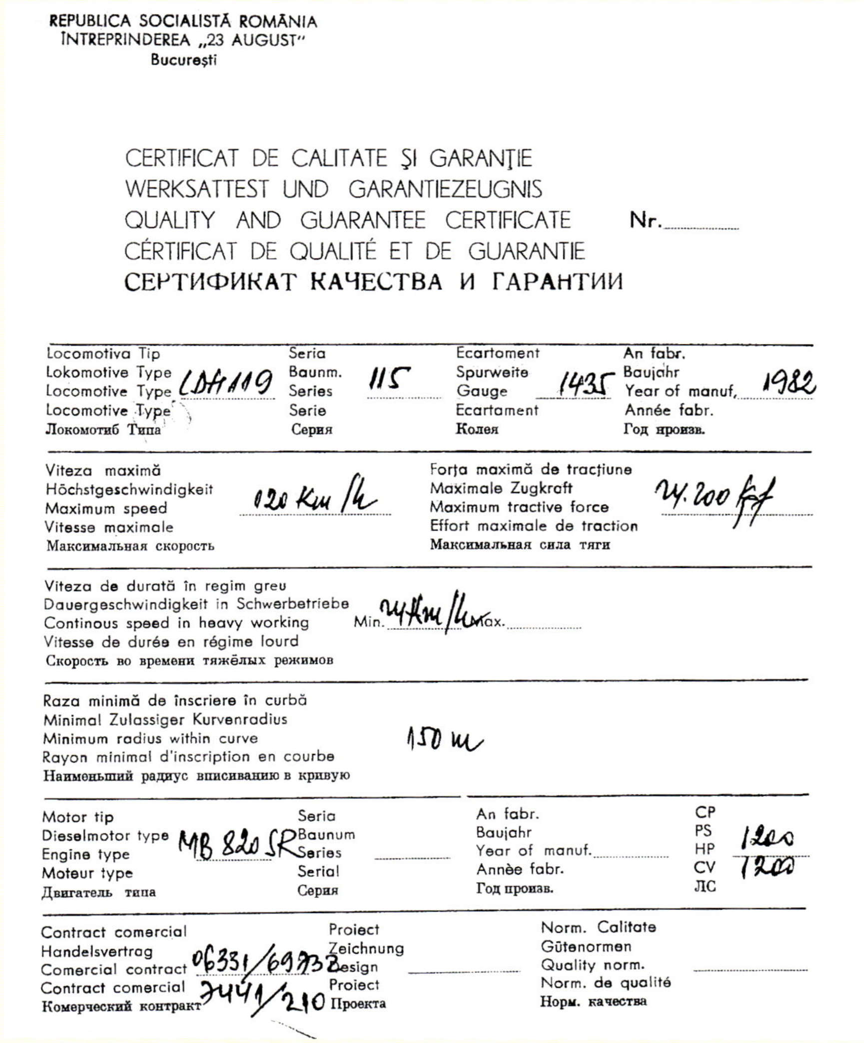

REPUBLICA SOCIALISTĂ ROMÂNIA
ÎNTREPRINDEREA „23 AUGUST"
București

CERTIFICAT DE CALITATE ŞI GARANŢIE
WERKSATTEST UND GARANTIEZEUGNIS
QUALITY AND GUARANTEE CERTIFICATE Nr.
CÉRTIFICAT DE QUALITÉ ET DE GUARANTIE
СЕРТИФИКАТ КАЧЕСТВА И ГАРАНТИИ

Locomotiva Tip / Lokomotive Type / Locomotive Type / Locomotive Type / Локомотиб Типа: LDH 119
Seria / Baunm. / Series / Serie / Серия: 115
Ecartoment / Spurweite / Gauge / Ecartoment / Колея: 1435
An fabr. / Baujahr / Year of manuf. / Année fabr. / Год произв.: 1982

Viteza maximă / Höchstgeschwindigkeit / Maximum speed / Vitesse maximale / Максимальная скорость: 120 Km/h
Forța maximă de tracțiune / Maximale Zugkraft / Maximum tractive force / Effort maximale de traction / Максимальная сила тяги: 24.200 kgf

Viteza de durată în regim greu / Dauergeschwindigkeit in Schwerbetriebe / Continous speed in heavy working / Vitesse de durée en régime lourd / Скорость во времени тяжёлых режимов: Min. 24 Km/h Max.

Raza minimă de înscriere în curbă / Minimal Zulassiger Kurvenradius / Minimum radius within curve / Rayon minimal d'inscription en courbe / Наименьший радиус вписиванию в кривую: 150 m

Motor tip / Dieselmotor type / Engine type / Moteur type / Двигатель типа: MB 820 SR
Seria / Baunum / Series / Serial / Серия:
An fabr. / Baujahr / Year of manuf. / Annèe fabr. / Год произв.:
CP / PS / HP / CV / ЛС: 1200 / 1200

Contract comercial / Handelsvertrag / Comercial contract / Contract comercial / Комерческий контракт: 06331/69932 2441/210
Proiect / Zeichnung / Design / Proiect / Проекта:
Norm. Calitate / Gütenormen / Quality norm. / Norm. de qualité / Норм. качества:

Von Bukarest Nord nach Ploesti und zurück fährt die Lokomotive 119 115 zur Probe

Quelle: Barch DM 1-7826

Als eine Delegation im August 1979 in Bukarest anreiste, um die Zeichnungssätze durchzusehen und ggf. Auflagen für den Hersteller abzuleiten, musste sie sich wegen organisatorischer Pannen mit vielem beschäftigen, nur nicht mit den Zeichnungen. Terminverzüge für Lokomotivabnahmen wurden wahrscheinlich. Der Leiter des Instituts für Eisenbahnwesen, Sektion Fahrzeuge und Werkstätten, Halle, Horst Stöß, klagte gegenüber der Hauptverwaltung: „Der Verkäufer ist sich offensichtlich über Umfang und Bedeutung der Zeichnungsbestätigung nicht im klaren gewesen, sodass ihm durch die Delegation schriftlich eine Aufstellung der sich aus der Zeichnungsbestätigung und dem Änderungsdienst ergebenden Forderungen übergeben wurde. Der Verkäufer lehnte die Vorlage und Übergabe von Zeichnungen für Bauteile ab, die er in Lizenz fertigt, und beruft sich dabei auf die Lizenzbestimmungen. Da es sich hierbei um sehr bedeutende Bauteile (Dieselmotor, Hydrostatantrieb usw.) handelt, bedarf diese Frage dringend einer vertragsrechtlichen Klärung."[115] Eine der Schlussfolgerungen hieß, bei Lokomotiven der Betriebsnummern über 119 026 nur noch Teile abzunehmen, zu denen bestätigte Zeichnungen vorliegen. Anderes sei gegenüber dem Außenhandelsbetrieb zu reklamieren. Übrigens Lizenzen: In jeder Lokomotive steckten 78 Teile und Baugruppen, die aus dem kapitalistischen Ausland bezogen oder in Lizenz gebaut wurden. So blieb zu bezweifeln, ob es sich um eine rumänische Lokomotive handelt. An den vielen Lizenzen aus den westlichen Ländern musste sich die Reichsbahn stören, denn Ersatzteile würden später Devisen kosten.

Bernd F. wandte sich am 30. Mai 1977 mit seinen Beobachtungen an die Hauptverwaltung: „Im Ergebnis der Abnahme muß festgestellt werden, daß für die Verzögerungen der Lieferung der Prototyplokomotiven in erster Linie die fehlende konstruktive Klarheit und organisatorische Unzulänglichkeiten aller Art und in zweiter Linie die technologischen Unzulänglichkeiten verantwortlich sind. [...] Vorausgesetzt, daß die notwendige konstruktive Klarheit im Ergebnis der Erprobung der Prototypfahrzeuge bis zum Beginn der Nullserienfertigung erreicht wird, muß bezweifelt werden, daß vom Verkäufer insbesondere im Herstellerwerk – 23. August – die technologischen Voraussetzungen für eine qualitätsgerechte Fertigung zu diesem Zeitpunkt geschaffen worden sind."[116] Als Beispiel führte er unter anderem an, daß die Achsgetriebe in der Lokomotivmontagehalle neben Staub verursachenden Arbeiten ausgeführt, die Zahnräder mit der Schleifhexe und Schmirgelleinwand von Hand nachgearbeitet werden, die Gehäuse direkt mit der Teilfuge auf den Betonfußboden lagern. Wer bedenkt, dass Werkhallen in der DDR auch nicht vor Sauberkeit strahlten, musste Schlimmes annehmen, wenn dem Prüfer staubige Arbeitsplätze auffielen.

Dass es bei der Baureihe 119 nur „Kinderkrankheiten" gegeben hat, wie sie auch bei anderen Triebfahrzeugen vorkommen, traf nicht zu. Ein Eisenbahner des Bahnbetriebswerks Halle G überführte die angeblich fertige, in Bukarest abgenommene Lokomotive 119 081 von Dresden nach Halle (Saale) und stellte fest:

- Von Anfang an schaltete sich fortwährend die Sicherheitsfahrschaltung ein und musste überbrückt werden.

- Das Rohr vom Wärmeaustauscher zum Füllventil hatte ein Loch, durch das Öl verloren ging.
- Starker Qualm von verbrennender Farbe während der Fahrt umnebelte den Lokomotivführer. Weitere 21 Mängel stellte die Meisterei im Bahnbetriebswerk Halle G fest.[117]

Beim Bahnbetriebswerk Halle G befand sich der Kundendienstschwerpunkt. Lokomotiven der Baureihe 119 erhielt das benachbarte Bahnbetriebswerk Halle P als Ersatz für die Dampflokomotiv-Baureihe 03, die die Züge zwischen Berlin und Erfurt fuhren.

Auch das Bahnbetriebswerk Gera war ein Einsatzort der Kundendienstingenieure aus Bukarest. Ein anonym abgefasster Bericht erhellte eine Situation in Gera [leicht gekürzt]:

„Auf dem Hof des Bahnbetriebswerkes (Bw) Gera stehen einige nagelneue Diesellokomotiven der Baureihe 119. An vier Maschinen werkeln fleißig Eisenbahner aus Halberstadt. Sie kontrollieren ihre Schützlinge, bevor die Überführungsfahrt in Richtung Harz beginnt. Doch das kann noch dauern, denn die Mängelliste wächst und wächst. Gegen Mittag beheben dann die Serviceschlosser vom Bahnbetriebswerk Gera die Schäden an den erst wenige Tage alten Maschinen. Stunden später setzt sich der Lokomotivzug in Bewegung. Aber die Überführungsfahrt entwickelt sich für die Eisenbahner zu einem richtigen Glücksspiel. Die Motoren verbrauchen Unmengen an Öl. Der Reihe nach geben die Anlagen den Geist auf. Als die Fuhre schließlich am nächsten Morgen in Halberstadt ankommt, brummt nur noch ein Dieselmotor. Es wird Tage dauern, bis die Maschinen zur Verfügung stehen." Soweit der Bericht von den Gleisen der Reichsbahn.

Der Einsatz der Baureihe 119 in Halberstadt war nicht ohne Witz. An der Rübelandbahn, bei Braunesumpf, förderte ein Betrieb von Calbe untertage Eisenerz und sprengte mit empfindlichen Zündern, die – so wurde behauptet – spontan von den Streuströmen der elektrischen Traktion ausgelöst würden. Das Werk besorgte aus Wien spezielle Zündmaschinen. Die Reichsbahn verpflichtete sich, zu Betriebspausen die Fahrleitung abzuschalten. Sie probierte, da die Betriebspausen die Betriebsführung empfindlich einschränkten, es auch mit Diesellokomotiven und nun mit jenen der Baureihe 119 – auf der schwierigen Strecke mit mäßigem Erfolg. Die Lokomotiven wurden von Halberstadt wieder abgegeben.

Ein Abnehmer in Bukarest schreibt 1982: „Der Finalproduzent hat wieder große Schwierigkeiten in der Lokmontage, wodurch die Fertigung der Triebfahrzeuge verzögert wird. Die ausgeführten Montagearbeiten entsprechen nicht den Festlegungen der gemeinsamen Kontrollberatungen. Wegen schlechter Qualitätsarbeit mußten die Abnahmen mehrmals abgelehnt werden, wodurch keine Kontinuität in der Endfertigung mehr besteht. [... ich mußte] bei den Funktionsprüfungen der Meßblätter 12, 31

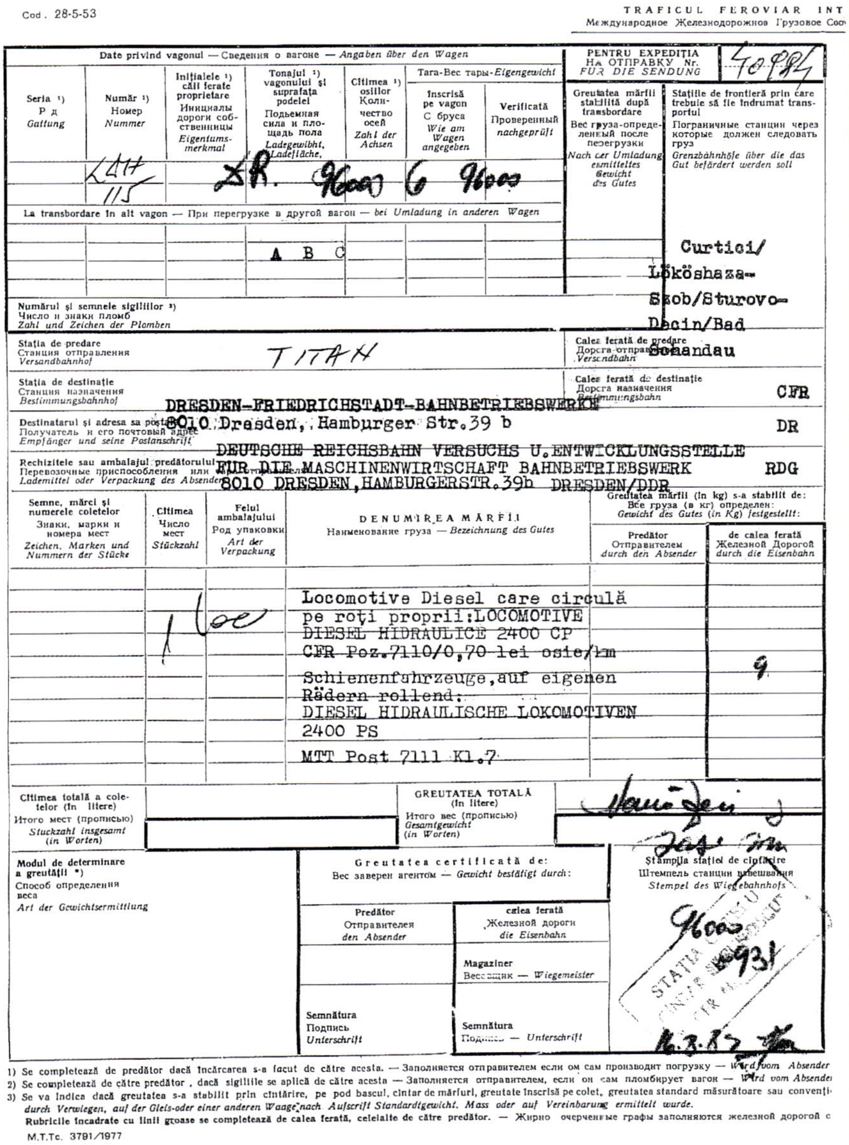
Cod. 28-5-53
TRAFICUL FEROVIAR INT
Международное Железнодорожное Грузовое Соо
Date privind vagonul — Сведения о вагоне — Angaben über den Wagen
PENTRU EXPEDIȚIA Нa ОТПРАВКУ Nr. FÜR DIE SENDUNG
Seria 1) Р д Gattung
Număr 1) Номер Nummer
Inițialele 1) căii ferate proprietare Инициалы дороги собственницы Eigentumsmerkmal
Tonajul 1) vagonului și suprafața podelei Подъемная сила и площадь пола Ladegewicht, Ladefläche,
Cîtimea 1) osiilor Количество осей Zahl der Achsen
Tara-Вес тары-Eigengewicht
Inscrisă pe vagon С бруса Wie am Wagen angegeben
Verificată Проверенный nachgeprüft
Greutatea mărfii stabilită după transbordare Вес груза-определенный после перегрузки Nach der Umladung ermitteltes Gewicht des Gutes
Stațiile de frontieră prin care trebuie să fie îndrumat transportul Пограничные станции через которые должен следовать груз Grenzbahnhöfe über die das Gut befördert werden soll
La transbordare în alt vagon — При перегрузке в другой вагон — bei Umladung in anderen Wagen
A B C
Curtici/ Lököshaza- Szob/Sturovo- Decin/Bad Schandau
Numărul și semnele sigiliilor 2) Число и знаки пломб Zahl und Zeichen der Plomben
Stația de predare Станция отправления Versandbahnhof
TITAN
Calea ferată de predare Дорога отправления Versandbahn
Stația de destinație Станция назначения Bestimmungsbahnhof
DRESDEN-FRIEDRICHSTADT-BAHNBETRIEBSWERKE
Calea ferată de destinație Дорога назначения Bestimmungsbahn
CFR
Destinatarul și adresa sa poștală Получатель и его почтовый адрес Empfänger und seine Postanschrift
8010 Dresden, Hamburger Str. 39 b
DR
DEUTSCHE REICHSBAHN VERSUCHS U. ENTWICKLUNGSSTELLE FÜR DIE MASCHINENWIRTSCHAFT BAHNBETRIEBSWERK 8010 DRESDEN, HAMBURGERSTR. 39b DRESDEN/DDR
Rechizitele sau ambalajul predătorului Перевозочные приспособления или ... Lademittel oder Verpackung des Absenders
RDG
Semne, mărci și numerele coletelor Знаки, марки и номера мест Zeichen, Marken und Nummern der Stücke
Cîtimea Число мест Stückzahl
Felul ambalajului Род упаковки Art der Verpackung
DENUMIREA MĂRFII Наименование груза — Bezeichnung des Gutes
Greutatea mărfii (în kg) s-a stabilit de: Все груза (в кг) определен: Gewicht des Gutes (in Kg) festgestellt:
Predător Отправителем durch den Absender
de calea ferată Железной Дорогой durch die Eisenbahn
Locomotive Diesel care circulă pe roți proprii: LOCOMOTIVE DIESEL HIDRAULICE 2400 CP
CFR Poz. 7110/0,70 lei osie/km
Schienenfahrzeuge, auf eigenen Rädern rollend: DIESEL HIDRAULISCHE LOKOMOTIVEN 2400 PS
MTT Post 7111 Kl. 7
Cîtimea totală a coletelor (în litere) Итого мест (прописью) Stückzahl insgesamt (in Worten)
GREUTATEA TOTALĂ (în litere) Итого вес (прописью) Gesamtgewicht (in Worten)
Modul de determinare a greutății 3) Способ определения веса Art der Gewichtsermittlung
Greutatea certificată de: Вес заверен агентом — Gewicht bestätigt durch:
Predător Отправителея den Absender
calea ferată Железной дороги die Eisenbahn
Magaziner Весовщик — Wiegemeister
Semnătura Подпись Unterschrift
Semnătura Подпись — Unterschrift
Ștampila stației de cîntărire Штемпель станции взвешивания Stempel des Wiegebahnhofs
1) Se completează de predător dacă încărcarea s-a făcut de către acesta. — Заполняется отправителем если он сам производит погрузку — Wird vom Absender
2) Se completează de către predător, dacă sigiliile se aplică de către acesta — Заполняется отправителем, если он сам пломбирует вагон — Wird vom Absender
3) Se va indica dacă greutatea s-a stabilit prin cîntărire, pe pod bascul, cîntar de mărfuri, greutate înscrisă pe colet, greutatea standard măsurătoare sau conventi... durch Verwiegen, auf der Gleis-oder einer anderen Waage, nach Aufschrift Standardgewicht. Mass oder auf Vereinbarung ermittelt wurde.
Rubricile încadrate cu linii groase se completează de calea ferată, celelalte de către predător. — Жирно очерченные графы заполняются железной дорогой с
M.T.Tc. 3791/1977

Teil des Frachtbriefes für eine Lokomotive von Bukarest zum Bahnbetriebswerk in Dresden

Quelle: DM 1-7826

LISTE DER NSW-BAUTEILE FÜR BR 119

Lfd. Nr.	Benennung	Menge M.E.	Menge /Lok.	Hersteller Firma	Hersteller Land	Aufnahme der Herstellung in R.S.R.	Bemerkungen
1	2	3	4	5	6	7	8
1.	Gummibolzen für Holsetkupplung	Stück	24	Holset Metalastic	England England	Nach Erhalt der Dok. von Walterhausen	Vorübergehend Vulkan
2.	A.G Hasler Geschwindigkeitsmesser RT 12.1/A 28 ISEL	Satz	2	Hasler	Schweiz	in 1981	
3.	Elastisches Element für Drehzapfen	Stück	4	Dunlop	England		
4.	Dämpfungsblöcke - Axial 17/1425 - Radial 13/1981	Stück	96 48	Dunlop	England		
5.	Zylinderrollenlager WJ 130×260 WJP 130×260 P	Stück	12 12	FAG	BRD	in 1978	
6.	Rollenlager - 6190600600010 - 1190506900000 - 1190606900000	Stück	64 8 64	KOYO	Japan	in 1980	
7.	Schlauchleitung N40×280 A/A	Stück	2	Aeroquip	BRD		
8.	Schlauch MH für Schlauchleitung NW 25×500 A/A	m	5	Aeroquip	BRD	in 1980	

Aus mehreren Blättern besteht die Liste der Bauteile aus dem NSW (nicht sozialistisches Währungsgebiet). Da kann man bei der Reichsbahn schon ins Grübeln kommen

Quelle: Barch DM 1-7818

Deutsche Reichsbahn
Bahnbetriebswerk
Saalfeld (Saale)

Anlage 3

Zusammenstellung der Zuglaufstörungen September 1981

Datum	Lfd. Nr.	Tfz-Nr.	Zug-Nr.	Versp. Min.	Ort der Störung	Ursache der Störung	Ersatz-Tfz
	Bw Saalfeld						
24.09.	1	119 024-8	807	16	Krossen	Reglerschaden DM Anlage II	ja
	Bw Probstzella						
05.09.	1	119 062	64 445	148	Lippelsd., Sfd.	Anl. II Ölrohr, Kühlerjalousie gerissen	119 058 Pb
11.09.	2	026	8 023	23	Könitz	L V D defekt	-
12.09.	3	022	64 472	91	Hildbgh., Themar	Hilfsgetriebe Anlage II	119 053 Sbg
13.09.	4	062	7 003	34	Rauenstein	L V D Anlaßschütz	-
16.09.	5	061	18 007	37	Grtl.	Obertourenschutz	119 063 Pb
15.09.	6	020	86 413	-	Grtl.	Kühlwassermangel (K-E)	-
17.09.	7	063	86 437	138	Pb - Schfeld.	Lüfterschaden	119 058 Pb
18.09.	8	052	44 853	21	Marktgölitz	Getriebeöltemperatur zu hoch	106 477 Pb
25.09.	9	056	18 007	65	Kxaftsxaffxtg. ExRx Grth.	Kraftstoffleitung E-P Anlage II gerissen	119 063 Pb
29.09.	10	068	805	97	Grth. - Schfld.	Drehzahldrückung Anlage II	119 019 Pb

Zehn Zuglaufstörungen in einem Monat, das allein beim Bahnbetriebswerk Probstzella!

Quelle: Barch DM 1-7821

und 32[118] die Abnahmen wegen technischer Mängel mehrmals abbrechen. Schalt-, Zeit- und Windfahnenrelais sowie Dioden sind die häufigsten Störfaktoren, die wegen ihrer Instabilität ausfallen."

Nicht allein mangelnde Erfahrung wird bei den Fehlschlägen eine Rolle gespielt haben. Die gesellschaftlichen Verhältnisse in Rumänien unter dem Diktator Nicolae Ceauscescu haben gewiss Lustlosigkeit, mangelhafte Arbeitsorganisation und Blendwerk gefördert. Dass eine Entscheidung des Rates für gegenseitige Wirtschaftshilfe mit der Begründung „Zwischenstaatliche Spezialisierung und technischer Fortschritt" voraussehbar zu den Schwierigkeiten beim Bau der Lokomotive führte, verursachte den Zorn der delegierten Eisenbahner über den Sinn, die traditionelle Lokomotivfertigung in der DDR zu ignorieren und mit viel Aufwand und Kosten nach Rumänien zu verlagern. In der DDR spotteten die Eisenbahner bald über den „Karpatenschreck" oder das „U-Boot" [wegen der Bullaugen an der Seitenfront oder weil es abtaucht, das heißt, wenig eingesetzt werden konnte] oder „Hofdame" [da sie selten das Gelände des Bahnbetriebswerks verließ]. Wenn die Hälfte der Lokomotiven gleichzeitig schadhaft abgestellt werden musste, war das nicht selten. Die Lokomotive 119 200 kam im Oktober 1985 als Letzte in die DDR, auf die geplanten weiteren 70 verzichtete die Deutsche Reichsbahn. Kein Bahnbetriebswerk wollte die übel beleumdete und vor langen Ausfällen nicht geschützte Baureihe in seinem Bestand haben.

Die „Germanisierung" der Baureihe von 1982 an war nicht der letzte Umbau. Noch 1993 ließ die Deutsche Reichsbahn die Lokomotiven für den Interregio- und Intercity-Verkehr mit neuen Motoren sowie Knorr-Bremsanlagen bei Krupp Verkehrstechnik GmbH umbauen. Dennoch wurden die Lo-

Die in Rumänien hergestellte Lokomotive ersetzt unter anderem die Baureihe 95 und muss in Thüringen viel Bergarbeit leisten. Lauscha (Thür) 1977

komotiven bald ausgemustert. Ihre Konkurrenz wurden die neuen Triebwagen. Als Museumslokomotive blieb die 119 158 erhalten.

Wagen im Eigenbau

Die Deutsche Reichsbahn zu Gast bei der VVB[119] Schienenfahrzeuge am 18. November 1968. Es ging um den Stand der Bilanzierung der Fahrzeuglieferungen an die Reichsbahn im Perspektivplanzeitraum 1971/75. Von der Schienenfahrzeug-Vereinigung saßen nur der Stellvertreter des Generaldirektors Eckert und ein Genosse Schefe am Tisch, außerdem der Stellvertreter des Ministers für Schwermaschinen und Anlagenbau Straube. Vom Ministerium für Verkehrswesen und der Deutschen Reichsbahn kam die Spitze, der Stellvertreter des Ministers für die operativen Dienstzweige, Herbert Markscheffel, der Leiter der Hauptverwaltung Maschinenwirtschaft, Roland Wagner, der Leiter der Hauptverwaltung Reichsbahnausbesserungswerke, Dieter Wöstenfeld, für den Leiter der Hauptverwaltung Wagenwirtschaft der Genosse Oswald Reichel.

Einen faden Beigeschmack hatte der Begriff „Bilanzierung", denn mit ihm wurden die meist knappen Ressourcen zentral aufgeteilt, meist zu Ungunsten der Reichsbahn. Marktwirtschaft war nicht gewollt und nicht möglich. Verträge und Lieferungen hatten sich der zentralen Planung unterzuordnen. An dem 18. November saßen nicht Vertragspartner beieinander, sondern Produzenten mit Nutzern von Bilanzanteilen. Nach der Information, welche Triebfahrzeuge (in der Bilanz keine vierachsigen Leichttriebwagen, ganze fünf Einheiten Schnelltriebwagen, 1.013 Import-Diesellokomotiven) die Reichsbahn erwarten dürfe, wurde der Bilanzanteil an Reisezug- und Güterwagen erläutert.[120] Genauer ging es um den Rückzieher der Schienenfahrzeugindustrie von der Vereinbarung zwischen dem Leiter der Hauptverwaltung Wagenwirtschaft und dem Generaldirektor der Vereinigung vom 14. August 1968. In den Jahren 1971 bis 1975 sollte die Reichsbahn nicht wie vereinbart 2.435, sondern 1.296 Reisezugwagen erhalten. Das lag knapp über der Hälfte des Bedarfs, weil die Schienenfahrzeugindustrie mit erhöhten Exportauflagen konfrontiert wurde. Schlimmer war es um die Güterwagen bestellt, denn da sollte die Reichsbahn gar nichts erhalten. Die Staatliche Plankommission hätte erlaubt, mit dem rumänischen Außenhandel wegen 6.100 vierachsiger Containerwagen Kontakt aufzunehmen. Das Ergebnis blieb offen, von den anderen 12.080 Wagen waren 9.350 Wagen gesichert, weil die Deutsche Reichsbahn sie selbst bauen würde. Am Tisch verbreitete sich gedrückte Stimmung. Ganz aussichtslos sollte die Situation für die Reichsbahn nicht aussehen. Deshalb erklärten die Versammelten, noch im November [1968] mit der Staatlichen Plankommission zu beraten, wie der Bedarf der Reichsbahn gedeckt werden könne.

In der Besprechungsrunde vernahmen die Teilnehmer des Verkehrswesens, dass in der VVB Schienenfahrzeuge nachgedacht werde, ein Kombinat „Reisezugwagen" zu bilden. Dabei sollte das Reichsbahnausbesserungswerk Halberstadt, das sich bei der Rekon-

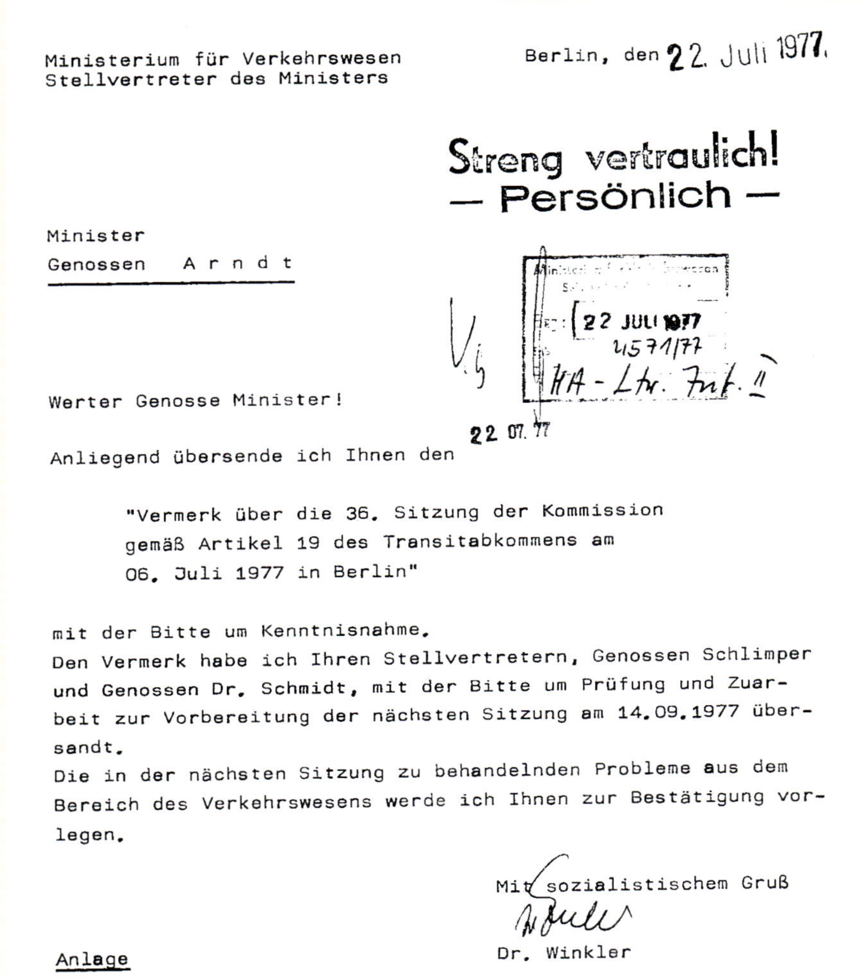

Ministerium für Verkehrswesen
Stellvertreter des Ministers

Berlin, den 22. Juli 1977

Streng vertraulich!
— Persönlich —

Minister
Genossen Arndt

22 JULI 1977
4571/77
HA - Ltr. Inf. II

Werter Genosse Minister!

22 07. 77

Anliegend übersende ich Ihnen den

"Vermerk über die 36. Sitzung der Kommission gemäß Artikel 19 des Transitabkommens am 06. Juli 1977 in Berlin"

mit der Bitte um Kenntnisnahme.
Den Vermerk habe ich Ihren Stellvertretern, Genossen Schlimper und Genossen Dr. Schmidt, mit der Bitte um Prüfung und Zuarbeit zur Vorbereitung der nächsten Sitzung am 14.09.1977 übersandt.
Die in der nächsten Sitzung zu behandelnden Probleme aus dem Bereich des Verkehrswesens werde ich Ihnen zur Bestätigung vorlegen.

Mit sozialistischem Gruß

Dr. Winkler

Anlage

Was aus der 36. Sitzung der Transitkommission, bei der sich Vertreter beider deutscher Staaten treffen, an den Minister für Verkehrswesen der DDR zu berichten ist, soll streng vertraulich sein. Dabei geht es um Kritik an der Reichsbahn zum Reinigungszustand der Reisezugwagen, zu fehlenden Ersatzteilen und eigentlich um den Mangel an zeitgemäßen Fahrzeugen im Verkehr zur Deutschen Bundesbahn Quelle: Barch DM 1-12841

Damit beginnt die Eigenfertigung im Reichsbahnausbesserungswerk Halberstadt. Von alten zwei- und dreiachsigen Wagen der Länderbauart werden Teile für fast vollständige neue Wagen der Gattung Bge verwendet. Sie sind für 90 km/h zugelassen Foto: VES W

Aus alten vierachsigen Reisezugwagen entstehen mit UIC-Rollenlager Durchgangswagen 2. Klasse. Sie werden als Reko-Wagen bezeichnet. Höchstgeschwindigkeit: 120 km/h Foto: VES W

Der Mod(ernisierungs)-D-Zug-Gepäckwagen der Gattung D4ge darf mit einer höchstzulässigen Geschwindigkeit von 120 km/h im internationalen Reiseverkehr eingesetzt werden. Beim Aufbau werden Teile der Wagentypen PW1, Pw2 und Pw3 wiederverwendet *Foto: VES W*

Vom Reichsbahnausbesserungswerk Halberstadt gefertigter Wagen der Gattung ABmhe *Foto: Sammlung Drossel*

Auch Güterwagen muss die Deutsche Reichsbahn selbst bauen — *Foto: Sammlung Drossel*

Der gedeckte Wagen der Gattung Gmmls ist ebenfalls eine Eigenfertigung der Deutschen Reichsbahn — *Foto: Sammlung Drossel*

„Im RAW ‚Einheit' in Leipzig werden Radsätze für Kesselwagen aus allen Teilen der DDR aufgearbeitet. Dabei konnte die Qualität der Radsatzprofile jetzt wesentlich verbessert werden." (9.10.1989)
Original-Text und Foto vom Allgemeinen Deutschen Nachrichtendienst (ADN) [der DDR]

struktion von Reisezugwagen bewährt hatte, in das Kombinat übernommen werden, ohne dass die Deutsche Reichsbahn mehr Wagen erhalte. Außerdem sollte das Reichsbahnausbesserungswerk Stendal ein Betrieb im Bereich des Ministeriums für Schwermaschinen und Anlagenbau werden, um so Arbeitskräfte für den Bereich zur Herstellung von Zement- und Erdgasanlagen zu gewinnen. War das nun Zynismus oder Notmaßnahme? Markscheffel nahm die für die Reichsbahn üble Nachricht zu den Reichsbahnausbesserungswerken Halberstadt und Stendal und die beabsichtigten Lieferkürzungen nicht hin. Hörte er doch, dass der VEB Waggonbau Dessau aus dem Staatshaushalt eine Exportstützung von 200 Millionen Mark erhalte, und forderte, anstelle von Kühlwagen und -zügen, die in Dessau gebaut wurden, Reisezugwagen zu produzieren, weil das volkswirtschaftlich zweckmäßiger sei. Das Verlangen des Vertreters vom Ministerium für Verkehrswesen blieb ohne eine Reaktion.

Frisch aus dem Reichsbahnausbesserungswerk „Einheit" Leipzig der Kesselwagen für brennbare Flüssigkeiten (1974)
Foto: ZBDR

Wegen Exportdifferenzen liefert die Industrie Seitengangwagen an die Reichsbahn, die sie für neue Städte-Expresszüge benutzt. Diese fahren nicht schneller als die anderen Züge, jedoch durch Wegfall von Halten mit kürzerer Reisedauer. Flughafen Berlin-Schönefeld 1989
Foto: Emersleben

Autorisierte Mitarbeiter der Hauptverwaltung Wagenwirtschaft würden von der VVB Schienenfahrzeuge unterstützt, wenn sie den Import und die Eigenfertigung von Containertragwagen prüfen. In der Veranstaltung am 18. November wurde auch festgelegt, die Entwicklung der Diesellokomotive V 240 einzustellen, während eventuell doch noch Güterwagen von der Industrie der DDR erwartet werden konnten, zum Beispiel vom Waggonbau Niesky, wenn auch nicht alle benötigten Gattungen. Güterwagen wurden bereits von den Reichsbahnausbesserungswerken gebaut: Kesselwagen in Jena, Rungenwagen in Eberswalde, gedeckte Wagen in Magdeburg, offene in Dresden und Zwickau, gedeckte und Mannschaftswagen in Leipzig-Engelsdorf. Bei den Reisezugwagen blieb die Situation schwierig. Da half ebenfalls nur die Eigenfertigung, um die es auch am 18. November 1968 ging. Für die Reisezugwagen wurden die Ausbesserungswerke in Halberstadt und Delitzsch ausgewählt.

Von 1957 bis 1964 richtete das Reichsbahnausbesserungswerk Halberstadt zwei- und dreiachsige Wagen aus der Vorkriegszeit zeitgemäß her. Die Deutsche Reichsbahn bewältigte mit den Halberstädter Wagen und den Neubaufahrzeugen der Schienenfahrzeugindustrie (Doppelstockwagen aus Görlitz, Seitengangwagen aus Bautzen) den gesamten Reisezugverkehr. Die Fahrzeugindustrie kümmerte sich um den Export, die Deutsche Reichsbahn baute Wagen, bis auf Ausnahmen, für sich selbst, nur die Doppelstockwagen nicht.

Die „Eigenfertigung“ umfasste allein an Reisezugwagen

- zwei- und dreiachsige Durchgangswagen mit Mittelgang (Reko)
  Bag/Baag, Reko-Jahre 1957 – 1965
  Reichsbahnausbesserungswerke Potsdam und Halberstadt
- Modernisierungswagen mit Seitengang
  Bge, Umbaujahre 1961 – 1967
  Reichsbahnausbesserungswerk Delitzsch
- Durchgangswagen mit Mittelgang (Reko)
  Bghw, Reko-Jahre 1965 – 1974
  Reichsbahnausbesserungswerk Halberstadt
- D-Zug-Mittelgangwagen
  Bmhe, 1978 – 1983
  Reichsbahnausbesserungswerk Halberstadt
- D-Zug-Wagen mit Gepäckabteil
  BDghwse, 1969 – 1972/1974
  Reichsbahnausbesserungswerk Halberstadt
- D-Zug-Wagen mit Büfettabteil
  Bgre, 1966/1967
  Reichsbahnausbesserungswerk Delitzsch
- D-Zug-Wagen 1. und 2. Klasse
  Ame/Bme[121], 1983
  Reichsbahnausbesserungswerk Halberstadt
- Speisewagen
  WRge, 1973/1974
  Reichsbahnausbesserungswerk Halberstadt.

Nicht einfach zu haben, ein Triebwagen für die Hauptbahnen

Nach der Übernahme zweiachsiger Nebenbahntriebwagen (Baureihe VT 2.09) sollte die Schienenfahrzeugindustrie der DDR vierachsige Triebwagen für Hauptbahnen bauen. Denn trotz langer, voll besetzter Züge auf den Magistralen bestand Bedarf für kurze Züge auf Hauptbahnen. Das sollten der Streckengeschwindigkeit angepasste Triebwagen sein. Am 28. April 1967 versammelten sich insgesamt fünf Vertreter der Hauptverwaltung Maschinenwirtschaft, der Versuchs- und Entwicklungsstelle Maschinenwirtschaft und der Hauptverwaltung des Betriebs- und Verkehrsdienstes und formulierten die Bedingungen zu einem vierachsigen Triebwagen:

- Einmaschinenanlage, bestehend aus den Hauptaggregaten Dieselmotor und Strömungsgetriebe. Die Dieselmotorleistung mindestens 400 PS.
- Sitzplatzangebot von 200 – 300 Plätzen für eine Triebwageneinheit. Die Standardeinheit wird gebildet aus VT + VM + VT (etwa 246 Sitzplätze).
  Die vierteilige Einheit gilt als wirtschaftliche Grenze für den Mittelstreckentriebwagen. Was darüber liegt, gehört in den Wirtschaftlichkeitsbereich des mit der Diesellokomotive der Baureihe V 100 bespannten Wendezuges.
  Steuerung von zwei vierteiligen Einheiten von einem Führerstand aus. Einbau einer Mittelpufferkupplung muss an allen Wagenenden möglich sein.
- Höchstgeschwindigkeit von 120 km/ für alle Wagen, jene der vierteiligen Einheit kann 100 km/h betragen.
- Die Triebwagen sind mit Zugbeeinflussung (PZB) auszurüsten.

Während einer folgenden Beratung am 26. Juli 1967 bei der Vereinigung volkseigener Betriebe (VVB) Schienenfahrzeuge ging die Hauptverwaltung von der Forderung für eine Einmaschinen-Anlage ab, nur damit die Serienfertigung bald beginnen konnte. Dies widersprach den drei Monaten vorher in der Hauptverwaltung formulierten Grundsätzen für die neue Baureihe VT 4.12.

In Bautzen wurden zwei unterschiedliche Baumuster hergestellt, für die Leipziger Messe, denn solche Triebwagen wollte die VVB Schienenfahrzeuge exportieren und nicht für die Reichsbahn produzieren. Diese durfte nur ihre Strecken für Erprobungsfahrten zur Verfügung stellen und später die Muster kaufen. Der Export kam mangels Interesse nicht zustande. Was die Versuchs- und Entwicklungsstelle für die Maschinenwirtschaft zu den übernommenen Baumustern meinte, ging aus einem Schreiben vom 23. Oktober 1967 hervor: Alles unklar, da der Hersteller nicht mit der Reichsbahn kooperierte. Ihr blieben die Baumuster zunächst unbekannt.

Vermutlich musste es beim Hersteller recht schnell gehen. Der Schienenfahrzeug-

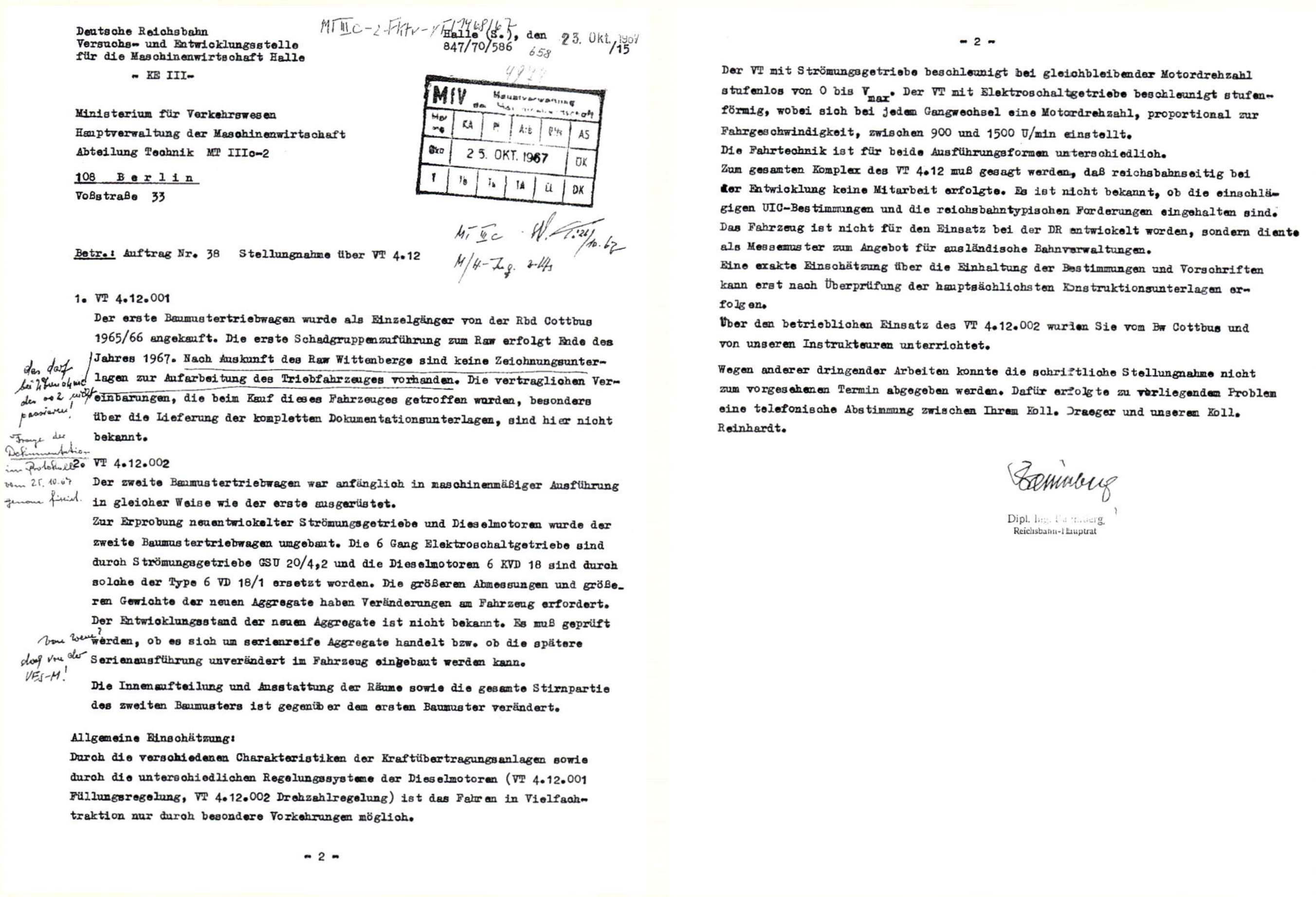
Deutsche Reichsbahn
Versuchs- und Entwicklungsstelle
für die Maschinenwirtschaft Halle
- KE III -

Halle (S.), den 23. Okt. 1967
847/70/586

Ministerium für Verkehrswesen
Hauptverwaltung der Maschinenwirtschaft
Abteilung Technik MT IIIc-2
108 Berlin
Voßstraße 33

MfV Hauptverwaltung der Maschinenwirtschaft
25. OKT. 1967

Betr.: Auftrag Nr. 38 Stellungnahme über VT 4.12

1. VT 4.12.001
Der erste Baumustertriebwagen wurde als Einzelgänger von der Rbd Cottbus 1965/66 angekauft. Die erste Schadgruppenzuführung zum Raw erfolgt Ende des Jahres 1967. Nach Auskunft des Raw Wittenberge sind keine Zeichnungsunterlagen zur Aufarbeitung des Triebfahrzeuges vorhanden. Die vertraglichen Vereinbarungen, die beim Kauf dieses Fahrzeuges getroffen wurden, besonders über die Lieferung der kompletten Dokumentationsunterlagen, sind hier nicht bekannt.

2. VT 4.12.002
Der zweite Baumustertriebwagen war anfänglich in maschinenmäßiger Ausführung in gleicher Weise wie der erste ausgerüstet.
Zur Erprobung neuentwickelter Strömungsgetriebe und Dieselmotoren wurde der zweite Baumustertriebwagen umgebaut. Die 6 Gang Elektroschaltgetriebe sind durch Strömungsgetriebe GSU 20/4,2 und die Dieselmotoren 6 KVD 18 sind durch solche der Type 6 VD 18/1 ersetzt worden. Die größeren Abmessungen und größeren Gewichte der neuen Aggregate haben Veränderungen am Fahrzeug erfordert.
Der Entwicklungsstand der neuen Aggregate ist nicht bekannt. Es muß geprüft werden, ob es sich um serienreife Aggregate handelt bzw. ob die spätere Serienausführung unverändert im Fahrzeug eingebaut werden kann.
Die Innenaufteilung und Ausstattung der Räume sowie die gesamte Stirnpartie des zweiten Baumusters ist gegenüber dem ersten Baumuster verändert.

Allgemeine Einschätzung:
Durch die verschiedenen Charakteristiken der Kraftübertragungsanlagen sowie durch die unterschiedlichen Regelungssysteme der Dieselmotoren (VT 4.12.001 Füllungsregelung, VT 4.12.002 Drehzahlregelung) ist das Fahren in Vielfachtraktion nur durch besondere Vorkehrungen möglich.

- 2 -

- 2 -

Der VT mit Strömungsgetriebe beschleunigt bei gleichbleibender Motordrehzahl stufenlos von 0 bis V_{max}. Der VT mit Elektroschaltgetriebe beschleunigt stufenförmig, wobei sich bei jedem Gangwechsel eine Motordrehzahl, proportional zur Fahrgeschwindigkeit, zwischen 900 und 1500 U/min einstellt.
Die Fahrtechnik ist für beide Ausführungsformen unterschiedlich.
Zum gesamten Komplex des VT 4.12 muß gesagt werden, daß reichsbahnseitig bei der Entwicklung keine Mitarbeit erfolgte. Es ist nicht bekannt, ob die einschlägigen UIC-Bestimmungen und die reichsbahntypischen Forderungen eingehalten sind.
Das Fahrzeug ist nicht für den Einsatz bei der DR entwickelt worden, sondern diente als Messemuster zum Angebot für ausländische Bahnverwaltungen.
Eine exakte Einschätzung über die Einhaltung der Bestimmungen und Vorschriften kann erst nach Überprüfung der hauptsächlichsten Konstruktionsunterlagen erfolgen.
Über den betrieblichen Einsatz des VT 4.12.002 wurden Sie vom Bw Cottbus und von unseren Instrukteuren unterrichtet.

Wegen anderer dringender Arbeiten konnte die schriftliche Stellungnahme nicht zum vorgesehenen Termin abgegeben werden. Dafür erfolgte zu vorliegendem Problem eine telefonische Abstimmung zwischen Ihrem Koll. Draeger und unserem Koll. Reinhardt.

Baumberg
Dipl. Ing. Baumberg
Reichsbahn-Hauptrat

Max Baumberg, Leiter der Versuchs- und Entwicklungsstelle, beurteilt die Triebwagen-Baumuster

Quelle: Barch DM 1-8200

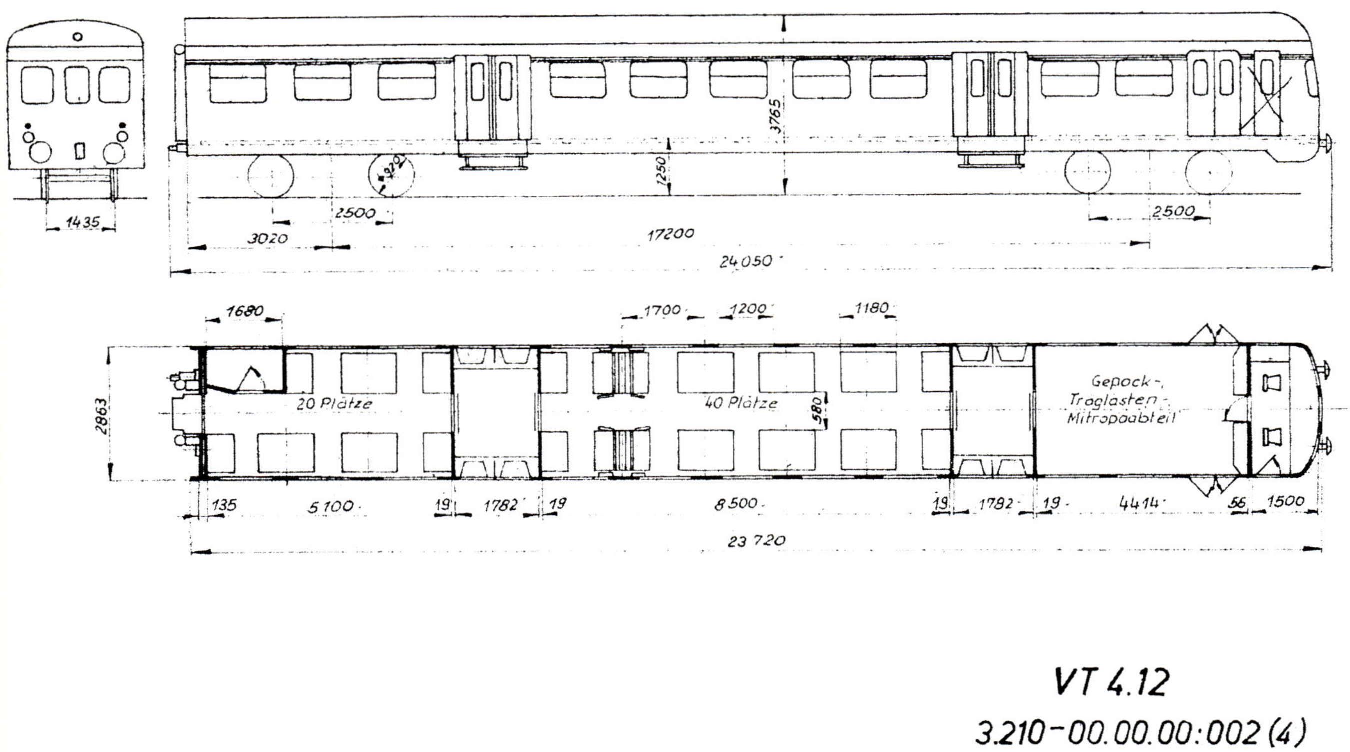

Wunsch der Deutschen Reichsbahn: Die Baureihe VT 4.12 hat ein Gepäck- und Traglasten- sowie Mitropa-Abteil *Quelle: Barch DM 1-18476*

bau in Bautzen verlagerte den zweiachsigen Triebwagen in das der gleichen Vereinigung unterstellte Werk in Görlitz. Ein Schelm, der denkt, dass die Verlagerung dazu diente, die zweiachsigen Leichttriebwagen zu verbessern und sich den vierachsigen Triebwagen zuzuwenden. Im Gegenteil. Die Hauptverwaltung Maschinenwirtschaft war 1967 bereit, nicht gedeckte Entwicklungskosten von 190.000 Mark auf die Entwicklung der Einmaschinenanlage umzulegen, die Entwicklung bereits vor Beginn zu belasten. Dennoch lehnte der Generaldirektor der VVB Schienenfahrzeuge die Einmotorenanlage rundweg ab, da das dazu gehörende Strömungsgetriebe nicht gebaut werden könne. Dabei bot seit 1965 der Motorenbau Roßlau ein solches an und war bereit, dieses weiter zu entwickeln. Der neue Hersteller – Waggonbau Görlitz – spreche von einem Verzug von zwei Jahren, wenn er dreiteilige Leichttriebwageneinheiten mit Einmaschinenanlagen bauen müsse. Der Staatsplan sah acht vierachsige Leichttriebwagen für 1968 vor, in den Jahren 1969 und 1970 jeweils 19. Zusagen vom Hersteller erhielt die Reichsbahn erst für 1970. Angeblich wolle man in dem Jahr alle 46 Leichttriebwagen liefern.

Den Mitarbeitern im Waggonbau Görlitz fehlte es nicht an Lust und Laune, sich mit der Entwicklung der vierachsigen Triebwagen zu beschäftigen. 1968 war man mit dem Bau eines Regierungszuges bis zum 20. Jahrestag der DDR (7.10.1969) beauflagt worden. Da musste alles andere warten, und es blieb den Görlitzern nicht anderes übrig, als die Lieferung des „Bautzener" Triebwagens erst für 1970 zuzusagen, den Steuerwagen erst für 1971. Auch wollten die Görlitzer Konstrukteure diese Fahrzeuge nicht nachbauen und schlugen am 3. April 1968 der Reichsbahn andere Fahrzeugtypen vor. Diese Entwicklung war nach Ansicht des VEB Waggonbau Görlitz volkswirtschaftlich günstiger, entsprach dem internationalen Trend für derartige Fahrzeugtypen und führte zu einem Triebzug, der in seinen Parametern den Weltmaßstab erreicht und sowohl wirtschaftlich bei der Reichsbahn eingesetzt als auch für Exportlieferung vorgesehen werden könnte. Darüber berichtete die Hauptverwaltung Maschinenwirtschaft der Spitze im Ministerium für Verkehrswesen. In Görlitz wolle man 1970 ein bis zwei Baumuster und ab 1972 die Serienfahrzeuge als dreiteilige Einheiten (VT + VM + VT) ausliefern, die dem Stand der Technik entsprechen. Dieser Vorschlag entspräche voll und ganz den Vorstellungen der Deutschen Reichsbahn und beweise die Richtigkeit der bereits im Jahre 1965 an die VVB Schienenfahrzeuge übergebenen Forderungen.

Die entscheidenden Vorteile dieser dreiteiligen Einheiten mit Einmaschinenanlage gegenüber der Ausführung „Bautzen" waren:

- 30 bis 70 Prozent geringere Wartungs- und Unterhaltungskosten
- leichteres Fahrzeug und damit besserer Wirkungsgrad

- etwa 25 Prozent weniger Kraftstoffverbrauch
- geringere Anschaffungskosten, da mit dem Fortfall der 2. Anlage auch die hierfür notwendigen Hilfsbetriebe, Steuer- und Regelungsanlagen entfallen
- größerer Aktionsradius, da Mitnahme von mehr Kraftstoff möglich
- nur ein Führerstand
- innerhalb der Einheit Übergänge zwischen allen Wagen, Gepäck-, Mitropa- und Traglastenabteil mit zweckmäßigen Türen, trotzdem gleiches Sitzplatzangebot
- wie bei der Ausführung „Bautzen“ Zugbildung entsprechend den betrieblichen Erfordernissen.

In dieser Zeit legte das rumänische Werk „23 August“, Bukarest, mit dem die Reichsbahn später noch – harmlos formuliert – unglückliche Erfahrungen machen sollte (Baureihe 119) ein Angebot vor. Dass Design auch im Sozialismus eine Rolle spielen sollte, war in Bukarest nicht bekannt, weswegen die Deutsche Reichsbahn in der Stellungnahme an den Außenhandelsbetrieb feinsinnig schrieb: „Die Gesamtansicht des Triebwagens ist zu konventionell.“ Im Übrigen betrachtete die Hauptverwaltung Maschinenwirtschaft den auf dem Papier existierenden Triebwagen als Grundkonzeption. Bemängelt wurden die fehlenden Ansichtszeichnungen zum Steuerwagen, der Drehzapfenabstand und Laufkreisdurchmesser, die Art der Türen, das Eigengewicht, die Klotzbremse anstelle der inzwischen international üblichen Scheibenbremse, Unklarheiten zum Ausbau des Dieselmotors (6 VD 18/15 AL-1) und zur Abgasanlage. Auch sonst schien der rumänische 500-PS-Triebwagen im Entwurf vom Weltstand weit entfernt und teuer.

Das Angebot wurde nicht weiter verfolgt, denn die Hauptverwaltung Maschinenwirtschaft liebäugelte trotz aller Devisenprobleme mit einem anderen Triebwagen, der bald in der Bundesrepublik Deutschland hergestellt wurde und bei der Bundesbahn die Baureihenbezeichnung 627, später 628 erhielt. Die zweiteiligen Garnituren dieser Art trafen dann allerdings bei der Deutschen Reichsbahn erst 1992 ein, für sie gebaut in Hennigsdorf bei Berlin.

Gemeinsam mit der Leitung der Reichsbahndirektion Berlin richtet sich die Zentrale der Deutschen Reichsbahn in der Ruschestraße 59 ein (1993)

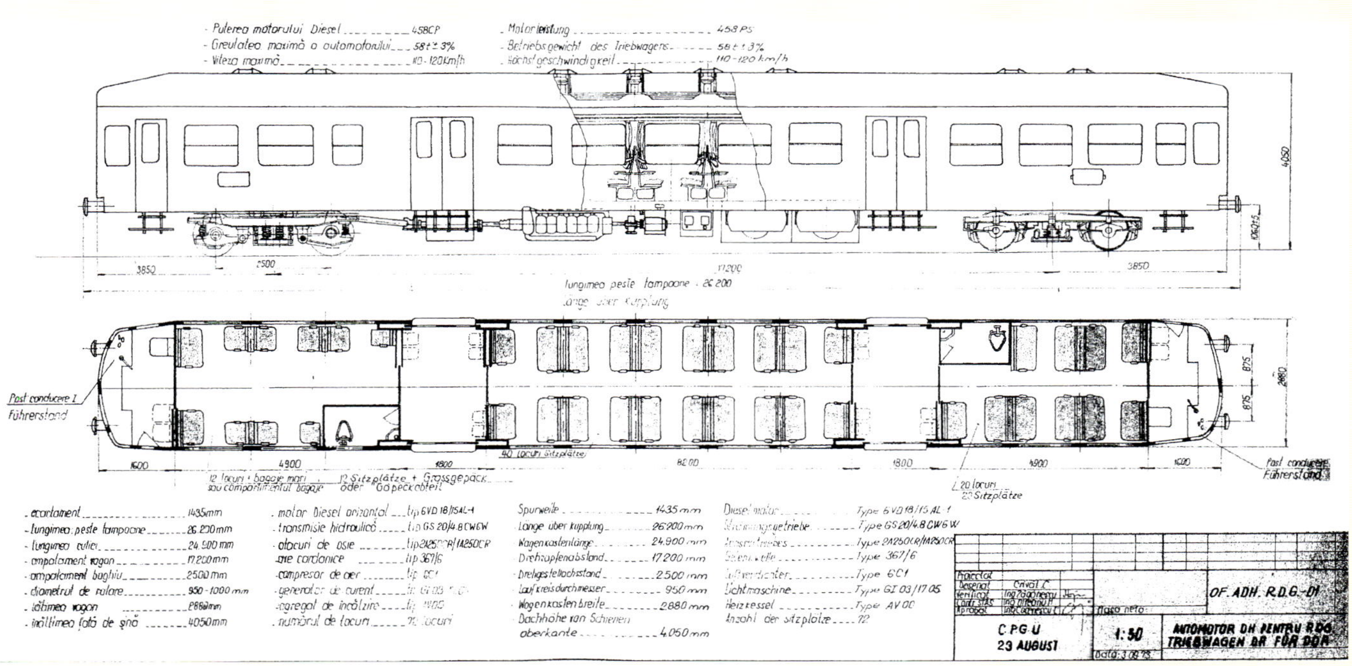

So stellt sich 1973 das Bukarester Werk „23 August“ den Triebwagen für die Deutsche Reichsbahn vor. Etwas zu bieder, meinte man bei dieser

Quelle: Barch DM 1-18476

Pflege der Reichsbahn-Tradition

Großes Ereignis in Belzig mit mehreren betriebsfähigen Dampflokomotiven. Bei solchen Veranstaltungen fehlt fast nie die Schnellfahrlokomotive 02 0201

Einem platzt der Kragen und schreibt eine Chronik zu den Museums-Triebfahrzeugen

Am 28. Februar 1985 bestätigte der Minister für Verkehrswesen Maßnahmen zum Schutz und zur Erhaltung des vorhandenen historischen Dampflokomotivparks. Man müsste meinen, dass der ansehnliche Bestand damit festgeschrieben stand. Dem war nicht so. Wiederholt beschäftigten sich Leiter und Mitarbeiter der Hauptverwaltung Maschinenwirtschaft mit den historischen Fahrzeugen, obwohl ihnen andere Aufgaben wie beispielsweise der Traktionswechsel viel Kraft und Zeit abverlangten. Eisenbahner der örtlichen Dienststellen und Mitglieder des Deutschen Modelleisenbahn-Verbandes der DDR fanden immer wieder eine Lokomotive, die ihrer Meinung nach auch noch in den festgeschriebenen Bestand aufzunehmen war – sie stießen mitunter bei einzelnen Mitarbeitern der Hauptverwaltung Maschinenwirtschaft auf Verständnis. Die Lokomotivliste wurde immer wieder ergänzt. Anderen in der Hauptverwaltung platzte angesichts der Inkonsequenz der Kragen. Am 14. April 1985 beschrieb der Mitarbeiter P. in der Abteilung Triebfahrzeugunterhaltung unter dem unverfänglichen Titel „Chronik der Entwicklung eines historischen Dampflokparks" die Disziplinlosigkeiten und beabsichtigte, dass sich in der Hauptverwaltung Maschinenwirtschaft zu dem Thema ein einheitlicher Standpunkt bilde, wie auch weitere Maßnahmen „für den nunmehr längst überfälligen Schlußakkord" getroffen werden sollten. Nicht versäumt wurde der Hinweis auf „die Erhöhung des Sekundärrohstoff-Aufkommmens durch die Vielzahl der zwar noch hinterstellten, aber in diesen historischen Park nicht mehr einzubeziehenden Dampflok." Wie im Westen bemühte man auch in DDR die Sprache, um Unattraktives mit anderen Begriffen salonfähig zu veredeln. Aus Schrott wurde der feiner klingende „Sekundärrohstoff". Was nicht zum historischen Bestand gehörte, sollte unverzüglich verschrottet werden, wobei der Autor an 14 Triebfahrzeuge dachte, die zu Splittergattungen gehört hatten. Was rasch im Hochofen verschwand, konnte nicht mehr auf den Gleisen stehen. Der „Schlussakkord" spielte darauf an, endlich das letzte Wort zum historischen Dampflokomotivpark zu sprechen und die Fahrzeugliste zu veröffentlichen. Welche Kuriosa und Zwischenfälle Eingeweihte beobachten mussten, soll an dieser Stelle erläutert werden. Zunächst der chronologische Ablauf.

1985 hielt die Deutsche Reichsbahn zum Dampflokomotivpark des Zugdienstes, Heizlokomotiven und der künftigen, nur aus den Baureihen 41, 44, 50 und 52 gebildeten Reserve noch 57 Fahrzeuge vor, die 41 verschiedene Baureihen und Bauarten repräsentierten. Schmalspur-Lokomotiven bleiben in der Abhandlung generell unberücksichtigt. Die Normalspurlokomotiven unterteilten sich in 42 bestätigte Museumslokomotiven, eine durch den Minister zusätzlich bestätigte Kohlenstaublokomotive der Baureihe 52 und zehn aus dem Betriebspark entfernte Dampflokomotiven für Verkäufe und zur Aufstockung des historischen Lokomotivbestandes. Unter diesen 57 Stück befanden sich allein 13 Einheits-Schnellzuglokomotiven der Baureihen 01 und 03.

Zwischen 1965 und 1967 fanden unter dem Eindruck der auf Hochtouren laufenden ersten „großen" Ausmusterungswelle, die massenweise auch die zum typischen Bild der Reichsbahn gehörenden Baureihe 38^{10-40} traf, am Rande der seinerzeit üblichen Tagungen einer „Rationalisierungsbrigade Lokomotiven" Gespräche zwischen Mitarbeitern der Hauptverwaltung Maschinenwirtschaft und dem Leiter der Versuchs- und Entwicklungsstelle der Maschinenwirtschaft Halle, Max Baumberg, darüber statt, ausgewählte Dampflokomotiven für Museumszwecke zu erhalten. Baumberg unterrichtete selbst den Minister für Verkehrswesen, Erwin Kramer, über ein solches Vorhaben. Ein Programm dazu mit 25 Dampflokomotiven wurde geraume Zeit später vorgelegt, als zu umfangreich und ökonomisch unakzeptabel abgelehnt. Kramer hielt es für ausreichend, höchstens sechs bis acht Dampflokomotiven zu erhalten, weil damit Zeitgeschichte (Länder-, Einheits- und Neubaulokomotiven) sowie die technische Verwendungsart (Schnellzug-, Personenzug-, Güterzug- und Tenderlokomotive) für die Nachwelt ausreichend demonstriert werde.

Nach 1968 führte der gute Kontakt Max Baumbergs zum Minister Kramer und die Tatsache, dass das Verkehrsmuseum in Dresden (da hauptsächlich der Mitarbeiter Gerhard Arndt) für die Idee gewonnen werden konnte, am 1. Dezember 1969 zu einer Weisung des Ministers, Dampflokomotiven als ortsbewegte technische Denkmale zu erhalten. Das Verkehrsmuseum Dresden erhielt 25 Dampflokomotiven, sie wurden ihm überantwortet. Anlässlich des MOROP-Kongresses[122] im Jahre 1971 standen sie sämtlich als Fahrzeugschau auf dem Bahnhof Radebeul Ost.

Nach dem für die Beteiligten unerwarteten Erfolg mit dieser Fahrzeugschau erhielt das Verkehrsmuseum jedes Jahr finanzielle Mittel, die es für die meisten Dampflokomotiven

Wissenschaft und Technik

Ordnung für Eisenbahnmuseumsfahrzeuge

1. Mit der am 1. März 1975 durch den Minister für Verkehrswesen in Kraft gesetzten obengenannten Ordnung wurde die Weisung vom 1. Dezember 1969 zur Erhaltung von Dampflokomotiven als technische Denkmale aufgehoben und neu geregelt. Die Ordnung für Eisenbahnmuseumsfahrzeuge erfaßt jetzt Fahrzeuge aller Arten. Insbesondere regelt sie die Herrichtung, Instandhaltung und das Ausstellen dieser Fahrzeuge sowie den zeitweisen Einsatz für Traditionsfahrten. Damit wurde eine Grundlage zur Erhaltung entwicklungsgeschichtlich interessanter Schienenfahrzeuge für die Nachwelt gegeben. Im folgenden geben wir die obengenannte Ordnung auszugsweise bekannt.

   In den Anlagen 1 bis 5 sind alle bisherigen Änderungen eingearbeitet.
2. Die Verfügung, EV 3.2/765/77, vom 5. Februar 1979 (MBl. Teil DR Nr. 4/5/1979) ist hiermit gegenstandslos.

WT III.2/02/86 v. 3. 1. 86/38 898

Dr. Müller
Leiter der Abteilung

Ordnung für Eisenbahnmuseumsfahrzeuge – Auszug –

2. Begriffsbestimmungen

Eisenbahnmuseumsfahrzeuge sind

- museumsgerecht aufzustellende Fahrzeuge (Triebfahrzeuge und Wagen), die dem Verkehrsmuseum Dresden für Ausstellungszwecke von der DR übergeben werden, und
- Fahrzeuge (Triebfahrzeuge und Wagen), die von der DR für Traditions- und Sonderfahrten betriebsfähig vorgehalten werden.

Museumsgerecht aufzustellende Fahrzeuge müssen auf eigenen Rädern transportfähig, gereinigt und korrosionsgeschützt sein und sollen dem ursprünglichen Aussehen hinsichtlich Bauart, Anstrich und Ausstattung entsprechen.

Betriebsfähig vorzuhaltende Fahrzeuge müssen bei Einsatz den Betriebsvorschriften der DR entsprechen; Anstrich und Ausstattung darf im Ursprungszustand ausgeführt sein.

Betriebsfähig vorzuhaltende Fahrzeuge verbleiben im Grundmittelfonds der DR.

Mit der „Ordnung für Eisenbahn-Museumsfahrzeuge" soll 1986 alles geklärt sein, ist es aber nicht

Quelle: Mitteilungen und Verfügungen des Ministeriums für Verkehrswesen

Immer wieder werden die Museumsfahrzeuge auf Ausstellungen, Bahnhofsfesten und ähnlichem beachtet. Ausstellung auf dem Wriezener Bahnhof in Berlin (1987)

zur museumsgerechten Aufarbeitung in einem Reichbahnausbesserungswerk verwenden konnte. Am 1. März 1975 ersetzte eine „Ordnung für Eisenbahnmuseums-Fahrzeuge“ die vom Minister bestätigte Weisung. Die neue Ordnung umfasste Eisenbahnfahrzeuge aller Arten, also auch die elektrischen und jene mit Verbrennungsmotor, die Fahrzeuge der S-Bahn, Reise- und Güterwagen sowie Schmalspurfahrzeuge. Die Anzahl der Regelspur-Dampflokomotiven war inzwischen auf 28 angewachsen.

Nach 1976 setzte ein neuer Trend ein. Obwohl Fahrzeugausstellungen wiederholt wurden und Anziehungspunkte für die Öffentlichkeit blieben, wurden zunehmend die „betriebsfähigen Traditionslokomotiven“ für die Eisenbahnfreunde und bei Veranstaltungen des Deutschen Modelleisenbahn-Verbandes interessant. Nach Beispielen ausländischer Bahnverwaltungen wurden in der 1978er Museumsordnung von den betriebsfähigen Dampflokomotiven fünf ausgewiesen, die das Bahnbetriebswerk Dresden mit viel Engagement pflegte und zu besonderen Anlässen betrieb. Dazu gehörten in erster Linie die Triebfahrzeuge: 03 001, 62 015, 89 6009 (ehemals preußische Gattung T 3, aber mit Schlepptender), 38 205. Den wesentlichen Anstoß, mehr „lebendige“ Museumslokomotiven zu betreiben, gab die Hauptverwaltung Maschinenwirtschaft selbst mit einer Weisung vom 15. November 1977, nach der die im besten Originalzustand gebliebene Einheits-Schnellzuglokomotive 01 204 des Bahnbetriebswerks Dresden als betriebs-

Jede Baureihe von Bedeutung soll im Bestand der Museumslokomotiven vertreten sein. Auch die Personenzuglokomotive 24 004 wird aufgenommen

Die Lokomotive „Mammut“ einer Privatbahn aus der Tierklasse muss ebenso mit auf die Liste

fähig zu erhaltende Traditions-Dampflokomotive festgeschrieben und die Lok 01 005 in sehr mäßigem Originalzustand ersetzt werden sollte. Das Verkehrsmuseum lehnte den Austausch ab, war doch die Lokomotive 01 005 bereits museumsgerecht hergerichtet worden. Bis zu ihrem Verkauf ins nicht sozialistische Währungsgebiet – bewusst undeutliche Umschreibung für „gegen harte Devisen“ – blieb nun die Lokomotive 01 204 eine Traditionslokomotive, die immer außerhalb der Zuständigkeit des Verkehrsmuseums stand.

Bei dem Trend zu „lebendigen“ Traditionslokomotiven war es für den Verfasser der „Chronik“ nicht verständlich und ökonomisch ungerechtfertigt, dass im Jahr 1977, also im gleichen Jahr, in dem die Weisung erschien, die Hauptverwaltung Maschinenwirtschaft bedenkenlos Anträge durch den Stellvertreter des Ministers und Ersten Stellvertreter des Generaldirektors, Dr. Schmidt, befürwortete, mit denen der Reichsbahndirektion Cottbus das Recht zugestanden wurde, vier Regel-Dampflokomotiven [03 204, 23 1019, 38 2267 und vom Bahnbetriebswerk Frankfurt (Oder) 64 007] als technische Denkmale vorzuhalten und aufzustellen. Standen doch damit 350 Tonnen Stahl-Kernschrott in der Landschaft und nicht mehr zum Verkauf bereit!

In dieser Weise ging es nach 1979 weiter. Die befürworteten Denkmallokomotiven in Cottbus veranlassten die Reichsbahndirektion Magdeburg sogleich, eine ähnliche Konzeption zu entwickeln. Auch stimmte die Hauptverwaltung Maschinenwirtschaft zu, eine Denkmallokomotive der Baureihe 22 in Magdeburg aufzustellen, für die sogar ein kompletter neuer Triebwerksatz hätte gefertigt werden müssen, da der originale bereits während des Heizlokomotiveinsatzes verschrottet wurde. Nach einer Vielzahl von Rückfragen erteilte Dr. Schmidt am 18. Dezember 1979 die Zustimmung zum Programm und für die Hinterstellung weiterer zwölf Dampflokomotiven als Museums- und Traditionsfahrzeuge.

In der „Chronik“ widmete sich P. den musealen Triebfahrzeugen mit der Zielstellung:

- Erweiterung des mit der Museumsordnung bestätigten historischen Triebfahrzeugparks der Deutschen Reichsbahn durch die Baureihen, die entscheidend die Zugförderungsarbeit beim Aufbau des sozialistischen Eisenbahnwesens prägten.
- Aktualisierung der Museumsordnung mit dem Ziel, die Anzahl von 40 Museums-Dampflokomotiven nicht zu überschreiten, davon aber mindestens die Hälfte als betriebsfähige Traditionsfahrzeuge aufzuarbeiten.
- Volle Übernahme aller 40 Museumslokomotiven in die Zuständigkeit und Verantwortung des Verkehrsmuseums nach den Bedingungen der Ordnung für Eisenbahn-Museumsfahrzeuge.
- Zuführung aller anderen vorgehaltenen Traditions- und Denkmallokomotiven, auch die bereits genehmigten, in das Sekundärrohstoffaufkommen. Das hieß Verschrottung.

Zu den zwölf zusätzlichen Dampflokomotiven gehörten die

- Einheits-Schnellzuglokomotive 01 204 (bis zum Verkauf)
- rekonstruierte Schnellfahrlokomotive 02 0201
- Neubau-Personenzuglokomotive 35 1113
- rekonstruierte Einheitsschnellfahrgüterzuglokomotive 41 1074
- ölgefeuerte schwere Einheitsgüterzuglokomotive 44 0104
- Einheitsgüterzuglokomotive 50 849
- ÜK-Einheitsgüterzuglokomotive[123] 52 6666
- rekonstruierte Güterzuglokomotive 58 3047
- Neubau-Tenderlokomotive 65 1049
- Einheits-Tenderlokomotive 86 001
- Preußische Tenderlokomotive (T 16.1) 94 1292
- ölgefeuerte preußische Tenderlokomotive (T 20) 95 0028.

Die betriebsfähige Aufarbeitung der zusätzlich bestätigten Lokomotiven bereitete dem Reichsbahnausbesserungswerk Meiningen keine Probleme. Bereits bestätigte histori-

Mit „Donnerbüchsen" und der Lokomotive 62 015 in Thüringen unterwegs – solche Sonderfahrten sind besonders beliebt

sche Triebfahrzeuge, die weniger populär waren, führten zwischen der Hauptverwaltung Maschinenwirtschaft und dem Deutschen Modelleisenbahn-Verband der DDR zu harten Diskussionen, ebenso der Austausch der badischen Schnellzuglokomotive IV h 18 314 gegen die rekonstruierte Schnellfahr-Dampflokomotive 02 0201 auf der Liste. Immer ging es darum, 40 Triebfahrzeuge im Museums-Dampflokomotivpark nicht zu überschreiten. Im Zeitraum 1980 bis 1983 wurden so die Triebfahrzeuge 01 204, 18 314, 44 0104, 89 008, 94 249 und 95 0028 durch die Triebfahrzeuge 01 137, 01 531, 03 1010, 44 1093 und 95 1027 getauscht oder ersatzlos gestrichen.

In den entscheidenden Beratungen zwischen der Hauptverwaltung Maschinenwirtschaft, dem Verkehrsmuseum Dresden und dem Deutschen Modelleisenbahn-Verband der DDR am 25. Januar 1983 und am 18. Juli 1983 wurden die in der Ministerweisung vom 18. Dezember 1979 angeführten 42 Dampflokomotiven als historischer Park in die Ordnung für Eisenbahn-Museumsfahrzeuge aufgenommen. Schließlich erklärte sich am 4. August 1983 das Verkehrsmuseum Dresden für diesen historischen Dampflokpark verantwortlich. Damit standen diese Triebfahrzeuge unter Denkmalschutz. Die Abteilung Wissenschaft und Technik des Ministeriums für Verkehrswesen bestätigte mit einer Weisung am 10. Mai 1984 die neue Liste der Eisenbahn-Museumsfahrzeuge mit Ausnahme von drei Lokomotiven.

Jedoch war 1985 die bestätigte Liste noch nicht veröffentlicht worden, deshalb die zuständigen Stellen, wie zum Beispiel die Heimat-Ausbesserungswerke, die Heimat-Bahnbetriebswerke, die Pflegekollektive der Triebfahrzeuge und der Deutsche Modelleisenbahn-Verband der DDR noch nicht über Umfang und verbindliche Betriebsnummern zum historischen Dampflokomotivpark der Deutschen Reichsbahn unterrichtet. Dass der Leiter der Hauptverwaltung Maschinenwirtschaft und der Direktor des Verkehrsmuseums mit Sichtvermerk des Ministers beauftragt wurden, bis zum 20. Juni 1985 eine erweiterte Konzeption über den Museumsdampflokpark zu erarbeiten, hatte seine Ursachen in der Unkenntnis über die bereits bestätigte Ordnung. Es schien oder war so, als ob den Beteiligten der Überblick zu eigenen Festlegungen verloren ging. Der Verfasser der Chronik P. schlug bei der verfahrenen Situation vor, die Liste mit den betriebsfähigen Lokomotiven 01 137 des Bahnbetriebswerkes Dresden, der 03 204 (gegenwärtig Denkmal) des Bahnbetriebswerkes Cottbus und der Lokomotive mit Kohlenstaubfeuerung 52 9900 des Bahnbetriebswerk Senftenberg zu ergänzen, auch wenn das Verkehrsmuseum Dresden von jeder

Mit den Bändern um den Langkessel fällt die Lokomotive 38 205 auf. Sachsen hatte sie für Personenzüge bauen lassen

Triebfahrzeug-Baureihe dann mehr als nur ein Exemplar aufnehmen wollte, wenn deutliche Bauunterschiede bestehen. Deshalb durften die Lokomotiven 01 204 und 03 204 nicht aufgenommen werden. Bei Sonderfahrten waren jedoch Lokomotiven der Baureihen 01 und 03 am meisten gefragt. P. begründet die zusätzlichen Museumsfahrzeuge.

Eine der in Sachsen eingesetzten Fairlie-Lokomotiven bleibt erhalten und wird auf der Fahrzeugausstellung anlässlich des 75. Jubiläums der Harzquerbahn in Wernigerode Westerntor ausgestellt (1974)

IST SIE NUN ABGESCHOBEN?

Ein Anruf aus Eisenberg, der Einsatzstelle des Bw Gera, erreichte kürzlich unsere Redaktion: „Man hat uns die Museumsdampflokomotive 44 1182 weggenommen. Die Rbd Erfurt will uns nichts dazu sagen …"

Ist diese 44 1182 eine Museumslokomotive? Anfang der 80er Jahre baute das Raw Meiningen ölgefeuerte Maschinen in rostgefeuerte zurück. Sie sollten vor allem heizen, wenige waren für den Zugdienst zugelassen. Aus der 44 0182 wurde die 44 1182, und sie kam zum Bw Gera. Der Zufall (?) wollte es, daß damals in Gera die Museumslokomotive 38 1182 und in Göschwitz die 41 1182 beheimatet waren. Standen die drei Rösser einmal nebeneinander, und das war nicht selten, war es allemal ein lohnendes Motiv für die Fotofreunde. Schließlich fand sich ein Eisenbahnerkollektiv, welches die 44 1182 hegte und pflegte, sie in eine „Original"-44er umbaute. Sie wurde zum Star in der Einsatzstelle Eisenberg und sollte der Nachwelt erhalten bleiben, am besten als Museumsstück bei der DR. Doch diesen Status genoß bereits die 44 1093, die nach Fehlstarts endlich in Sangerhausen sorgfältig betreut wurde.

Die Eisenberger waren mit der 44 1182 beim MOROP-Kongreß 1987 dabei und sammelten …zig Unterschriften für die Erhaltung der Maschine. Ein leitender Herr des MfV soll dem schließlich, mit dem Wohlwollen der Hv M, zugestimmt haben. Nun ist das Geschrei groß, wo die Eisenberger beweisen müssen, daß das Streitobjekt als Museumsstück in Eisenberg zu bleiben hat …

April 1990, die 44 1182 ist in Staßfurt aufgetaucht. Dort soll sie museal erhalten werden, obwohl sie immer noch keine „richtige" Museumslokomotive der DR ist. Das Staßfurter Traditionspflegekollektiv bat ihre Rbd Magdeburg um ein weiteres Ausstellungsstück, um eine 44er. Auf Direktionsebene boten die Erfurter das „heiße" Stück an. Lag es am Zustand der Maschine oder am verschnupften Klima zwischen der Rbd Erfurt und der Einsatzstelle Eisenberg?

Schade, daß die Willkür jener, die anderweitig verfügten, anderen, die die Tradition pflegen wollen, vor den Kopf stößt. Es ist unverständlich, daß es in der Rbd Magdeburg funktioniert, was wohl in der Rbd Erfurt nicht sein darf.

Doch wird es künftig weniger um das „heimliche Verschieben" gehen, sondern vielmehr darum, wer für solch ein kostenintensives Stück die finanziellen Mittel bereithält.

In der Zeitung „Fahrt frei" am 1.6.1990 kann der geneigte Leser erfahren, wie außerhalb der „Ordnung" um Lokomotiven gekämpft wird

01 005 – Einheitslokomotive der Erstausführung mit Laufrädern von 850 Millimeter Durchmesser, einfache Bremse und kurze Rauch- und Heizrohre

01 137 – Einheitslokomotive der weiter entwickelten Ausführung mit Laufrädern von 1.000 Millimeter Durchmesser, Scherenbremse und langen Rauch- und Heizrohren

01 531 – Rekolokomotive mit neuem Verbrennungskammer-Hochleistungskessel und Mischvorwärmer

03 001 – Einheitslokomotive der Erstausführung mit Laufrädern von 850 Millimeter Durchmesser, einfache Bremse, vorn liegende Luft- und Speisepumpe, Oberflächenvorwärmer

03 204 – Einheitslokomotive der weiter entwickelten Ausführung mit Laufrädern von 1.000 Millimeter Durchmesser, Scherenbremse, Pumpen in Fahrzeugmitte und Mischvorwärmer.

Die Lokomotive 03 204 wieder in Betrieb zu nehmen, bot sich infolge ihres guten Erhaltungszustandes an. Außerdem pflegten Mitarbeiter des Bahnbetriebswerks Cottbus diese Maschine mit hohem Engagement. Gemeinsam mit dem Reichsbahnausbesserungswerk Meiningen wäre mit dieser formschönen Einheitslokomotive ein besonderes Paradepferd zu sehen, zum Beispiel wieder mit großen Einheits-Windleitblechen und eloxierten Kesselziehbändern.

03 1010 – Dreizylinder-Rekolokomotive mit neuem Verbrennungskammer-Kessel und Oberflächenvorwärmer.

In einer Anlage listete P. die für Verkäufe in das nicht sozialistische Währungsgebiet vorgehaltenen Lokomotiven auf. Sie standen der Verschrottung nicht zur Verfügung. Die zuerst gewünschten Verkäufe wurden jedoch untersagt, schied doch manche Lokomotive aus solchen Überlegungen schon wegen ihres schlechten Zustandes aus:

01 2114 – abgestellt seit 1982, Ersatzteile entnommen für Verkaufslokomotive 50 3014

01 1511 – Heizlokomotive, abgestellt seit 1983, lose Radreifen.

01 1512 – Heizlokomotive, 1982 missglückter Einsatz im Zugdienst, danach dreieinhalb Jahre ungenutzt im Schuppen Eilsleben (b Magdeburg) abgestellt.

01 1510, 1513, 1517, 1519 – vermietet als Heizlokomotive an eine Brauerei in Greifswald

01 1533 – vermietet als Heizlokomotiven an den VEB Süßwaren Saalfeld, Betriebsteil Pößneck

Zu den Traditionsfahrzeugen gehören auch Fahrzeuge der Berliner S-Bahn wie dieses der ehemaligen, von 1928 an gebauten Baureihe ET 165 mit der Farbe der damaligen 2. Wagenklasse. Das Zielschild über dem Führerstand zeigt den Namen der Station an, die später in Ostkreuz umbenannt wurde

Historische Eisenbahnerkleidung soll den Eindruck der Traditionsbahn erhöhen. Aufnahme von einer Ausstellung im Hauptbahnhof Karl-Marx-Stadt anlässlich „125 Jahre Eisenbahn nach Chemnitz" (1979)

03 2153 – abgestellt vor 1980 im Raum Halle/Leipzig, schlechter Zustand

03 2256 – abgestellt vor 1980 im Raum Magdeburg, schlechter Zustand, als Ersatzteilspender vorgesehen

03 0020 – abgestellt vor 1980 im Raum Stralsund, schlechter Zustand, als Ersatzteilspender vorgesehen

03 0090 – abgestellt vor 1980 im Raum Stralsund, schlechter Zustand

95 0032, 0040 – seit dem Einsatz der Baureihe 119 in Probstzella abgestellt

Die „Chronik" wurde vom Verfasser im April 1985 abgeschlossen, ihr Ziel erreichte sie nicht, denn die Ergänzungen der Lokomotivliste setzten sich fort. 1986 wurde wieder „aktualisiert". Die Lokomotive 18 010 aus der Liste musste zugunsten der 19 017 („Sachsenstolz") zerlegt werden. Sonderfahrten über weite Entfernungen und Fahrzeugschauen konnten also gut besetzt werden. Höhepunkt war die Vorführung bei Riesa für „150 Jahre Leipzig-Dresdner Eisenbahn" im Jahre 1989.

Auch beim Bahnhof Naumburg (Saale) hoffen die Eisenbahner auf den Sieg

Foto: Wünschmann

Weitere Interna von der Reichsbahn

Die Lokomotive 44 9612 trifft auf dem Bahnhof Oberhof (Thür) ein (1974). Die Fahrt durch den Brandleitetunnel mit der Dampflokomotive ist weniger gefährlich als jene mit einer Diesellokomotive

Der Feuerteufel in den Werken und Lokomotiven

Dass die Deutsche Reichsbahn bei der Vorbeugung von Bränden nachlässig gewesen wäre, darf man nicht behaupten. Damit beschäftigten sich eine Organisation und ein Kontrollsystem. Das Referat Brandschutz auf den Ebenen Ministerium und Reichsbahndirektionen kümmerte sich nicht nur um den vorbeugenden Brandschutz, wie vor allem in den Zeiten der Braunkohlenfeuerung auf Lokomotiven um den Funkenschutz und die Waldschutzstreifen sowie das rasche Mähen in Getreidefeldern nahe der Eisenbahnstrecken, sondern untersuchte gründlich, wie es zu Bränden kam.

Der vorbeugende Brandschutz war in allen Betrieben und in den Haushalten selbstverständlich, die dabei tätige, zur Volkspolizei gehörende, Feuerwehr hatte ein großes Gewicht, zumal Brände zu immensen volkswirtschaftlichen Schäden führen konnten. Auch mit Figuren wie dem Lodrian versuchte man in den Medien, die Bevölkerung von der Notwendigkeit des Brandschutzes zu überzeugen.

Und doch kam es immer wieder zu verheerenden Bränden, die entweder nicht an die große Glocke gehängt oder sogar verschwiegen wurden. In der sozialistischen Gesellschaftsordnung sollten derartige Abweichungen von der Norm nicht publik werden. Selbst in den internen „Auswertungen", wie die der Hauptbrandschutzinspektion der Deutschen Reichsbahn, troff es dann nur so von Phrasen dieser Art: „Als entscheidende Voraussetzung für die konsequente Durchsetzung der Sicherheitsbestimmungen wird die Verbesserung der sozialistischen Disziplin und Ordnung in allen Zweigen des Verkehrswesens angesehen." Selbstverständlich wurden häufig „Verstöße gegen sozialistische Leitungsprinzipien festgestellt."[124]

So bei der nur mit kleiner Nachricht in den Tageszeitungen bedachten Brandkatastrophe am 19. Dezember 1968 im Reichsbahnausbesserungswerk Cottbus, bei der eine Kranführerin ihr Leben verlor und ein Sachschaden von 8,8 Millionen Mark entstand.

Wie kam es dazu? In den frühen Morgenstunden eines bitterkalten Wintertags, am 8. Dezember 1968, entgleisten an der Haltestelle Ullersdorf (Schwansee) in einem Güterzug Frankfurt (Oder) – Merseburg zehn Kesselwagen der Sowjetischen Eisenbahnen. Diese waren mit gefährlichem Gut beladen: acht mit Chlorgas, einer mit Propangas und einer mit Benzol. Bei der Entgleisung wurden bei neun Fahrzeugen die Kessel von ihren Drehgestellen gewaltsam getrennt. Sie stürzten eine Böschung hinunter, wobei ein Kessel undicht wurde und das Chlorgas entströmte. Das kleine Dorf Ullersdorf musste evakuiert werden, bis sich im Laufe des Tages der Wind gedreht hatte.

Die Ursache der Entgleisung wurde nicht gefunden, jedoch ein anderes Problem entdeckt: Der mit Benzol gefüllter Kessel wies einen Riss von etwa 50 cm Länge auf. Zunächst war dieser wegen der Außentemperatur von minus 16°C ungefährlich. Benzol hat einen Stockpunkt von minus 4 °C. Doch mit dem Ladegut musste etwas geschehen. Die Reichsbahndirektion Cottbus bot das Benzol dem VEB Minol, dem VEB (K) Chemische Werke Cottbus und der Gesellschaft für Rohstoffgewinnung und Verfahrenstechnik Cottbus an. Niemand wollte das Gut haben, weil keiner dieser Betriebe eine Einrichtung zur Verflüssigung von Benzol besaß.

Daraufhin entschied der Leiter an der Unfallstelle, den Kessel dem eigentlichen Empfänger, dem VEB Bunawerke in Schkopau, zuzustellen. Doch so, wie er provisorisch verladen worden war, konnte er nicht nach Merseburg geschickt werden. Der Kessel musste auf einen Tiefladewagen umgesetzt werden, im Reichsbahnausbesserungswerk Cottbus, das eine geeignete Krananlage besaß, mit der Lasten bis zu 110 Tonnen gehoben werden konnten. R., Gruppenleiter Wagenbetrieb der Verwaltung Wagenwirtschaft, vereinbarte mit S., dem Produktionsdirektor des Werkes, die Verladung.

Am 19. Dezember – elf Tage nach dem Unfall! – wurde der Güterwagen der Gattung RRym mit dem Kessel in die große Lokomo-

Großer Schaden nach kleinem Leck – eine Tote und eine ausgebrannte Halle
Foto: Sammlung Heilmann

Die Halle des Reichsbahnausbesserungswerkes Grunewald ist 1975 abgebrannt (1961)
Foto: ZBDR

tivhalle gefahren. R. stellte bereits tags zuvor fest, dass die Anschlagmittel nicht ausreichten. Andere von der Reichsbahndirektion beschaffte Seile trugen keine Prüf- und Kontrollmarke. Erst als am 19. Dezember der Kessel verwogen wurde, wussten die Beteiligten, dass nach Abzug des Gewichts der Längsträger die Tragkraft der Anschlagmittel genügten.

Das Wetter drohte als Risiko

Zu dieser Zeit war noch nichts entschieden. Die Beteiligten rechneten damit, dass es zum Umladen des Kessels kommen werde. Viel Zeit konnte man sich nicht lassen, denn der Wetterbericht kündigte Temperaturerhöhungen an, und dann lief das Benzol durch den Riss! Um 14 Uhr sagte der Produktionsdirektor dem Leiter der Spätschicht, es sei „eventuell" mit dem Umladen eines Benzolkessels zu rechnen. Der Meister solle drei Mann zum Abschrauben der Längsträger stellen. Es dürfe aber nicht „gebrannt" (also geschweißt) werden. Der Produktionsdirektor wollte nicht viel mit dem Umladen zu tun haben, vermutlich ahnte er die Gefährlichkeit des Unternehmens.

Um 17 Uhr begannen die Arbeiten, an der sich der genannte Gruppenleiter P. und der Bremskontrolleur K. von der Reichsbahndirektion Cottbus beteiligten, der gleichzeitig Hebezeugsachverständiger und Schweißingenieur war. Außerdem standen drei Schlosser des Werkes dabei. Niemand der Anwesenden außer P. wussten von dem Riss im Kessel, doch P. hatte das Leck vergessen. Auch keiner der um den Kessel Stehenden wusste, dass Benzol bereits bei minus 11 Grad brennen kann, so tief liegt der Flammpunkt. Nun sollten die Muttern gelöst werden. Weil das schwierig war und auch kein Schlagschrauber zur Verfügung stand, regte K. an, die Muttern mit dem Schweißbrenner abzutrennen.

In diesem Augenblick kamen die Schlosser, denen vom Produktionsdirektor eingeschärft worden war, auf keinen Fall zu brennen. Sie fragten: „Seid ihr verrückt geworden?" K.: „Dann mach' ich es!" Er holte den Schweißapparat, lud noch eine Flasche Sauerstoff auf. Beim Trennen mit dem Schweißgerät passierte nichts! Jemand rief: „Das Zeug ist dick wie Margarine!" Nun waren auch die Schlosser vom Werk überzeugt, dass ihre Vorsicht übertrieben war. Einer von ihnen, L., stellte fest, dass K., der 1960 in Wittenberge zum Schweißingenieur ausgebildet worden war, mit dem Schweißgerät nicht richtig umgehen konnte. Der Schichtleiter sagte daraufhin zu einem der Schlosser, der als guter Schweißfachmann bekannt war: „Nimm ihm das Ding weg!" Sollte nun das Schweißen eingestellt werden, oder sollte er weitermachen? Der Schlosser, der vor zehn Minuten noch gefragt hatte, seid ihr verrückt geworden, begann mit dem Schneiden. Wenige Augenblicke später flammt es unter dem Kessel. Ein Schaumlöscher reichte gerade, um die Flammen niedrig zu halten, ersticken konnte er sie nicht. Andere Löschmittel standen nicht zur Verfügung.

Der Brand breitete sich rasch aus. Dichter Ruß behinderte die Sicht. Es wurde Alarm geschlagen. Der Versuch, den Wagen mit Hilfe der Schiebebühne ins Freie zu ziehen, versagte. Das Spillseil war zwei Meter zu kurz. Der Feuerwehr gelang es, zu verhindern, dass

Ausgewählte Kennziffern der Deutschen Reichsbahn 1950 bis 1993[1]

	1950	1960	1970	1980	1990	1993
Streckenlänge (km)						
• Normalspur	14 639	14 830	14 098	13 952	13 767	13 933
davon elektrifiziert	–	706	1 357	1 695	4 025	
• Schmalspur	1 306	1 308	559	296	273	142
Beförderte Personen						
(1000 Personen)	504 000	526 099	409 116	440 180	469 000	326 200
mit S-Bahn	954 104	942 603	626 008	607 180		
Personenwagenpark (Stück)[2]	12 579	14 648	13 089	12 861	8 653	5 732
Sitzplätze	387 213	523 870	457 324	564 625	635 000	407 469
Von den Personenwagen						
• Schlafwagen	37	57	88	85	81	62
• Speisewagen	31	49	62	87	97	14
Gütertransportleistungen (Millionen Tarifkilometer)	15 064	32 860	41 513	56 395	40 861	12 771[3]

1 Bis 1980 aus Blaubüchern der DR, 1990 aus „Die Bahn in Zahlen", 1993 aus „Daten und Fakten". Die DR-Blaubücher konnten für 1990/1993 nicht benutzt werden, da deren Angaben mit widersprüchlichen Angaben offensichtlich falsch sind.
2 Insgesamt: D-Zug-Wagen, Eilzug-Wagen, Personenzug-Wagen, Doppelstockwagen, Triebwagen, Schlaf- und Speisewagen, S-Bahn-Wagen, Reisezuggepäckwagen, Personenwagen für besondere Zwecke, Schmalspur-Personenwagen, Bahndienstwagen;
3 einschließlich Schiffsverkehr

Man muss schon sehr genau hinsehen. An der Längsseite unter der Lokomotivnummer befand sich das gelbe Dreieck als Zeichen für höchste Gefahr im Fall eines Brandes (Kurort Rathen, 1991)
Foto: Emersleben

sich das Feuer auf andere Gebäude ausdehnte. Die Kranführerin Anna M., die aus ihrer Kabine neugierig zugesehen hatte, wurde sofort von den Flammen erfasst und kam ums Leben.

Nach weniger als einem halben Jahr kam es zu einem dreitägigen Prozess vor dem 2. Strafsenat des Bezirksgerichts Cottbus.[125] Verurteilt wurden der Produktionsdirektor S. und und der Schlosser L. zu zwei Jahren Freiheitsstrafe mit Bewährung, Gruppenleiter P. und Bremskontrolleur K. jedoch zu zweieinhalb bzw. zwei Jahren ohne Bewährung.

Eine Million Mark Schaden

Während sich P. und K. in einer Notsitation befanden, weil sie vom Produktionsdirektor des Werkes wie von den zahlreichen „Experten“ an der Unfallstelle im Stich gelassen wurden, hatte der Brand im Reichsbahnausbesserungswerk Delitzsch einen Akteur von ganz anderer Qualität. Er ist so gut wie unbekannt geblieben, das Stadtarchiv weiß nichts davon, Eisenbahnliebhaber in der Stadt auch nicht. Aber die am 14. Juli 1968 abgebrannte Wagenwaschhalle war ein Thema der Dienstbesprechung beim Minister für Verkehrswesen, Erwin Kramer, am 19. August 1968.[126]

Aus dem Aktenvermerk der Abteilung Kontrolle vom 15. Juli, der der Besprechung dazu vorlag, entnehmen wir, dass die Wagenwaschhalle ausgebrannt sei, der Schaden über eine Million Mark betrage. „Am 14. 7. 1968 gegen 2.30 Uhr bemerkte ein Rangierer des Bf. Delitzsch aus dem Dach der Waschhalle schlagende Flammen. Er verständigte sofort den Fahrdienstleiter des Stellwerkes, der die Alarmierung an die Feuerwehr weiter gab. [...] 2 Minuten später war bereits eine Gruppe der Freiwilligen Feuerwehr des Raw Delitzsch am Feuerwehrgerätehaus.“

Zu dieser Zeit brannte die Waschhalle in voller Ausdehnung, auf dem Nachbargleis brannten zwei Schnellzugwagen. In der Halle befanden sich drei Schnellzugwagen, eine Diesellokomotive V 60 und eine V 15. Diese Fahrzeuge und die gesamte Dachkonstruktion erlitten Totalschaden. „Nach ersten Schätzungen beläuft sich die gesamte Schadensumme auf ca. 2.200.000 Mark.“

Ging es um den Regierungszug?

Die Transportpolizei Leipzig und die Brandursachenermittlerkommission der Bezirksverwaltung der Volkspolizei Leipzig ermittelten die Ursache. Eine gewisse Brisanz erfuhr diese Ermittlung dadurch, dass der Werkdirektor Wendler angab, am 13. Juli, also am Tag vor dem Brand, standen der A- und der B-Wagen des Regierungszuges, „also der persönliche Wagen des Staatsratsvorsitzenden,[127] in der Waschhalle. Beide Wagen wurden gegen 18.00 Uhr aus der Halle herausgezogen und innerhalb des Werksgeländes

Aus dem Gerichtssaal

Durch Einfluß des westlichen Rundfunks und Fernsehens zum Staatsfeind geworden

Hohe Freiheitsstrafe für Diversanten

Am 21. März 1969 ging in Leipzig ein Prozeß zu Ende, in welchem über Verbrechen von Bürgern unseres Kreises das Urteil gefällt wurde. Da einer der Feinde unseres Staates eine zeitlang im Leichtmetallwerk Rackwitz beschäftigt war und der Verlauf der Gerichtsverhandlungen den überaus schädlichen Einfluß der westdeutschen Massenmedien wie Presse, Funk und Fernsehen auf das Leben unserer Menschen zeigte, soll dieser Bericht die in der Verhandlung klar gewordenen Tatsachen der Straftaten wiedergeben. Beide Angeklagte, im Alter von 26 und 18 Jahren, standen nicht das erstemal vor Gericht. Sie sind angeklagt wegen Diversion in Verbindung mit staatsfeindlicher Gruppenbildung und versuchten ungesetzlichen Grenzübertritt.

Karl-Heinz Pflanz, 1943 geboren, hatte seine Eltern nie kennengelernt und wurde von seinen Adoptiveltern in Klitschmar erzogen. Schon in der Schule bereitete er große Schwierigkeiten und widersetzte sich den Bemühungen seiner Pflegeeltern, ihn im Sinne unseres Arbeiter-und-Bauern-Staates zu erziehen. Aus der 7. Klasse entlassen, begann er die Lehre in der Landwirtschaft, die nach einem 3/4 Jahr abgebrochen wurde, da der Lehrvertrag wegen Arbeitsbummelei von seiten der LPG aufgelöst wurde. Von seiner folgenden Arbeitsstelle in Schladitz wurde er wegen fortgesetzten Diebstählen in einen Jugendwerkhof eingewiesen. Noch 15jährig, versuchte er die DDR gesetzwidrig zu verlassen. Wieder in einen Jugendwerkhof eingeliefert, brach er erneut aus. Es folgten Entlassung, laufende Einbrüche mit Gleichgesinnten und erneute Festnahme. Schon 1958 war Pflanz so raffiniert, die Nervenfachärzte über seine Zurechnungsfähigkeit zu täuschen und wurde in eine Nervenheilanstalt eingewiesen, aus der er wieder ausbrach, um die DDR ungesetzlich zu verlassen. 1962 nach Klitschmar entlassen, hatte er anschließend Arbeitsstellen in der Landwirtschaft, den Chemischen Werken Buna und der GHG Lebensmittel in Halle. Während seiner Beschäftigung in Halle führte er ein geregeltes Leben, bis er wegen unerlaubten Benutzens eines Motorrades, Fahrerflucht und versuchtem ungesetzlichen Grenzübertritt eine zehnmonatige Gefängnisstrafe verbüßen mußte.

Nach der Entlassung im Mai 1964 arbeitete er wenige Tage in Halle und Leuna, beging wiederum mehrere Motorraddiebstähle und wurde im April 1965 bei dem Versuch, die DDR nach Westdeutschland zu verlassen, erneut festgenommen. Eine erneute Begutachtung durch den Nervenfacharzt erbrachte den Beweis, daß Pflanz voll zurechnungsfähig ist und bei der ersten Untersuchung Geistesschwächen vorgespielt hatte.

Vom Kreisgericht Delitzsch wurde Pflanz wiederum wegen versuchtem ungesetzlichen Grenzübertritt, Staatsverleumdung, fortgesetzten unberechtigen Benutzens von Kraftfahrzeugen und Fahren ohne Fahrerlaubnis zu drei Jahren Gefängnis verurteilt, die er bis April 1968 voll verbüßte.

Bereits im Strafvollzug plante Pflanz schon wieder neue Straftaten. Er beabsichtigte nach seiner Rückkehr nach Delitzsch die Bildung einer Gruppe, deren Mitglieder unter seiner Leitung Diversion gegen unseren Staat durchführen, um der DDR einen hohen Schaden zuzufügen. Obwohl er vom Kollektiv im VEB Zuckerfabrik Delitzsch, wo er nach seiner Entlassung die Arbeit als Hilfsschlosser aufgenommen hatte, angehalten wurde, ein anständiges Leben zu führen, gab er dieses Vorhaben nicht auf. Während er seine Arbeit zur Zufriedenheit ausführte, am 1. Mai in den vordersten Reihen marschierte, sich an der Wandzeitung beteiligte und den Antrag auf Mitgliedschaft in der Kampfgruppe stellte, begann er andererseits mit der Verwirklichung seiner Pläne. Ganz unverfroren erklärte Pflanz vor Gericht, daß er die gesellschaftliche Tätigkeit nur deshalb durchführte, um unerkannt seine feindlichen Absichten verwirklichen zu können. Pflanz begann unter bereits vorbestraften Jugendlichen eine Gruppe zu bilden, gab sich diesen gegenüber als Agent des westdeutschen Geheimdienstes aus und machte für die Durchführung von Diversionsverbrechen hohe finanzielle Versprechen. Andererseits drohte er ihnen im Falle des Verrates mit ihrer physischen Vernichtung. Bei einer Beratung zwischen Pflanz und dem Mitangeklagten Rhode darüber, welche volkswirtschaftlich wichtigen Objekte sie zerstören können, nannte Rhode Pressen und Schmelzöfen des Leichtmetallwerkes.

Man fragt sich, was denn eigentlich dazu führt, daß Menschen, aufgewachsen in unserem Staat, der ihnen alle Möglichkeiten zur Erziehung und Bildung bietet, den Weg des Verbrechens beschreiten? Die Gerichtsverhandlung am 17. und 18. März gab eine deutliche Antwort darauf. Der Angeklagte Pflanz war ein ständiger Empfänger der Sendungen des westlichen Rundfunks und Fernsehens, las Hitlers „Mein Kampf“ und suchte die Bekanntschaft mit westlichen Personen, um sich bei ihnen über den „goldenen Westen“ zu informieren. Seine faschistische Denkweise wird besonders deutlich, wenn man weiß, daß er sich Tätowierungen wie den SS-Totenkopf, das Hakenkreuz, die englische Flagge, das Abzeichen der in Vietnam beteiligten amerikanischen Luftwaffe und die Worte US-Army beibringen ließ. Bezeichnenderweise erklärte Pflanz vor Gericht, daß Brandt und Kiesinger seine Vorbilder sind.

Der Mitangeklagte Rhode, 1950 in Delitzsch geboren, wurde von seiner Mutter und seinem Stiefvater erzogen, besuchte die polytechnische Oberschule und bereitete bereits zu dieser Zeit Erziehungsschwierigkeiten, so daß wegen seiner Schulbummelei Aussprachen mit seinen Eltern geführt wurden. Begünstigt wurde seine negative Entwicklung dadurch, weil seine Eltern in Fragen der Erziehung sich nicht einig waren und Rhode sich in Delitzsch einer Gruppe von Jugendlichen anschloß, die durch ihr rowdyhaftes Benehmen auffiel. Aus der 8. Klasse entlassen, nahm er im LWR die Lehre als Preßwerker auf. Infolge seines übermäßigen Genusses von Alkohol und Nikotin hatte er nie Geld, so daß er schließlich dazu überging, gemeinsam mit seinen „Freunden“ durch fortgesetzte Einbrüche seine finanziellen Verhältnisse aufzubessern. Deshalb wurde Rhode im März 1967 bedingt verurteilt. Sein damals vor Gericht abgegebenes Versprechen, nicht wieder straffällig zu werden und eine ordentliche Arbeit zu leisten, hielt er etwa ein Jahr lang ein. Er war Mitglied der FDJ, DSF, des FDGB, bemühte sich um gesellschaftliche Mitarbeit, zeigte gute theoretische und noch bessere Arbeitsleistungen und nahm unter der Betreuung des Lehrmeisters Siebeck eine positive Entwicklung. Rhode war bester Lehrling seines Kollektivs, wurde mit einer Geldprämie ausgezeichnet und es lagen sogar die Voraussetzungen dafür vor, daß er die Lehre vorzeitig beendet.

Im April 1968 schloß er sich entgegen seinem Versprechen vor Gericht wieder dieser aus vorbestraften Jugendlichen bestehenden Gruppierung in Delitzsch an und allen Bemühungen des Ausbilders, Kollektivs und seines Stiefvaters zum Trotz beteiligte er sich an den Rüpeleien und im Abhören der Sendungen westlicher Rundfunkstationen in der Öffentlichkeit. Mehr denn je fühlte er sich zu diesen negativen Jugendlichen hingezogen. Die zunehmende Haltlosigkeit und Leistungsminderung führte zu Aussprachen mit ihm am Arbeitsplatz, und sein Lehrausbilder Günter Siebeck suchte etwa 20mal Rhodes Eltern auf, um ihm zu helfen, wieder auf den richtigen Weg zu finden. All das war ohne Erfolg und Rhode ging ab 26. Juli 1968 seiner Arbeit nicht mehr nach, so daß die Auflösung des Lehrvertrages vorgesehen war.

In dieser Zeit kommt Rhode mit dem Angeklagten Pflanz in Verbindung, wird von diesem zu Diversionsakten aufgefordert und erklärt sich dazu bereit. Er glaubt den Versprechungen von Pflanz, da er dafür vom westdeutschen Geheimdienst gut bezahlt wird und die Höhe dieser Bezahlung vom Ausmaß des angerichteten Schadens abhängt.

Am 14. Juli 1968, gegen 1.30 Uhr, drang Rhode, vom Gartenfest in der Gartenanlage „Gute Hoffnung“ kommend, wo er sich mit etwa 20 Glas Bier Mut angetrunken hatte, in das Gelände des Raw Delitzsch ein und legte in der Wagenwaschhalle an mehreren Stellen Feuer. Die Halle, zwei Dieselloks und vier Reisezugwagen wurden Opfer der Flammen. Unter Einsatz ihres Lebens – es bestand Einsturz- und durch die 2000 l Dieselkraftstoff in den Tanks der beiden Loks Explosionsgefahr – versuchten die Angehörigen der Feuerwehr des Raw und herbeigeeilte andere Bürger zu retten was noch zu retten war. Trotzdem beträgt der Schaden 1,5 Millionen Mark. Einige Tage später legte Rhode einen weiteren Brand, durch den ein Schaden von 14 000 Mark verursacht wurde. Am 31. August 1968 trifft er mit Pflanz, gegen den schon wieder wegen Motorraddiebstahl ein Ermittlungsverfahren eingeleitet ist, zusammen und beide vereinbaren, die DDR gesetzwidrig nach Westdeutschland zu verlassen, um sich für den unserem Staat zugefügten Schaden vom westdeutschen Geheimdienst belohnen zu lassen. Auf der Fahrt zur Grenze wurden sie schließlich festgenommen.

„Ich wollte nur viel Geld verdienen, was zerstört wird, darüber habe ich mir keine Gedanken gemacht.“ Das war vor Gericht seine ständige Aussage. Die Wirklichkeit ist anders! Der Bezirksstaatsanwalt ging in seinem Plädoyer auf die verderbliche Rolle der ideologischen Diversion ein, der sich auch Rhode über Jahre aussetzte. Zwischen Sozialismus und Kapitalismus tobt ein sich ständig verschärfender Klassenkampf. Täglich wird von den NATO-Sendern ideologisch getrommelt und an die niedrigsten Instinkte der Menschen gerührt. Verleumdung, Fälschung und Lügen, alles wird aufgeboten, um unsere Republik zu schaden. Beatmusik, Schundliteratur und Westfernsehen waren die Quelle der feindlichen Einstellung Rhodes zur DDR. Der Stiefvater Rhodes erklärte dazu: „Als Hans-Dieter wegen Diebstahl bestraft wurde, habe ich die Antenne abgesägt. Später habe ich sie wieder angebracht. Das war ein großer Fehler von mir.“

Die beiden Angeklagten bilden mit ihrer verbrecherischen Einstellung zu unserer Gesellschaft eine Ausnahme. Um so verabscheuungswidriger sind ihre Verbrechen.

Von den gesellschaftlichen Anklägern des Raw, LWR und der Zuckerfabrik Delitzsch wurde der Unwillen und die Empörung der Kollektive dieser Betriebe über diese Straftaten zum Ausdruck gebracht. Im Raw Delitzsch wurden solche Stimmen laut, die sagten: „Wenn wir den erwischt hätten, dem hätten wir schon beigebracht, was es heißt, unsere Produktionsstätten zu vernichten!“

Die gesellschaftlichen Ankläger beantragten im Namen ihrer Arbeitskollektive die Angeklagten mit der ganzen Schärfe des Gesetzes zu bestrafen. Entsprechend dem Antrag des Bezirksstaatsanwaltes wurden Pflanz und Rhode zu je 15 Jahren Freiheitsentzug verurteilt. Rhode muß darüber hinaus den von ihm angerichteten Schaden in voller Höhe ersetzen. Pflanz wurden für die Dauer von zehn Jahren die staatsbürgerlichen Rechte aberkannt. Der Prozeß in Leipzig sollte uns zu einigen Schlußfolgerungen veranlassen. Gegenwärtig konzentriert sich der Klassenfeind vor allem auf die ideologische Diversion. Aber auch andere Mittel wendet er an, um unsere DDR auf allen Gebieten zu schwächen, um die Werktätigen von Partei und Regierung zu trennen. Das darf ihm niemals gelingen! Deshalb muß die Klassenwachsamkeit erhöht werden. Darunter ist auch die sozialistische Erziehung der Kinder zu verstehen. Unter allen Umständen müssen wir verhindern, daß sie dem ideologischen Trommelfeuer der Imperialisten ausgesetzt werden. Die Verhandlung zeigt den Arbeitskollektiven und Brigaden jedoch auch wie notwendig es ist, die Mitglieder der Kollektive nicht nur bezüglich ihrer Arbeit und ihres Verhaltens im Betrieb zu kennen und wohin Unlust am Lernen, angefangen vom Rowdytum, Arbeitsbummelei und kriminelle Vergehen unter dem Einfluß der ideologischen Diversion der westlichen Massenmedien führen können.

Alle Möglichkeiten müssen von uns im Betrieb und im Elternhaus genutzt werden, um unsere Jugend zu bewußten Kämpfern für die Sache des Sozialismus zu erziehen und nicht zuzulassen, daß durch die ideologische Diversion der westlichen Massenmedien die Ursachen derartiger Verbrechen gesetzt werden.

Nur die Betriebszeitung des VEB Leichtmetallwerkes Rackwitz berichtet ausführlich von der Brandstiftung und das polemisch

unter Bewachung der Transportpolizei abgestellt. An Stelle der Wagen des Regierungszuges wurden die V 60 und die V 15 in die Halle gefahren.“

Damit wurde der Verdacht einer vorsätzlichen Brandstiftung gehegt, zumal es auch kurz zuvor im zehn Kilometer entfernten VEB Leichtmetallwerk Rackwitz zu Versuchen gekommen war, solche Brände zu legen. Hier aber ging es nicht nur um eine Halle, sondern um die Wagen des Regierungszuges. Sollten die etwa vernichtet werden, konnte das ein politischer Anschlag sein? Vielleicht erklärte sich daraus die Zurückhaltung gegenüber der Öffentlichkeit. Der Bericht der Abteilung Kontrolle blieb trotzdem nüchtern. In ihm steht, es solle „aber auch ermittelt werden, ob wegen konstruktiver Mängel an den Reko-Wagen der Bauart Raw Halberstadt, z. B. auf Grund von Kabelbeschädigungen der Batteriestrom zu einer Erwärmung brennbarer Wagenteile bis auf den Zündpunkt geführt habe.“

Ein dreiviertel Jahr später berichtet die Betriebszeitung des Leichtmetallwerkes Rackwitz von einem Prozess am 21. März 1969 in Leipzig, der zur Verurteilung von zwei „Diversanten“ mit hohen Freiheitsstrafen endete. Angeblich hatte der eine, Karl-Heinz P. (in der Zeitung mit vollem Namen genannt), versucht, in Delitzsch „die Bildung einer Gruppe, deren Mitglieder unter seiner Leitung Diversion gegen unseren Staat durchführen, um der DDR einen hohen Schaden zuzufügen.“ Selbstverständlich waren er und der andere Verurteilte, R., schon vorher kriminell, „wegen ungesetzlichen Grenzübertritt, Staatsverleumdung, fortgesetzten unberechtigten Benutzens von Kraftfahrzeugen und Fahren ohne Fahrerlaubnis“ vorbestraft.

Bei einem Gartenfest hatte sich R. Mut angetrunken, drang in das Gelände des Reichsbahnausbesserungswerkes ein und legte in der Wagenwaschhalle an mehreren Stellen Feuer. Einige Tage danach soll R. einen weiteren Brand mit 14.000 Mark Schaden gelegt haben, ohne dass die Zeitung angibt, wo das gewesen sein soll.

Und dann trafen sich R. und P., vereinbarten, „die DDR gesetzwidrig zu verlassen, um sich für den unserem Staat zugefügten Schaden vom westdeutschen Geheimdienst belohnen zu lassen. Auf der Fahrt zur Grenze wurden sie schließlich festgenommen.“ Beide wurden zu 15 Jahren Freiheitsentzug verurteilt. Die „wahren Schuldigen“ waren allerdings westlicher Rundfunk und westliches Fernsehen, die die beiden Verbrecher zu ihren verwerflichen Taten verführt haben sollen.

Das Feuer in Delitzsch sollte nicht das letzte in einem Reichsbahnausbesserungswerk gewesen sein. Denn am 26. Mai 1975 brannte jenes in Berlin-Grunewald nieder. In ihm hatten alle möglichen Stoffe gelagert wie Öle, Waschbenzin, Schmierstoffe, Farben, Lacke, Chemikalien sowie Gas- und Sauerstoffflaschen, so dass das Feuer reichlich Nahrung fand. Die Beschäftigten, die sich im Werk befanden, versuchten, mit der Werkfeuerwehr zu retten, was möglich war. Auch die West-Berliner Feuerwehr befand sich im Großeinsatz. Die riesige Qualmwolke war wie ein Pilz in ganz West-Berlin zu sehen.

Nach der Brandbekämpfung sollten Ursache und gegebenenfalls der oder die Täter ermittelt werden. Die West-Berliner Polizei war mit ihren Kriminalisten am Ort. Deren erste Handlung war die, der zum Ministerium des Inneren der DDR unterstehenden Transport-Kriminalpolizei und auch der von der Reichsbahndirektion Berlin eingesetzten Bahnpolizei den Zutritt zum Brandort zu verwehren. Da aber die Werkfeuerwehr eingesetzt war, wurden sowohl die Transport-Kriminalpolizei als auch die Bahnpolizei ständig vom Stand der Dinge unterrichtet.

Die Brandursache ist nie geklärt worden. Das Reichsbahnausbesserungswerk hatte aufgehört zu bestehen. Neben den Werkhallen verblieben nur noch wenige Gebäude. Für die Reichsbahndirektion Berlin war das abgebrannte Werk die Gelegenheit, die gesamte Struktur der technischen Dienststellen in West-Berlin, mit Ausnahme der Fahrleitungsmeisterei, durch Zusammenlegen zu verändern, um auf diese Weise zu rationalisieren. Das in West-Berlin verbleibende Reichsbahnausbesserungswerk Berlin-Tempelhof wurde aus der Unterstellung der Direktion der Ausbesserungswerke gelöst und der Reichsbahndirektion Berlin unterstellt. In den Resten des Grunewalder Werkes blieb die Bahnmeisterei mit ihrem Lagerplatz und einige Gewerke der Hochbaumeisterei. In Tempelhof wurden Diesellokomotiven gewartet, aber nicht mehr regulär instandgehalten. Dafür entstand eine Meisterei, die in West-Berlin anfallende Schadwagen aller Gattungen reparierte.[128]

Der Brand im Reichsbahnausbesserungswerk Berlin-Grunewald war nur wenigen bekannt und wurde schnell vergessen. Ebenso erging es den Bränden, die hin und wieder bei Diesel- und elektrischen Lokomotiven vorkamen.

„Unter der Decke gehalten" wurden auch die Brände von Diesel- und elektrischen Lokomotiven, über die nichts an die Öffentlichkeit gelangte, und selbst die Eisenbahner erfuhren nur durch Mundpropaganda von ihnen – und erst, als sie an elektrischen Lokomotiven der Baureihen 211, 242 und 250 ein gelbes Dreieck sahen, das vor hochgiftigen Gasen warnte. Dioxin entstand, wenn das Transformatorenöl oder Kondensatoren verbrannten. Da hieß es, schnell Reißaus zu nehmen. Aus den Dreiecken folgerte der aufmerksame und Bescheid wissende Betrachter, dass auch elektrische Lokomotiven brennen können.

Glück im Unglück

Viel Glück hatten der Lokomotivführer N. und die Reisenden des D 1164 Berlin – Meiningen am 19. Oktober 1972, weil der Zug außerplanmäßig am Bahnhof Gräfenroda hielt. Normalerweise hat dieser Zug zwischen Erfurt und Suhl keinen Unterwegshalt, so dass nach einem Merkblatt für das Befahren des 3.039 Meter langen Brandleitetunnels zwischen Gehlberg und Oberhof (Thür) „auf dem letzten Haltbahnhof vor dem Tunnel" der Lokomotivführer in Erfurt Hbf den Maschinenraum der Diesellokomotive prüfte. Vermutlich rechneten die Verfasser des Merkblattes nicht mit Zügen, die in der Entfernung von 48 Kilometer vor dem Tunnel zum letzten Mal halten.

Der Bahnhof Gräfenroda ist nur acht Kilometer vom Tunnel entfernt. Hier nutzte der Lokomotivführer den Aufenthalt zur Kon-

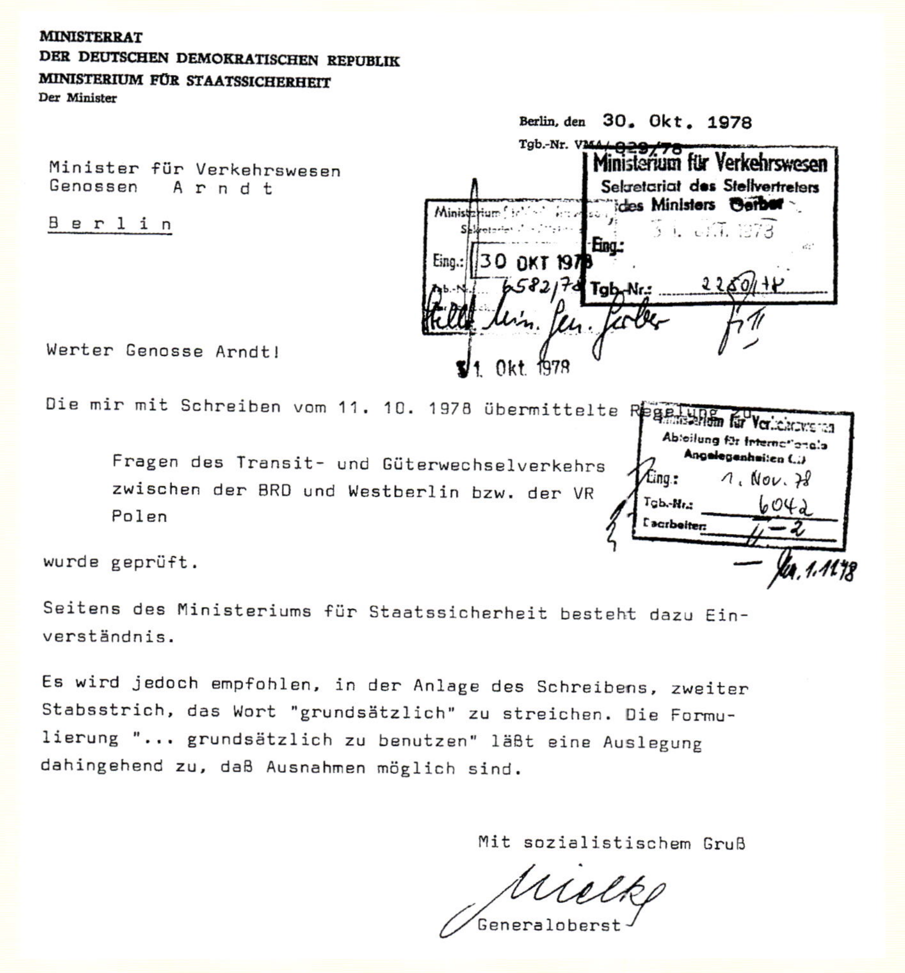

MINISTERRAT
DER DEUTSCHEN DEMOKRATISCHEN REPUBLIK
MINISTERIUM FÜR STAATSSICHERHEIT
Der Minister

Berlin, den 30. Okt. 1978
Tgb.-Nr. VMA/029/78

Minister für Verkehrswesen
Genossen Arndt

Berlin

Ministerium für Verkehrswesen
Sekretariat des Stellvertreters des Ministers Gerber
Eing.:
Tgb.-Nr.: 2250/78

Eing.: 30 OKT 1978
Tgb.-Nr.: 6582/78

Stellv. Min. Gen. Gerber

31. Okt. 1978

Werter Genosse Arndt!

Die mir mit Schreiben vom 11. 10. 1978 übermittelte Regelung zu

Fragen des Transit- und Güterwechselverkehrs zwischen der BRD und Westberlin bzw. der VR Polen

wurde geprüft.

Ministerium für Verkehrswesen
Abteilung für Internationale Angelegenheiten
Eing.: 1. Nov. 78
Tgb.-Nr.: 6042
Bearbeiter: I/-2

Seitens des Ministeriums für Staatssicherheit besteht dazu Einverständnis.

Es wird jedoch empfohlen, in der Anlage des Schreibens, zweiter Stabsstrich, das Wort "grundsätzlich" zu streichen. Die Formulierung "... grundsätzlich zu benutzen" läßt eine Auslegung dahingehend zu, daß Ausnahmen möglich sind.

Mit sozialistischem Gruß

Mielke
Generaloberst

Generaloberst Erich Mielke (1907 – 2000) unterzeichnet einen Brief an den Minister für Verkehrswesen der DDR, Otto Arndt. Darin geht es um die Stilistik bei einer Vereinbarung zum Güterverkehr *Quelle: Barch DM 1-12842*

Endlich zu Hause. Ein Zug mit Rückkehrern aus Kriegsgefangenenlagern kommt im britischen Sektor von Berlin, auf dem Bahnhof Berlin-Grunewald, an. Mitunter müssen sie noch eine Woche Quarantiere überstehen, um zu den notwendigen Papieren zu kommen, bis sie endlich nach Hause dürfen (13.10.1946)
Foto: Landesarchiv Berlin/Willa

trolle des Maschinenraums und stellte fest, dass das Unterteil des Heizkessels glühte und die Isolierung des Dampfrohrs brannte. Er löschte den Brand mit einem Trockenlöscher, schaltete den Heizkessel ab, prüfte, ob Brandnester bestehen und setzte die Fahrt nach Suhl – Meiningen fort. Ohne diesen Betriebshalt und ohne die Kontrolle hätte es später im Tunnel zur Katastrophe kommen können.

Abgesehen vom Schaden in Höhe von 26.000 Mark und dem Ausfall der Lokomotive 118 262 für längere Zeit musste die Ursache des Brandes gefunden werden. Angeblich führte der Ausfall der Überwachungseinrichtungen zum Glühen des Heizkessels. Jeder Laie erkennt, dass eine Überwachung unnötig und gefährlich ist, die, sofern sie ausfällt, sogar einen Brand verursacht.

In Fachkreisen waren die „bewährten" Lokomotiven der Baureihe 118 (bis 1970 V 180) berüchtigt. Schon vor dem genannten Feuer im Maschinenraum muss es mehrere derartige Vorkommnisse gegeben haben. Denn die Hauptverwaltung der Maschinenwirtschaft hatte eine Arbeitsgemeinschaft „Brandleitetunnel" gebildet, deren Protokoll von einer Beratung am 7. September 1972, also sechs Wochen vor dem Brand in Gräfenroda, zu entnehmen ist: „Durch die Brände und Unregelmäßigkeiten an V-Tfz war es notwendig geworden, die Vorkehrungen zur Verhütung von ähnlichen Vorkommnissen im Tunnelbetrieb zu überprüfen und wirksame Maßnahmen zur sicheren Abwicklung des Zugverkehrs einzuleiten."[129]

Wie auch dem Schriftverkehr zwischen der Hauptverwaltung der Maschinenwirtschaft und der Versuchs- und Entwicklungsstelle Maschinenwirtschaft Halle (VES M) zu entnehmen ist, brannten seit 1970 mehrere Diesellokomotiven, darunter am 21. März 1970 in Höhe des Stellwerks „W 2" des Bahnhofs Falkenberg (Elster) die Lokomotive 118 062, die den Durchgangsgüterzug 52630 förderte. Auch hier löschte der Lokomotivführer den Brand im Maschinenraum mit Hilfe der stationären Anlage und eines Handfeuerlöschers.

Die Ursachen der Brände waren neben konstruktiven Mängeln, welche die Deutschen Reichsbahn nachträglich zu beheben hatte, aber auch die Mangelwirtschaft und ein wenig Schlamperei der Eisenbahner. Die Niederschriften von Arbeitsgemeinschaften und Erfahrungsaustauschen benennen die unzureichende Qualitätsarbeit des Reichsbahnausbesserungswerks „Wilhelm Pieck" Karl-Marx-Stadt, sodass es nach dem Einbau von Schlauchverbindungen zu Schäden in der Verbindungsleitung zwischen der Kraftstoff-Förderpumpe, dem Schnellschlussventil und der Einspritzpumpe kam. Aber auch die wenig haltbaren oder ungeeigneten und dann nicht haltbaren Verbindungsschläuche förderten die Brandgefahr, was genauso für die Lokomotiven der Baureihen 110 und die Triebwagen der Baureihe 175 zutraf.

Hinzu trat die Nachlässigkeit des Lokomotivpersonals in der Wartung der Lokomotiven. Das Reichsbahnausbesserungswerk wies wiederholt darauf hin, dass „unter den Abdeckblechen Putzwolle und Lappen liegen. Dieser Zustand hat sich bis heute[130] nicht geändert, so daß es u. E. notwendig ist, nochmals alle Dienststellen auf die dadurch entstehende Gefahr hinzuweisen."

Umsiedler, Rückkehrer, Spazierfahrer und Antifa

Der Reichsbahn fehlten in der Nachkriegszeit nicht nur Fahrzeuge und Material, sie wurde zugleich von mehreren Seiten zusätzlich gefordert. Dazu gehörte nach dem Kriegsende der Umsiedlerverkehr. Das Wort „Umsiedler" stand in der sowjetischen Besatzungszone und in der DDR nicht nur für die übliche Umschreibung des Vertriebenen, es war bereits von der Nazidiktatur eingeführt worden. Für die Umsiedler mussten Sonderzüge bereitgestellt werden, denn in den neu besetzten Gebieten und in der Tschechoslowakei wurden Personen mit deutscher Staatsangehörigkeit nur in Ausnahmen geduldet. Weil die polnische Eisenbahn Wagen der Umsiedlerzüge von der Reichsbahn zurückforderte und weil Eisenbahner der Reichsbahn die Schriftstücke aufbewahrten, ist es zu verdanken, dass Akten im Bundesarchiv die Not der Menschen und den Umfang der Transporte beschreiben.[131] In ihnen ist über Um[siedler]-Züge – PUm – in der Zeit von Ende 1945 bis 1948 zu lesen.

Weiterhin hatte die Reichsbahn Heimkehrerzüge für ehemalige Wehrmachtsangehörige aus den Kriegsgefangenenlagern (Westrückkehrer), Antifa-Züge aus der Tschechoslowakei, Wechselverkehre in Richtung der amerikanischen Zone, Züge für Rückwanderer und Spazierfahrer – überwiegend Begriffe, die heute keinem etwas sagen – zu organisieren.

Umsiedlerzüge fuhren über Wehrkirch (heute Horka) in die britische Besatzungszone, unter anderem nach Wittmund, wie auch von Scheune (heute Szczecin-Gumience) nach Lübeck und Hameln, von Oelsnitz (Vogtl) und Bad Brambach nach Hof Hbf, von Schöna über Pirna nach 15 Zielen in der Mark Brandenburg und in Mecklenburg, unter anderem Ludwigslust und Neustrelitz, von Forst (Lausitz) nach Arneburg und Thüringen, von Warnsdorf über Pirna nach Altenburg (Thür) – gewiss eine unvollständige Aufzählung.

Gestrandete Flüchtlinge warten im zerstörten Berlin auf ein Ziel (Berlin-Pankow, 1.6.1945)
Foto: Ullstein

Die Generaldirektion Deutsche Reichsbahn sah sich im Konflikt gegenüber der ungeordneten Völkerwanderung. Die Orte im grenznahen Gebiet zur Tschechoslowakei und an dem von Polen besetzten Gebiet wollten die Vertriebenen nicht aufnehmen, fehlte es doch an Wohnraum und Lebensmitteln. Die Reichsbahn sollte die Tausenden ziellos getriebenen Menschen in die weniger bewohnten Gebiete oder in andere Zonen, hauptsächlich in die britische und amerikanische, befördern. Die Umsiedlerzüge ließ man möglichst nicht in Nähe der deutschen Grenze enden, fuhr sie grundsätzlich aus Güterwagen gebildet. Begründet wurde der Güterwageneinsatz mit dem umfangreichen Gepäck, das die Vertriebenen mitführten, was bis auf eine Gruppe der Ausgewiesenen nicht zutraf. Die Reichsbahndirektion Dresden beklagte in einem Schreiben vom 5. November 1946 an die Zentralverwaltung für deutsche Umsiedler im sowjetischen Okkupationsgebiet, Berlin W 8, Leipziger Str. 5 – 7: Auf Befehl der Sowjetischen Militäradministration wurden die aus zehn Personen- und 30 gedeckten Güterwagen gebildeten Züge benutzt, so dass die Zeit für Reparaturen fehlte. Auch „daß Umsiedler durch rücksichtloses Vorgehen beim Verladen oder während der Fahrt die Personenwagen beschädigten. Genannt wurde die Unsitte, den an Stelle des fehlenden Glases zur Abdichtung der Fenster verwendeten Werkstoff (Sperrholzplatten; Verfasser) einfach abzuschlagen oder Löcher hinein zu schneiden, nur um bessere Sicht zu haben. Die Hinweise der Eisenbahnbediensteten und Zugbevollmächtigten, daß dieses Benehmen sich nur zum Schaden der später fahrenden Umsiedler auswirken würde, blieben meist ohne Erfolg. Der Umfang der Umsiedlertransporte gestattete nicht die Bereitstellung besonderer Wagenzüge für antifaschistische Umsiedler."

Aus den Akten geht hervor, dass es an der Grenze zu den polnisch besetzten Gebieten Streit um die Öfen gab. Die polnische Staatsbahn lehnte ursprünglich Begleitpapiere für die Wagenausstattung ab, wollte nun die fehlende Heizöfen ersetzt haben. Jeder achte

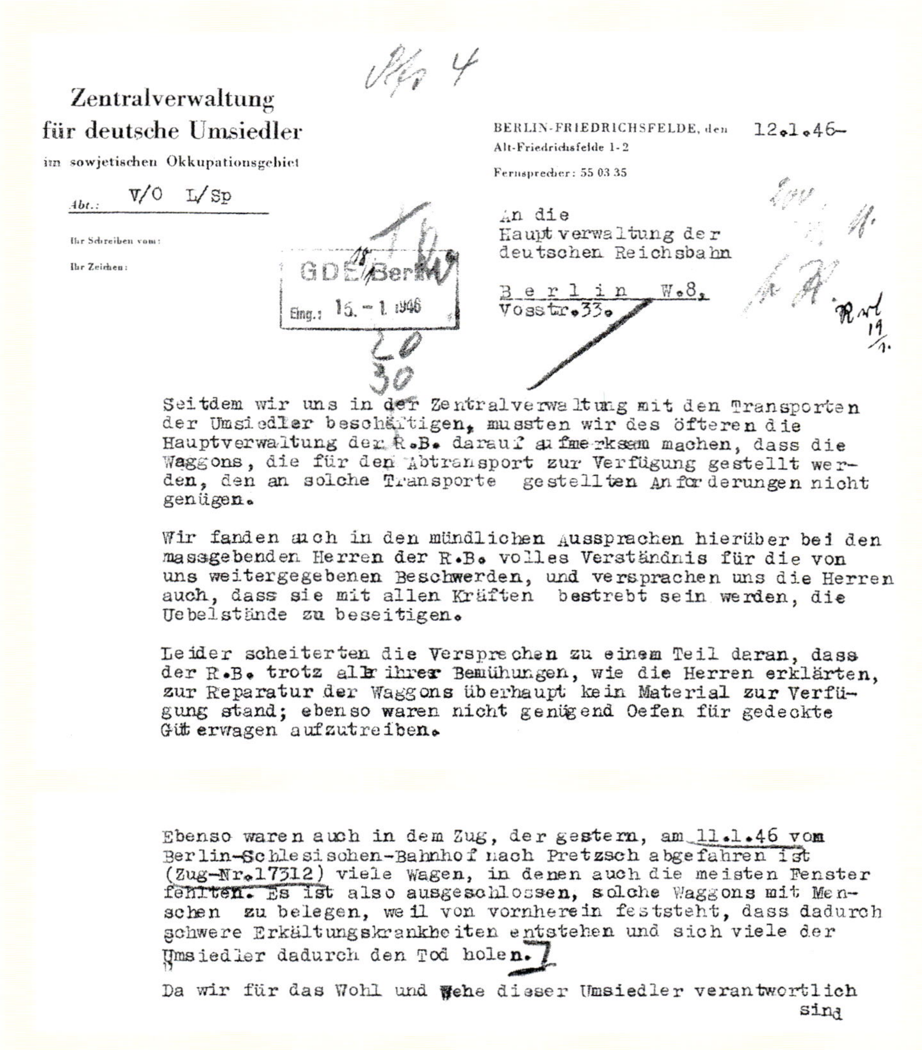

Zentralverwaltung für deutsche Umsiedler
im sowjetischen Okkupationsgebiet

Abt.: V/O L/Sp

Ihr Schreiben vom:
Ihr Zeichen:

BERLIN-FRIEDRICHSFELDE, den 12.1.46.
Alt-Friedrichsfelde 1-2
Fernsprecher: 55 03 35

GDE Berlin
Eing.: 16. - 1. 1946

An die
Hauptverwaltung der
deutschen Reichsbahn

Berlin W.8,
Vosstr.33.

Seitdem wir uns in der Zentralverwaltung mit den Transporten der Umsiedler beschäftigen, mussten wir des öfteren die Hauptverwaltung der R.B. darauf aufmerksam machen, dass die Waggons, die für den Abtransport zur Verfügung gestellt werden, den an solche Transporte gestellten Anforderungen nicht genügen.

Wir fanden auch in den mündlichen Aussprachen hierüber bei den massgebenden Herren der R.B. volles Verständnis für die von uns weitergegebenen Beschwerden, und versprachen uns die Herren auch, dass sie mit allen Kräften bestrebt sein werden, die Uebelstände zu beseitigen.

Leider scheiterten die Versprechen zu einem Teil daran, dass der R.B. trotz aller ihrer Bemühungen, wie die Herren erklärten, zur Reparatur der Waggons überhaupt kein Material zur Verfügung stand; ebenso waren nicht genügend Oefen für gedeckte Güterwagen aufzutreiben.

Ebenso waren auch in dem Zug, der gestern, am 11.1.46 vom Berlin-Schlesischen-Bahnhof nach Pretzsch abgefahren ist (Zug-Nr.17312) viele Wagen, in denen auch die meisten Fenster fehlten. Es ist also ausgeschlossen, solche Waggons mit Menschen zu belegen, weil von vornherein feststeht, dass dadurch schwere Erkältungskrankheiten entstehen und sich viele der Umsiedler dadurch den Tod holen.

Da wir für das Wohl und Wehe dieser Umsiedler verantwortlich sind

Die Zentralstelle für deutsche Umsiedler beklagt 1946, dass für gedeckte Güterwagen nicht genügend Öfen aufgetrieben werden können *Quelle: Barch DM 1-1782*

Güterwagen fuhr bei bis zu minus 25 Grad ohne Ofen, so dass es zu Erfrierungen oder gar Toten kam. Mitunter mussten die Züge mit den Umsiedlern stundenlang stehen, weil der Lokomotive die Kohle fehlte, so am 14. Dezember 1946 in Eilsleben (b Magdeburg) sieben Stunden, in Roßlau (Elbe) drei Stunden.

Aus dem Schreiben der Reichsbahndirektion Dresden geht hervor, dass die Antifazüge nicht besser ausgestattet waren. Die Antifazüge kamen über die tschechisch-deutsche Grenze, insbesondere in die sowjetische Besatzungszone mit mehreren zehntausend Kommunisten und einer geringen Anzahl Sozialdemokraten. Der Tschechoslowakei hatte ein Teil davon bei Verwaltungs- und Facharbeiten genützt, auch bei der Organisation der Vertreibung, bis sie später als entbehrliche Bürger mit deutscher Staatsangehörigkeit ausgewiesen wurden. Die den Antifaschisten vorbehaltenen Züge sollten komfortabler als die übrigen Vertriebenenzüge sein. Aber auch die Tschechoslowakischen Staatsbahnen schafften das nicht.

Die Antifatransporte endeten im Oktober 1946. Mit ihnen hatte die Reichsbahn besondere Probleme, da die Antifaschisten aus der Tschechoslowakei für sich eine Vorzugsbehandlung gegenüber der übrigen Bevölkerung reklamierten. Sie durften fast ihre gesamte Habe mitnehmen, darunter oftmals auch das eigene Vieh, weshalb mitunter Wagen mit Lebendvieh in den Zügen eingereiht waren. Ihnen waren Unterkünfte sofort nach Ankunft zugesagt worden. Ein Antifazug sollte auf einem Bahnhof der Halberstadt-Blankenburger Eisenbahn entladen werden. Die örtlichen Umsiedlerstellen boten Unterkünfte nicht an. Die Antifaschisten weigerten sich, den Zug zu verlassen. So fehlten der Reichsbahn Wagen für den Rücklauf. Vorwurf an die [noch] private Bahn: Warum wurde kein Zwang angewandt? In Altenburg (Thür) schimpften die Antifaschisten über die unwürdige Behandlung, fehlten doch den Personenwagen die Fenster.

Auf der Strecke von Halle (Saale) nach Arenshausen spielten sich katastrophale Vorfälle ab. Es hatte sich herumgesprochen, dass der Bahnhof Arenshausen ein idealer Übergang aus der sowjetischen Zone für die Rückwanderer und Spazierfahrer sei. Als Rückwanderer wurden die bezeichnet, die vor den Kriegshandlungen im Westen in die ruhige Provinz von Brandenburg und Mecklenburg geflohen waren und nun wieder nach Hause wollten. Die Kategorie Spazierfahrer besuchte Verwandte, in der schlechten Zeit mitunter wichtig um zu überleben, wenn die Verwandten mehr zu essen hatten. Jedenfalls sah sich die Reichsbahndirektion Halle außer Stande, mit den Regelzügen die Menschenmassen abzufahren, Züge wurden gestürmt, die Bahnsteige blieben überfüllt. Der Zustrom hielt aber weiter an trotz angeordneter Reiseverbote. Thüringen beanspruchte den Übergang Arenshausen für sich, obwohl von dort Rückwanderer auch über Strecken der Direktion Halle in den Westen zu reisen beabsichtigten. Die Reichsbahndirektion Halle sah nur einen Ausweg, Schleusenbahnhöfe einzurichten. Dort sollten die Rückwanderer abgefangen und in Lager gesteckt werden, aber diese hatten schon genug Insassen. Halle wurde erlaubt, jeden zweiten Tag einen Umsiedlerzug über Völpke fahren zu lassen.

Um den Umsiedlerverkehr etwas geordneter zu lenken, sollten Quarantänelager als Auffanglager eingerichtet werden. Thüringen lehnte das ab, die vorhandenen wurden gebraucht. Sonst sah man im Mai 1946 für Rückwanderer und Umsiedler als Quarantänelager vor:

Land Mecklenburg	
Bützow	800 Personen
Brahlstorf	1.000 Personen
Provinz Brandenburg	
Fürstenwalde	1.000 Personen
Birkenhain	1.000 Personen
Treuenbrietzen und Guben vorgesehen für Umsiedler aus der Tschechoslowakei	
Provinz Sachsen	
Teistungen	
Land Sachsen	
Löbau	3.000 Personen
Niederoderwitz	1.500 Personen.

Mit dem Aufenthalt in diesen Lagern, meist Kasernen, erhielten die Insassen den Quarantäneschein, der ihnen im Heimatort eine Lebensmittelkarte sicherte. Das sollte den Leuten an der Grenze der Besatzungszonen gesagt werden, schon um die „Spazierfahrer", die sich den Quarantänelagern verweigerten, von den Zügen abzulenken. Anderseits hielten diese Lager die Kriegsgefangenen eine Woche auf, bis sie endlich zu ihren Familien fahren konnten. Die Quarantänelager blieben umstritten. Da Ostflüchtlingen die Papiere fehlten, war ihnen der Weg in die britische Zone kaum möglich. Am leichtesten schien der Weg über Oelsnitz (Vogtl) nach Bayern, Baden und Württemberg und über Eisenach nach Groß-Hessen zu sein. So mehrte sich in diesen Territorien die Bevölkerung mit gut ausgebildeten Facharbeitern.

Um in die sowjetische Zone zu gelangen, benötigte niemand Papiere, was das wilde Reisen begünstigte. Die Ansammlung in Teistungen sei darauf zurückzuführen. Im Stunden-Takt trafen Züge mit je 1.200 Vertriebenen in Bad Schandau ein, in Bad Brambach an Werktagen drei Züge. Eisenbahner der Tschechoslowakischen Staatsbahnen begleiteten die Züge bis nach Bad Schandau oder weiter bis Pirna und mussten auf Befehl der Sowjetischen Militäradministration Dresden innerhalb von sechs Stunden zur Grenze nach Schöna zurückkehren.

Kältekatastrophe in deutschem Flüchtlingszug

Zwanzig Todesopfer, zahlreiche Erfrierungen

Der Londoner Rundfunk meldete um Mitternacht:

Wie die britische Militärregierung bekanntgegeben hat, fand man in einem deutschen Flüchtlingszug, der aus den von Polen verwalteten ehemals deutschen Gebieten in der britischen Zone eintraf, 16 Tote vor. Außerdem litten 57 Personen an Erfrierungen.

In einem anderen Flüchtlingszug, der am 15. Dezember eintraf, waren unterwegs 4 Personen erfroren, 106 Flüchtlinge hatten sich Erfrierungen zugezogen.

Wie der Bericht besonders vermerkt, handelt es sich hierbei um Flüchtlingszüge, die nach amtlich ausgearbeitetem Plan nach der britischen Zone geleitet werden. Diese Züge laufen unter polnischer Kontrolle.

Bei Minusgraden gibt es in den ungeheizten Güterwagen unter den Vertriebenen Tote und Kranke

Entnommen: „Spandauer Volksblatt"

Deutsche Reichsbahn
Reichsbahndirektion Dresden
33 Bfp 24 Bbz

Dresden, den 28.9.1946

An die
Deutsche Zentralverwaltung des Verkehrs
in der sowjetischen Besatzungszone
Hauptverwaltung Deutsche Reichsbahn
z Hd des Herrn Direktionsrat Kummer
B e r l i n

D.Z.V.V.
Hauptverwaltung D. R.
Eing.: 30. - 9. 1946

nachr HWA, HWL Berlin

Telegrammbrief

Betr: Umsiedlerverkehr

Berichter: RA Bicks
Ruf 5433

1) Infolge Unterbrechung des Umsiedlerverkehrs aus der CSR sind auf Befehl der SMA Dresden alle Umsiedlerpendelzüge bis auf nachstehende aufgelöst bezw für Transporte der Besatzungsmacht verwendet worden:
Pendel Dre 100 B, 101 B, 109 B, 112 B, 123 B, 124 B, 126 B, 127 B, 128 B.
Von diesen Garnituren befinden sich Pendel 100 B, 101 B, 109 B, 126 B, 127 B mit insgesamt 30 C, 114 G, 4 Pwg in der amerikanischen Besatzungszone (Hof Hbf). Sie wurden zur Beförderung von Heimkehrern und Umsiedlern vom Lager Oelsnitz (Vogtl) nach Hof Hbf über Gutenfürst benutzt und sind bisher noch nicht zurückgegeben worden. Bf Hof Hbf teilte auf unsere Anfrage über Verbleib der Wagen mit, daß diese für die Weiterbeförderung der Umsiedler in die amerikanische Besatzungszone verwendet wurden, und der Rest wahrscheinlich nicht zurückgeleitet würde, weil noch größere Rückstände an G-Wagen aus der sowjetischen Besatzungszone Übergang Gutenfürst beständen. Nach dem Stand vom 26.9. verbleiben uns nur noch Pendel 112 B, 123 B, 124 B und 128 B.
Der Umsiedlerverkehr aus Schlesien einschl der Verteilung dieser Leute aus den Quarantänelagern nach den Ansiedlungsorten, von Antifa aus CSR und nach der amerikanischen Zone gehen ohne Unterbrechung weiter. Die SMA hat dafür die Neubildung von 3 Pendelzügen je 30 C befohlen. Die Stellung von G-Wagen wurde trotz des Hinweises, daß die Unterbringung des umfangreichen Gepäcks nicht möglich ist und Personenwagen für Um-Züge wenig geeignet sind, abgelehnt.

2) Nach mdl Mitteilung der Landesverwaltung Sachsen soll die Abbeförderung von rd 150 000 Umsiedlern aus CSR über Bad Brambach und Bad Schandau mit täglich je 1 Zug ab 4. Oktober 1946 wieder aufgenommen werden.
Unter der Voraussetzung, daß das Umladen wie bisher nur in Bad Schandau vorgenommen wird und die Züge über Bad Brambach bis Rehmsdorf verkehren, entsteht ein Bedarf von 6 Zügen je 10 C und 32 G.
Der Bedarf an Pendelzügen beträgt ab 4.10.46:

a)	für	Umladung Bad Schandau	6	Züge	je 10 C	und 32 G		60 C, 192 G
b)	"	Antifa aus CSR	3	"	" 5 C	" 26 G		15 C, 78 G
c)	"	Ansiedlung von Schlesiern	4	"	" 5 C	" 20 G		20 C, 80 G
d)	"	Wechselverkehr nach amerikan Zone	3	"	" 5 C	" 20 G		15 C, 60 G
		insgesamt	16	"			mit	110 C, 410 G
Vorhanden sind		4 Züge mit zus						40 C, 118 G
Verbleibt ein Bedarf von								70 C, 292 G

Die Reichsbahndirektion Dresden berichtet von Schwierigkeiten des Umsiedlerverkehrs aus der sowjetischen in die amerikanische Besatzungszone

Quelle: Barch DM 1-1782

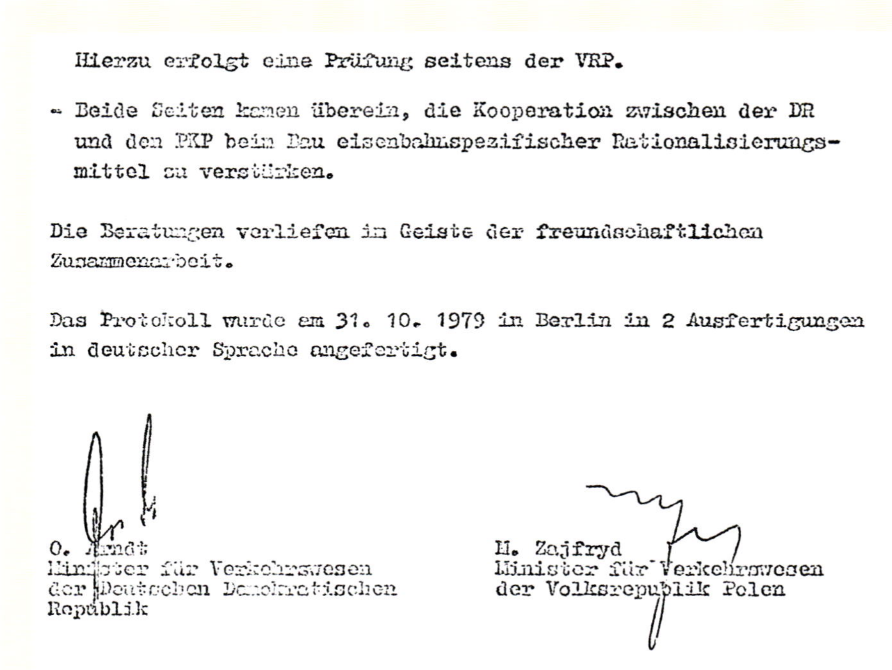
Hierzu erfolgt eine Prüfung seitens der VRP.

- Beide Seiten kamen überein, die Kooperation zwischen der DR und den PKP beim Bau eisenbahnspezifischer Rationalisierungsmittel zu verstärken.

Die Beratungen verliefen im Geiste der freundschaftlichen Zusammenarbeit.

Das Protokoll wurde am 31. 10. 1979 in Berlin in 2 Ausfertigungen in deutscher Sprache angefertigt.

O. Arndt
Minister für Verkehrswesen
der Deutschen Demokratischen
Republik

M. Zajfryd
Minister für Verkehrswesen
der Volksrepublik Polen

Schlussteil des Protokolls der beiden Verkehrsminister. Trotz freundschaftlicher Zusammenarbeit fehlt es an Wagen. *Quelle: DY 30-2911*

Als ob die Reichsbahn nicht schon genügend Schwierigkeiten hatte, musste sich das Hauptwagenamt in der Berliner Kaiserallee noch mit zwei anderen Problemen auseinander setzen. Die polnische Eisenbahn reklamierte nicht nur die Öfchen, sondern auch Wagen. Ein Teil der Wagen war mit ALLIED FORCES beschriftet an die Reichsbahn übergeben worden und kam nicht mehr zurück. Mitunter verblieb ein vollständiger Zug in der britischen Zone. Zahlreiche Wagen fehlten, weil sowjetische Kommandanten auch nicht vor Umsiedlerzügen zurückschreckten, wenn sie Wagen für Reparationsgut brauchten. Bernburg und Staßfurt hatten den Ruf als gefährliche Bahnhöfe, denn dort wurde Kalk abgebaut und Soda hergestellt, das in der UdSSR[132] gut zu gebrauchen war. Zwei Umsiedlerzüge mit 111 Wagen wurden kurzerhand beschlagnahmt, ebenso in Magdeburg auf Befehl des Bahnhofsoffiziers zwei Wagen des Umsiedlerverkehrs für Zementtransporte in die UdSSR verwendet. Nach zwölf weiteren Zügen forschte die Reichsbahn. Zwölf Leerwagen eigneten sich in Arneburg für Kartoffeltransporte und fehlten in Polen. Am 12. Juli 1946 erfuhr die Provinzialverwaltung der Mark Brandenburg, Ende Juli bis Oktober 1946 würden in Frankfurt (Oder) 120.000 Heimkehrer eintreffen. Wieder musste die Eisenbahn Zusätzliches organisieren.

Erst Wagen nach Polen, dann kommen von da die Kohlen

Stets gab es Probleme mit den Kohlentransporten aus Polen in die DDR. Jedoch spitzte sich im Jahre 1979 die Situation zu, denn die Volksrepublik Polen lieferte nicht die vereinbarte Menge an Steinkohlen und begründete dies mit dem Wagen- und Arbeitskräftemangel. Mit Arbeitskräften konnte die DDR auch nicht helfen, eher mit Güterwagen, obwohl die bei der Deutschen Reichsbahn ebenfalls knapp waren. Die Steinkohle aus dem oberschlesischen Revier war der DDR so wichtig, dass sie den Polnischen Staatsbahnen (PKP) umfangreiche Wagenhilfe leistete.

Nicht nur die Steinkohle bescherten der Reichsbahn Ärger. Anfang des Jahres 1979 sperrten die Polnischen Staatsbahnen den Grenzübergang Cherema/Wysoko Litowsk, über den fast sämtliche Gütertransporte zwischen der UdSSR und der DDR liefen und bei dem wegen des Spurweitenwechsels ein großer Teil der Güter umgeladen werden musste. Der DDR-Verkehrsminister Otto Arndt protestierte beim polnischen Minister für Verkehrswesen, denn durch die Sperre kam unter anderem der Ruß-Transport aus der UdSSR über Polen zum Erliegen.

Der Ruß wurde überwiegend in Containern transportiert, aber auch sackweise. Ohne ihn umzuladen, war das nicht möglich. Mancher Sack riss. Da standen die Umlader in dunklen Staubwolken, ein triftiger Grund, diesen Gütern aus dem Weg zu gehen. Die chemische Industrie in der DDR hatte vom 20. Juni bis 9. Juli 1979 Arbeitskräfte an den Grenzübergang beordert, die dort 3.900 Tonnen Ruß umluden, der nicht in Containern befördert wurde. Am 10. Juli 1979 endete der Arbeitseinsatz, polnische Arbeiter sollten den Umschlag fortsetzen und schafften nur 60 Tonnen täglich, weil es ihrer zu wenige waren.

Die polnische Eisenbahn weigerte sich fortan, die Ruß-Wagen von der sowjetischen Eisenbahn zu übernehmen. Dieser importierte Ruß wurde für die Autoreifenherstellung, die Druckindustrie und in anderer Produktion benötigt; sein Ausbleiben störte die Wirtschaft der DDR. Am 16. Juli 1979 blieben in umgekehrter Richtung 39 Exportzüge und neun Züge im Transit von westeuropäischen Bahnen für die UdSSR stehen. Die Wagen der Deutschen Reichsbahn waren vor allem mit Maschinen und Ausrüstungsteilen für die Landmaschinen in der UdSSR beladen. Auf der anderen Grenzseite meldete sich die Direktion der Belorussischen Eisenbahn Anfang Juli 1979, dass auf ihren Gleisen 1.900 Wagen mit Flüssiggütern, Getreide und Holz stehen, die via Polen in Richtung DDR rollen sollen. Der Rückstau war also gewaltig.

Auf der XXXIII. Tagung des Rates für gegenseitige Wirtschaftshilfe (RGW) in Moskau erfuhr Otto Arndt von seinem polnischen Amtskollegen Mieczysław Zajfryd die Gründe für den durch eine Sperre ausgelösten Rückstau:

- Wagenmangel bei den Polnischen Staatsbahnen
- Rückgang der Anzahl an Arbeitskräften
- Diskontinuierlicher Zulauf der Außenhandelsgüter.[133]

Waren die Rückstauzüge für Ruß und andere Güter schon höchst ärgerlich, musste sich das Kollegium des Ministeriums für Verkehrswesen der DDR in erster Linie mit den Steinkohlelieferungen aus Polen befassen. Bei diesen entfielen zwar die Umladungen wie an der polnisch-sowjetischen Grenze, dafür wog der permanente Wagenmangel in Polen um so schwerer. Hinzu kamen die Abweichungen im Sortiment. Im Oktober 1979 informierte Arndt den Wirtschaftssekretär im Zentralkomitee, Günter Mittag, darüber, dass in den ersten drei Quartalen die vereinbarten Mengen nicht geliefert wurden, obwohl die Deutsche Reichsbahn die zugesagte Wagenhilfe restlos geleistet hatte. Allein für das Schwarze Gold aus Polen setzte die Reichsbahn 174.500 Güterwagen („Doppelachsen“) mit einem Ladevolumen von 4.800.000 Tonnen ein und bereitete, um ihrem Wagenmangel abzuhelfen, den Kauf gebrauchter Güterwagen im westlichen Ausland vor. Statt Grob- und Mittelkohlen, die hauptsächlich auf den Dampflokomotiven verfeuert wurden, bot Polen Feinkohlen, eigentlich Staub, an. Starke Verunreinigungen minderten den Heizwert der gelieferten Steinkohlen. So kam das Kraftwerk Klingenberg in Berlin in Schwierigkeiten, weil es verschlammte Steinkohlen aus Polen verfeuern musste.

Im Mai 1979 behandelte Erich Honecker, Generalsekretär des Zentralkomitees der Sozialistischen Einheitspartei Deutschlands, bei einem Treffen mit Edward Gierek, dem Ersten Sekretär des Zentralkomitees der Polnischen Vereinigten Arbeiterpartei, das Thema. Doch Giereks Macht schwand, denn in dessen Volksrepublik wandelten sich die politischen Verhältnisse; die Polnische Vereinigte Arbeiterpartei hatte immer weniger zu sagen.

Die Wagenhilfe mit 174.500 Güterwagen überstieg die Vereinbarung um neun Prozent. Der Überschuss entstand dadurch, dass in Polen ein Teil der Wagenhilfe mit Koks beladen wurde, obwohl diese Abweichung von der Gutart nie abgesprochen worden war. Die Reichsbahn musste, um etwaigen Ausreden zu begegnen, warum die Steinkohlen nur verzögert geliefert werden, die mit Koks beladenen Wagen durch weitere Leerwagen ausgleichen.

In Polen wurde die vorgesehene Wagenumlaufzeit überschritten. Die langen Laufzeiten steigerten den Wagenbedarf um etwa 2.000. In der Information für Mittag nannte der DDR-Minister die Ursachen des auch bei der Reichsbahn verzögerten Wagenumlaufs:

- Zulauf aus der Volksrepublik Polen mit nicht sortenreinen, geschlossenen Zügen (nur 36 Prozent Empfängerzüge)
- Unregelmäßige Ankunft der Züge mit unterschiedlichen Mengen
- Zwangsdispositionen, da nicht sortimentsgerecht geliefert wurde. Versorgungsengpässe mussten rasch beseitigt werden. Es kamen mit 1.112 Zügen zusätzliche Mengen an Feinkohlen, weniger Grob- und Gaskohlen an den Grenzübergängen Wilhelm-Pieck-Stadt Guben, Forst (Lausitz) und Horka an.
- Probleme bei der Entladung.

Die DDR lagerte Reserven an Fein-Steinkohle bis September 1979, für die Deutsche Reichsbahn in Halbendorf, für die Industrie in Merzdorf, Fürstenwalde (Spree), Niederlehme, Königs Wusterhausen, Frankleben, Halle-Trotha, Riesa und Zwickau-Pölbitz. Das Wagenstandgeld wurde erhöht, damit die Empfänger die Wagen schneller entladen und zurückgeben. Am 30. September 1979 vereinbarten beide Länder in Warschau Erleichterungen hinsichtlich des technischen Zustands bei der Übergabe/Übernahme von Güterwagen, sofern es sich um die Wagenhilfe handelte.

Sämtliche in der Bundesrepublik Deutschland gekauften Gebrauchtwagen wurden für den Import der Steinkohle eingesetzt, auch wenn in der DDR Wagen fehlten. Die Reichsbahn hielt 500 Wagen westlicher Bahnverwaltungen für ihren Binnenverkehr zurück und zahlte für sie Miete. Angemietet wurden Wagen der Staatsbahnen Frankreichs und Schwedens.

Der Minister darf auch lachen. Otto Arndt in Paris während einer Tagung des UIC-Verbandes
Sammlung Drossel

Um Wagen für den Betriebspark zu gewinnen, musste die Ausbesserung beschleunigt werden. Da eigene Arbeitskräfte knapp waren, wurde die Reichsbahn im Lager Brandenburg durch 295 Strafgefangene unterstützt. Mehr Häftlinge des Strafvollzugs standen nicht zur Verfügung, denn diese waren in anderen Bereichen der Volkswirtschaft bereits „verplant“.

Im III. Quartal 1979 belief sich die Wagenhilfe für 1.894.000 Tonnen Steinkohlen auf 68.850 zweiachsige offene Güterwagen.

Um den Schwierigkeiten mit den Steinkohlelieferungen endlich Herr zu werden, bildete sich am 30. Mai 1979 ein „gemeinsamer Operativstab" mit Vertretern der DDR und der Volksrepublik Polen. Bei der Beratung dieses Stabes am 4. Oktober 1979 in Warschau ging es wieder um die Qualität der Fein-Steinkohlen, die immer noch mit unverwertbaren Beimengungen geliefert wurden. Die Gruben konnten die vereinbarte Menge von 1.000.000 Tonnen „sortierter energetischer und verholzbarer Steinkohlen" nicht liefern. Schließlich trafen sich am 30. und 31. Oktober 1979 in Berlin die Minister für Verkehrswesen beider Länder, Otto Arndt und Mieczysław Zajfryd. Sie behandelten drei Tagesordnungspunkte: Außenhandelstransporte, internationaler Reiseverkehr und wissenschaftlich-technische Zusammenarbeit. In der für solche Beratungen angemessenen Art wurde nur die Prüfung der Missstände zugesagt, und Otto Arndt konnte nur bitten, den Transportrückständen beim Import aus der UdSSR abzuhelfen. Der polnische Minister erläuterte das Allbekannte: Ihm fehlen Wagen und Arbeitskräfte für die Umladung. Für die Übernahme der Gutart Ruß verlangte er eine andere Transporttechnologie. Ruß in Containern ja, ansonsten nur in bereits umgeachsten Wagen der Sowjetischen Eisenbahnen. Arndt: Warum dürfen Transitgüter aus Westeuropa nicht über jeden Grenzübergang reexpediert werden? Die polnische Seite sagte eine Prüfung zu. Ebenso wolle man die in die Tausende gehenden Überbestände der Wagen des Gemeinsamen Parks (OPW) senken, die polnische Bahn bei gedeckten, die Reichsbahn bei offenen Wagen. Damit hatten die Verkehrsminister das Wagenproblem erst einmal abgehandelt.

Nun wurde noch über die Elektrifizierung von Strecken, die Havel-Wasserstraße, Schneeschleudern, Weichen, Oberbaumaschinen und Gleisbremsen verhandelt. Das Wort „Steinkohle" erschien auf keiner Seite des Protokolls.

Kartoffelzüge nach Osten

Über den Winter 1985/86 drohte den Menschen in der UdSSR eine Hungerkatastrophe. Die DDR musste helfen. Kenner des riesigen europäisch-asiatischen Landes meinten, dass Lebensmittel knapp sind, liege nicht an kargen Ernten – die es auch gab, sondern an dem mangelhaften Transport. Wer in Moskau sah, wie der staatliche Handel Obst und Gemüse verteilte, urteilte über den Transport ebenso. Über die DDR-Hilfe informierte die DDR-Führung die Bevölkerung nicht, zu groß wäre der Widerspruch zwischen sozialistischer Lehre und gängiger Praxis wahrgenommen worden.

Die DDR schloss einen Export-Vertrag über 508.000 Tonnen Speisekartoffeln aus der Ernte von 1985 ab. Die Lieferung sollte die knappen Ressourcen an Arbeitskräften in der DDR nur wenig binden. Dennoch blieb der Aufwand erheblich. Den Transport über die Ostsee übernahmen Schiffe der sowjetischen Handelsflotte und auf dem Landweg Güterzüge, für die die Deutsche Reichsbahn die Güterwagen bis zur polnisch-weißrussischen Grenze bereitstellte. Zur Verladung und zum Umschlag in den Häfen wurden 1.700 Arbeitskräfte, 35 Mobildrehkräne benötigt und die Kartoffeln mittels Großnetzen verladen. Die Gruppe der sowjetischen Streitkräfte in Deutschland[134] stellte die notwendigen Arbeitskräfte.

Für den seeseitigen Transport wählte das Ministerium für Verkehrswesen der DDR insgesamt acht Häfen aus, und zwar die drei Haupthäfen: Überseehafen Rostock, Wismar und Stralsund sowie als Nebenhäfen: die Häfen von Hohen Wieschendorf (bei Wismar), Wohlenberger Wieck (bei Wismar), Vierow (bei Greifswald) und die zum Fischkombinat gehörenden Häfen in Rostock und Stralsund. Letzterer entfiel dann. Der Minister für Verkehrswesen musste wöchentlich dem Sekretär des Politbüros und Zentralkomitees der Sozialistischen Einheitspartei Deutschlands, Dr. Günter Mittag, zum Stand des Versandes berichten. Vier Tage ruhte die Verladung wegen Frosttemperaturen. Die höchste Leistung erbrachte bei der Frühjahrslieferung 1986 der Überseehafen Rostock mit 84.000 Tonnen Speisekartoffeln (3.300 Tonnen Tagesleistung).

Am 1. Mai 1986 galt die Exportaktion als beendet.[135] Otto Arndt meldete am Vortag den erfolgreichen Abschluss der Frühjahrsaktion mit 24.500 Tonnen – 500 Tonnen mehr als die vereinbarte Menge. Eingesetzt waren 110 sowjetische Schiffe, die nicht immer im abgesprochenen Turnus ankamen, und 24 Güterzüge. Nicht angeführt wurde die Wa-

Das berühmt gewordene Hustenbonbon, das Honecker seinem Gast zum Abschied reicht

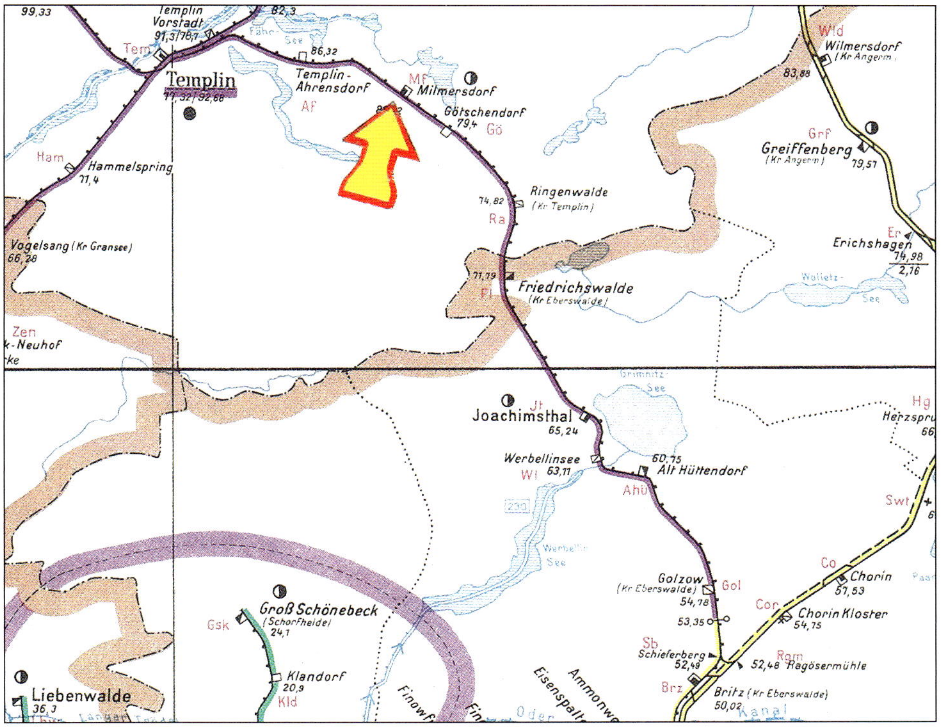

Auf dem Bahnhof Milmersdorf nahe Templin werden die drei Sonderzüge abgestellt, geheizt und gut bewacht

DR-Atlas von 1976

gengestellung zu den Häfen (162.000 Tonnen Kartoffeln mit der Eisenbahn), ein Hafen konnte nur mit Lastkraftwagen erreicht werden. Was Arndt im Frühjahr 1986 nicht ahnte: Der Lebensmittelmangel in der UdSSR blieb, die Kartoffellieferungen gingen nicht zu Ende, denn eine spätere Dienstbesprechung beim Minister forderte eine schnellere Verschiffung der Export-Kartoffeln.[136]

Die Sensation von Güstrow

Mehrfach war der seit Wochen auch von den beiden deutschen Bahnen vorbereitete Besuch des Bundeskanzlers Helmut Schmidt bei Erich Honecker, dem Staatsratsvorsitzenden der DDR und Generalsekretär des Zentralkomitees der SED, aus Termingründen aufgeschoben worden. Vorgesehen waren die An- und Abreise im Regierungszug der Deutschen Bundesbahn. Im Dezember 1981 kam Schmidt in die DDR, zu Gesprächen im Jagdschloss Hubertusstock in der Schorfheide. Er landete mit einem Flugzeug der BRD-Luftwaffe auf dem Flughafen Berlin-Schönefeld, was einige SED-Genossen bereits als Provokation auffassten, obwohl Flugzeug und Flughafen für Staatsbesuche nichts Außergewöhnliches waren.

Nach dem Besuch und den Gesprächen auf Schloss Hubertusstock in der Schorfheide nördlich Berlins besuchten Honcker, Schmidt und der Anhang die Stadt Güstrow, um sich hier die Sehenswürdigkeiten anzusehen. Von hier wurde zur Rückfahrt der von der Deutschen Bundesbahn zusammengestellte Sonderzug benutzt.

Diese Bahnreise führte nicht nur zu den bei Staatsfahrten üblichen Überprüfungen und Sicherheitsmaßnahmen, im Falle von Helmut Schmidt erreichten die Vorbereitungen ein Maß, das man als hysterisch bezeichnen kann.

In der DB-Hauszeitung „Blickpunkt DB" 1/1982 war darüber kein Wort zu finden. Der Leser erfuhr im von der DDR abgesehenen Verlautbarungsstil: „Zur Rückkehr in die Bundesrepublik benutzte Bundeskanzler Helmut Schmidt nach seinem dreitägigen Besuch in der DDR einen Sonderzug. Er brachte ihn von Güstrow aus über Herrnburg – Lübeck nach Hamburg. Die Hinreise hatte der Kanzler aus Termingründen mit dem Flugzeug unternommen. Vom Werbellinsee aus, wo die Gespräche mit der DDR-Führung stattgefunden hatten, reiste der Bundeskanzler in Begleitung von SED-Chef Erich Honecker nach Güstrow und besuchte dort die Ernst-Barlach-Gedenkstätte und den Dom. Zum Abschied reichte Honecker dem Kanzler ein Bonbon durchs Zugfenster."

Diese Hofberichterstattung erscheint harmlos. Die DDR-Bürger erfuhren aus dem West-Fernsehen, wie die Stadt in einer beispiellosen Aktion abgesperrt und einschließlich Weihnachtsmarkt nur von Kräften des Ministeriums für Staatssicherheit belebt worden war. Zu einem Jubel, wie es ihn beim Besuch Willy Brandts in Erfurt am 19. März 1970 gegeben hatte, sollte es nicht wieder kommen. Die Worte „gesichert" bzw. „abgesichert" hatten in den internen Berichterstattungen Hochkonjunktur.

Wochen vor dem erwarteten Besuch Schmidts wurden in den Kaderabteilungen der Reichsbahnämter Pasewalk und Güstrow sowie auf den Bahnhöfen an der Strecke Milmersdorf – Güstrow – Bad Kleinen – Herrnburg die Personalakten durchleuchtet. Danach erhielten die Leiter Aufträge, wer am Tag der Staatsfahrt auf seinen Arbeitsplatz durfte und für wen der Dienst zu verlegen war. Nur „zuverlässige" Eisenbahner sollten im Dienst sein. Genosse Hummel, Leiter der Politischen Abteilung der Reichsbahndirektion Schwerin, teilte fernschriftlich der Politischen Verwaltung in Berlin mit: „Die Besetzung wichtiger Betriebsdienststellen sowie der Oberdispatcherleitung und der Dispatcherleitungen mit erfahrenen Parteikadern wurde vorbereitet." In dem für Genossen damals gewohnten Stil gleich einem Kriegsbericht hieß es zum Beispiel am 13. Dezember im „Operativen Lagebericht aus Güstrow": „Die Lage an der Strecke ist gekennzeichnet durch eine hohe Einsatzbereitschaft der Eisenbahner. Die Disziplin ist ebenfalls sehr hoch zu bewerten. Man kann sagen, daß die Leiter der Dienststellen die Lage fest in der Hand haben und die Eisenbahner sehr gut vorbereitet haben. Ebenso auch die Kräfte,

Ministerium für Verkehrswesen
Hauptabteilung I

Berlin, 12.12.1981

Vertrauliche Dienstsache – Nachweis-Bereich: HA I M-12 · Lfd.-Nr.: 55 · Jahr: 81 · Ausf.-Nr.: 46. · Blatt: 1

Fahrplan für Staatsfahrt

Verkehrstag: 13.12.1981

Vorzug: 1 Lok 118, 6 Wagen, 24 Achsen, 350 t
Hauptzug: 2 Lok 118, 8 Wagen DB, 2 Wagen DR (bis Herrnburg), 40 Achsen, 600 t
Nachzug: 1 Lok 118, 7 Wagen, 28 Achsen, 400 t

Hg: 100 km/h   Mbr: 101

	Vorzug D 25 438	Hauptzug D 25 440	Nachzug D 25 442
Milmersdorf	12.30	12.50	13.10
Templin	44	13.04	24
Neu Placht	52	12	32
Lychen	13.08	28	48
Abzw Vdü	23	43	14.03
Fürstenberg Stw B3	26	46	06
Düsterförde	30	50	10
Drewin	32	52	12
Strelitz Alt	38	58	18
Neustrelitz	42	14.02	22
Adamsdorf	51	11	31
Kratzeburg	58	18	38
Klockow	14.05	25	45 / +18
Kargow	12	32	52
Waren	18	38	58
Vielist	23	43	15.03
Grabowhöfe	26	46 / +18	06
Sophienhof	30	50	10
Vollrathsruhe	34	54	14
Langhagen	38	58	18
Dersentin	41	15.01	21
Lalendorf Ost	44	04	24
Lalendorf	46 / +18	06	26
Devwinkel	50	10	30
Abzw Priemerwald	53	13	33
Priemerburg	+18 54	+15 14	+15 15.35/16.53
Güstrow	15.00/16.30	15.20/16.45 +17	17.00

		Vorzug D 25 438	Hauptzug D 25 440	Nachzug D 25 442
Güstrow Gbf		16.32	16.47	17.02
Schwiesower Forst		36	51	06
Bützow		40	55	10 +15
Warnow		46	17.01	16
Blankenberg		53	08 +16	23
Ventschow		59	14	29
Bad Kleinen		17.05	20	35
Bobitz		12	27	42
Plüschow		16	31	46
Grevesmühlen		21 +5	36	51
Grieben		26	41	56
Schönberg		32	47	an 18.02 +10
Lüdersdorf		37	52	–
Herrburg		17.42	+10 17.57/18.12 +3	–
Abzw Strecknitz		–	16	–
Lübeck Gbf		–	19	–
Lübeck Hbf	an	–	18.22	–

Die Fahrpläne der Sonderzüge von Milmersdorf nach Herrnburg

die von der parteimäßigen Seite dort eingesetzt worden sind."

Am 7. Dezember erfuhren die Reichsbahnämter Güstrow und Pasewalk vom Besuchstermin. Sie begannen sofort „stabsmäßig" mit den Vorkehrungen dafür. Der nahe Britz, Strecke Berlin – Stralsund, für strategische Zwecke gebaute, ansonsten zum Abstellen von Schadwagen genutzte Verbindungsbogen Ragösermühle – Schieferberg wurde geräumt und dessen Inbetriebnahme vorbereitet. Und zwar allein für den Fall, dass der Sonderzug der Deutschen Bundesbahn mit Hilfe einer Dreiecksfahrt gedreht werden sollte.

Mitarbeiter des Ministeriums für Verkehrswesen hatten mit der DB-Hauptverwaltung vereinbart, dass deren aus acht Wagen bestehender Sonderzug am 10. Dezember gegen 11 Uhr in Lübeck (Grenzbahnhof Herrnburg) übernommen werde. „Auf der Grundlage der Gegenseitigkeit [erfolgt] die Beförderung des Sonderzuges auf den Strecken der Deutschen Reichsbahn unentgeltlich." Während bei der Bundesbahn die Reiseabteilung Staatsfahrten auf dem Schienenweg organisierte, oblag dies bei der Reichsbahn den Genossen der Hauptabteilung I im Ministerium für Verkehrswesen, für die sonst die militärische Belange und die der Landesverteidigung ausschlaggebend waren.

Am 4. Dezember war ein Triebwagen bis zur Westgrenze gefahren, um die Zustände der sonst nicht von Staatsfahrten benutzten Strecken zu kontrollieren. „Die schnelle Beseitigung der Mängel wurde unter Parteikontrolle gehalten", hieß es im Bericht der Schweriner Polit-Abteilung. Auch die Umleitungsstrecken, Autobahnabschnitte und Straßen sowie die für die Staatsfahrten eingesetzten vier Diesellokomotiven und 15 Wagen des Regierungszuges wurden bis zum 7. Dezember überprüft. „Die durchgeführten Probefahrten, Ultraschallprüfungen und technischen Untersuchungen ergaben, daß sich die Fahrzeuge in einem betriebssicheren Zustand befinden", teilte Minister Otto Arndt der „oberen Etage" im SED-Zentralkomitee und im Ministerrat mit.

Die Stabsbesprechungen des Ministers bzw. Staatssekretärs am 7. und 9. Dezember lösten sich mit den Lagebesprechungen der Arbeitsstäbe bei den Stellvertretern des Ministers in dichter Folge ab und lösten entsprechende Aufträge aus.

Schließlich meldete Minister Arndt kurz und bündig: „Die sichere und reibungslose Durchführung der Staatsfahrt von Staats-

Politische Verwaltung der Deutschen Reichsbahn

1086 Berlin, 12. 12. 1981
Johannes-Dieckmann-Straße 42/43
Telefon: 33 649 Ta/He.
Az. 2o 3o 2o oo

I n f o r m a t i o n zur Lage im Eisenbahnwesen

1. Die politische Lage im Eisenbahnwesen ist weiterhin stabil. Die Politischen Organe und Grundorganisationen, besonders der Rbd-Bezirke Schwerin und Greifswald haben die massenpolitische Arbeit organisiert, um die Eisenbahner mit den ersten Veröffentlichungen zum Treffen des Genossen Honecker mit Bundeskanzler Schmidt vertraut zu machen.

   Die Lage ist durch das Bemühen gekennzeichnet, die infolge zum Teil starken Schneefalls mit örtlichen Verwehungen aufgetretenen Probleme z. B. in den Reichsbahndirektionsbezirken Berlin, Halle und Magdeburg zu meistern.
   In diesen und anderen Bezirken mußte eine größere Anzahl von Eisenbahnern und Kräften aus anderen Bereichen der Volkswirtschaft zur Schneeräumung eingesetzt werden.

   Durch Stromausfall in den Räumen Halle und Roßlau und den Ausfall von zwei Dampferzeugern im Kraftwerk Rummelsburg traten Schwierigkeiten in der Beheizung von Weichen auf.

   Die technologische Vorbereitung der Staatsfahrt am 13. 12. 1981 wird weiter fortgesetzt.
   Im Raum Güstrow und auf Streckenabschnitten der Reichsbahndirektion Greifswald werden über 4o Reisezüge und über 5o Güterzüge von den erforderlichen Maßnahmen betroffen.
   Es ist gesichert, daß bei einer Verschärfung der Witterungssituation in den Rbd-Bezirken Greifswald und Schwerin zur ordnungsgemäßen Durchführung der Staatsfahrt zusätzliche Kräfte der NVA bzw. der Zivilverteidigung eingesetzt werden.

2. Gegenüber den bisherigen Einschätzungen der Stimmung der Eisenbahner und zu den Meinungen zum Treffen gibt es keine wesentlichen neuen Momente.
   Die Politische Abteilung der Reichsbahndirektion Cottbus informiert über die rapide zunehmende Besorgnis der Parteimitglieder über die Lage in der Volksrepublik Polen.
   Durch die Politische Abteilung der Rbd Magdeburg wird eingeschätzt, daß die zugespitzte Situation in der Volksrepublik Polen und die angespannte betriebliche Lage in den Diskussionen eine größere Rolle spielen, als das Treffen.

Politische Verwaltung der Deutschen Reichsbahn

1086 Berlin, 10. Dezember 1981
Johannes-Dieckmann-Straße 42/43
Telefon: 49 33 649
Az.-Nr.: 20 30 20 00

I n f o r m a t i o n

zur Staatsfahrt am 10. 12. 1981

1. Die Staatsfahrt verlief ohne besondere Vorkommnisse. Infolge eines Heizungsschadens an einem Wagen der DB wurde der Zug mit 11 Minuten Verspätung an die Deutsche Reichsbahn übergeben. Weitere 3 Minuten Verspätung erhielt der Zug durch Überziehen der Abfertigungszeit durch die Grenzsicherungsorgane.

   Vor- und Hauptzug sind pünktlich auf Bahnhof Wilmersdorf abgestellt worden.

   Vor dem Zuglauf festgestellte geringfügige Mängel bzw. Störungen an den Bahnanlagen sind rechtzeitig beseitigt worden.

   Alle an der Durchführung der Staatsfahrt beteiligten Eisenbahner haben mit großer Disziplin und hohem Verantwortungsbewußtsein ihren Dienst ausgeführt.

2. Die Information der Reisenden über auftretende Veränderungen bei Reisezügen erfolgte entsprechend den Festlegungen.
   5 Personenzüge mußten ausgelegt und dafür Schienenersatzverkehr gefahren werden. Für weitere 6 Züge wurden Veränderungen der An- und Abfahrtszeiten bzw. Umleitungen erforderlich.

   Die Politischen Abteilungen der Reichsbahndirektionen Schwerin und Greifswald informieren darüber, daß die notwendigen Maßnahmen von den Reisenden mit Verständnis aufgenommen worden sind. Lediglich je 2 Reisende in Bützow und Herrnburg brachten Unwillen über die betrieblichen Maßnahmen zum Ausdruck.

3. Es gab in keinem Fall Ansammlungen bzw. Provokationen.

   In Grevesmühlen und Blankenberg wurde über zu erwartende lange Schrankenschließungen diskutiert.

Aus den Berichten über die Lage der Politischen Verwaltung der Deutschen Reichsbahn, die auch beim SED-Zentralkomitee eingehen

Quelle: Sammlung Kuske

grenze Herrnburg nach Milmersdorf am heutigen Tage ist gewährleistet." Das war zwei Tage vor Schmidts Rückreise. Der Sonderzug kam, abgesehen vom Zugbegleitpersonal und Sicherheitsbeamten, leer nach Milmersdorf. Er bestand aus folgenden Fahrzeugen:

- 71 10 242 Nachrichtenwagen,
- 71 10207 Salonwagen, ehemaliger Wagen des Ersten Präsidenten der Deutschen Bundesbahn,
- 71 11 126 Speisewagen,
- 71 80 929, 930, 950, 951 vier Schlafwagen,
- 19 80 024 Sitzwagen 1. Klasse, Gattung Avühm.

Den kleinen Bahnhof Milmersdorf an der Nebenbahn Britz (Kr Eberswalde) – Fürstenberg(Havel), der für den Kiesversand bedeutend war, hatte man als Abstellplatz wählen müssen, weil der zum Schloss Hubertusstock nahe gelegene „Kaiserbahnhof" Werbellinsee inzwischen nur noch ein Haltepunkt und auf dem Bahnhof Joachimsthal kein Platz war. Außerdem lag Milmersdorf einigermaßen abgeschirmt vom Volk.

Hier wurden die Sonderzüge abgestellt und von einer Diesellokomotive beheizt. Außer dem Zug der Bundesbahn, dem für die Rückfahrt noch zwei Salonwagen (89 4006 und 4007) bis Herrnburg für begleitende DDR-Funktionäre beigestellt wurden, waren von der Reichsbahn ein Sechs-Wagenzug als Vorzug und ein Sieben-Wagenzug als Nachzug zusammengestellt worden.

Abgesehen von dem Heer an Sicherheitskräften waren allein im Reichsbahndirektionsbezirk Schwerin „20 politische Mitarbeiter zur Organisierung der notwendigen politisch-ideologischen Arbeit mit konkretem Auftrag" unterwegs, um die Stimmung und die Meinungen der Eisenbahner und anderen Bürger einzufangen und Überzeugungsarbeit zu leisten. Sie glaubten an das, was ihnen die Eisenbahner sagten, die froh waren, wenn der Instrukteur bald wieder verschwand.

Derartige, nach Berlin gemeldete Stimmungsberichte wurden verdichtet und von der Politischen Verwaltung der Deutschen Reichsbahn als „Information zur Lage im Eisenbahnwesen" verteilt, auch um den Eindruck zu festigen, diese Genossen hätten alles im Griff. Am 12. Dezember erfuhr man: „Die politische Lage im Eisenbahnwesen ist weiterhin stabil. Die Politischen Organe und Grundorganisationen, besonders der Rbd-

Veranstaltungen wie Fahrzeugausstellungen, Exkursionen und Sonderzugfahrten konnten die Eisenbahnfreunde im Deutschen Modelleisenbahn-Verband begeistern. Sonderzug in Niederwiesa für 100 Jahre Roßwein – Hainichen am 28. August 1974“

Bezirke Schwerin und Greifswald haben die massenpolitische Arbeit organisiert, um die Eisenbahner mit den ersten Veröffentlichungen des Genossen Honecker mit Bundeskanzler Schmidt vertraut zu machen.“ Die Diskussionen wurden inzwischen von „der rapide zunehmenden Besorgnis der Parteimitglieder über die Lage in der Volksrepublik Polen“ überlagert, wo wegen des Erfolgs der Gewerkschaftsbewegung „Solidarność“ dann auch am 13. Dezember das Kriegsrecht über das Land verhängt wurde. Auch der starke Schneefall in Mitteldeutschland ließ die Eisenbahner lieber darüber reden als über abstruse Themen zu den beiden deutschen Staaten. Die Genossen beruhigten in ihrer Information am 12. Dezember: „Es ist gesichert, daß bei einer Verschärfung der Witterungssituation in den Rbd-Bezirken Greifswald und Schwerin zur ordnungsgemäßen Durchführung der Staatsfahrt zusätzliche Kräfte der NVA [= Nationale Volksarmee] bzw. der Zivilverteidigung eingesetzt werden.“

„Für die Fahrt des Pkw-Konvois von Hubertusstock nach Güstrow am 13. 12. 1981 wurden die unter Parteikontrolle stehende Beräumungs- und Winterdienstmaßnahmen initiativreich und ordnungsgemäß erfüllt“, steht im Abschlussbericht des SED-Zentralkomitees, Abteilung Transport- und Nachrichtenwesen.

Auch konnte der Schweriner Polit-Chef Hummel intern melden: „In keinen Fällen gab es Ansammlungen bzw. Provokationen.“ Dennoch: „In km 17,1, Nähe Blankenberg, hat eine männliche Person die Unterführung zweimal durchschritten und die Sicherheitskräfte fotografiert. Die Sicherheitsorgane führen Ermittlungen.“ Auf den Bahnhöfen Bützow wurde in zwei Fällen „zugeführt“, weil Jugendliche versuchten, den gesperrten Bahnhof zu betreten. Und dann noch das: „Fünf Minuten vor Durchfahrt des Vorzuges wurden in km 127 zwei Personen beim Fotografieren gestellt. Angeblich wollten sie Rehe fotografieren. Die Personalien der Bürger liegen hier vor.“

Er meldete ferner nach Berlin: „Es gibt in Rostock und Lützow Gerüchte über das Nichtverkehren von Reisezügen und den Nichtverkauf von Fahrkarten am 13. Dezember 1981 nach Güstrow. Tatsächlich waren von dem Staatsbesuch vom Ausfall, stundenlanges Stehen oder von Umleitungen 40 Reise- und 50 Güterzüge betroffen. Reisende, die infolge der Umleitung des D 408 auf dem Bahnhof Plaaz warteten, äußerten: So etwas hat Güstrow noch nicht erlebt. Das Angebot [gemeint waren Lebensmittel und Konsumgüter in den Geschäften] in Güstrow ist gut geworden. Es wird jetzt viel in Güstrow gemacht. Ob das alles so bleiben wird, denn jahrelang wurde nichts gemacht?“

Am 13. Dezember wurde von 12 Uhr an der Zugverkehr nach Güstrow eingestellt, umgeleitet oder Schienenersatzverkehr gefahren. Von 16 Uhr an gab es gar keinen Zugverkehr mehr. Die Bahnhöfe wurden systematisch abgeriegelt. Selbst Renate Fölsch, Präsident der Reichsbahndirektion Schwerin, die sich in der Dispatcherleitung des Reichsbahnamtes Güstrow aufhielt, durfte das Haus nicht verlassen, um womöglich zum Bahnhof zu gehen.

Der mit einer Lokomotive der Baureihe 118 bespannte Vorzug D 25438 fuhr am 13. Dezember um 12.30 Uhr in Milmersdorf ab, benutzte bei Fürstenberg (Havel) die inzwischen angebaute Kurve Vdü – Stellwerk „B 3“, um auf die Hauptbahn nach Neustrelitz zu gelangen und kam um 15.18 Uhr mit 18 Minuten Verspätung in Güstrow an, die er in Lalendorf erhalten hatte, weil er die Vorfahrt des Pkw-Konvois auf einem schienengleichen Bahnübergang abwarten musste. Der von den zwei „Regierungslokomotiven“ 118 048 und 118 052 geförderte Hauptzug verließ Milmersdorf 20 Minuten nach dem Vorzug und musste in Grabowhöfe 18 Minuten außerplanmäßig halten. Er kam um 15.35 Uhr in Güstrow an. Der Nachzug D 25 442 mit einer 118-Lokomotive fuhr ebenfalls im Abstand von 20 Minuten in Milmersdorf ab, wartete in Klockow 18 Minuten, um 15.50 in Priemerburg anzukommen. Für ihn war in Güstrow kein Aufenthalt vorgesehen.

Auf dem von Reisenden leer gefegten Bahnhof wurde noch gescherzt und gelacht, von der wegen der Sicherheitskräfte ausgelösten bedrückenden Atmosphäre, von der in den Memoiren geschrieben wurde, ist auf den Fotos nichts zu sehen. Man verabschiedete sich artig, und außer Schmidt bestiegen die Bundesminister Egon Franke, Dr. Otto Graf Lambsdorff, Staatsminister Günter Huonker, dessen Stellvertreter Kurt Nier, die Staatssekretäre Klaus Bölling und Dr. Kurt Becker sowie Dieter von Würzen, Hermann von Richthofen und weitere Herren den Hauptzug.

Honecker reichte Schmidt noch ein Hustenbonbon zum Abteilfenster, und mit 15 Minuten Verspätung fuhren die Züge um 16.45 Uhr bzw. 17 Uhr in Güstrow ab, der Nachzug um 17.08 Uhr in Priemerburg. Unterwegs war kein Halt vorgesehen. Der Vorzug kam um 17.42 Uhr in Herrnburg an, der Nachzug mit zehn Minuten Verspätung um 18.02 Uhr. Der Hauptzug war in Blankenberg (Meckl) 16 Minuten aufgehalten worden. Nach dem Absetzen der beiden DR-Salonwagen fuhr Schmidts Zug mit drei Minuten Verspätung nach Lübeck weiter. Die Lokomotiven wechselten erst dort.

Vermutlich Republikflüchtlinge und Spione

Zu den Merkwürdigkeiten der Eisenbahnstrecke zwischen Eisenach und Bebra gehörten Bahnhöfe der Reichsbahndirektion Erfurt in Hessen, wie Herleshausen und Wommen, bei denen Eisenbahner der Deutschen Reichsbahn aus Hessen ihren Dienst verrichteten. Weniger bekannt ist, dass es an dieser Strecke weitere Eisenbahner gab, die über die Demarkationslinie, später Staatsgrenze, hinweg im Arbeitsrechtsverhältnis standen. Zwischen Bosserode und Hönebach verlief über die Hauptbahn Weißenfels – Bebra zweimal die Grenze zwischen Thüringen und Hessen, also zwischen der DDR und der Bundesrepublik Deutschland. Auf dem Territorium der DDR lag ein kurzes Stück der Strecke, über das eine Zeit lang drei Bahnübergänge führten, die von Schrankenwärtern gesichert wurden. Die Betriebsführung auf diesem Streckenabschnitt oblag der Bundesbahndirektion Kassel, diese wollte die Handschranken und Telefone durch zeitgemäße Ausstattung ersetzen. Eine Anfrage der Bundesbahndirektion an die Reichsbahndirektion Erfurt kam im Ministerium für Verkehrswesen der DDR an, so dass dieses Ministerium auf die Schrankenwärter in den besonderen Verhältnissen aufmerksam wurde. Minister Erwin Kramer beauftragte 1959 den Leiter der Hauptverwaltung des Sicherungs- und Fernmeldewesens der Deutschen Reichsbahn, dorthin zu fahren und nach dem Rechten zu sehen. Auf seiner Dienstreise stellte der Hauptverwaltungsleiter unhaltbare Zustände fest und berichtete davon seinem Auftraggeber, dem Minister. Dabei sollte es nicht bleiben. Mit der ihm innewoh-

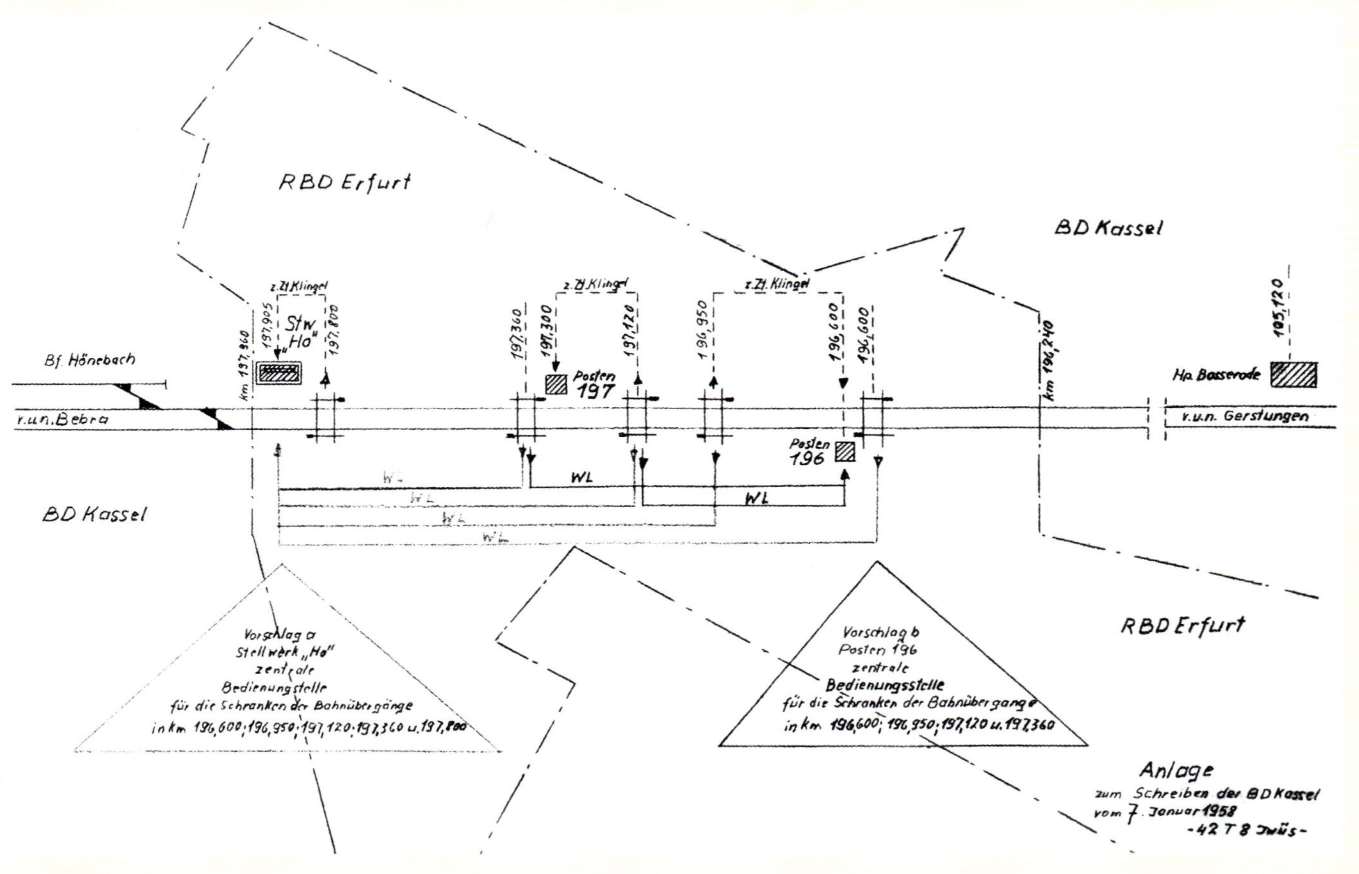

Die von der Bundesbahndirektion Kassel dem Antrag beigefügte Skizze. Auf den Posten 196 und 197 bedienten „Bürger unserer Republik“ die Schranken und standen bei H. im Verdacht, Spionage zu betreiben.

Aus der Abteilung Schulung und Berufsausbildung im Ministerium für Verkehrswesen wechselte Helmut Reinert als Generalsekretär in den Verband, der seinen Sitz in Ost-Berlin hatte
Foto: Sammlung Starus

nenden revolutionären Wachsamkeit fühlte sich H. berufen, Kopien seines Berichts noch zwei anderen wichtigen Gremien in der DDR zuzuschicken. Den Minister unterrichtete er: „Die von mir aufgezeigten Momente halte ich für so wichtig, daß ich dem ZK und dem MfS von diesem Bericht eine Abschrift zuleite."[137] Was war denn so wichtig und schlimm? Folgen wir seinem Bericht[138]: „Auf Grund eines Schreibens der Rbd Erfurt vom 12.2.1959 wurde der HV SF in Abschrift ein Schreiben der Bundesbahndirektion Kassel zugeleitet, in dem diese ersucht, die jetzige Bedienung der Schranken auf Fernbedienung umzustellen. Dabei sollen die Schranken mit Wechselsprechanlagen (WL-Anlagen) ausgerüstet werden." Die Schranken sollten für die Straßenbenutzer nach deren Anruf über die WL-Anlage geöffnet werden (Anrufschranken). „Dieser Antrag war für mich Anlaß, diese Frage örtlich genau zu untersuchen. .... Der Haltepunkt Bosserode sowie der Bf Hönebach liegen auf dem Gebiet der Bundesrepublik, die 5 Schrankenanlagen auf dem Gebiet unserer DDR. Die Strecke führt dort auf eine Länge von ca. 2,7 km durch unser Territorium, die Betriebsführung liegt bei der Bundesbahn. Die Bedienung der Schranken wird von Bürgern unserer Republik wahrgenommen, die aber in einem Arbeitsrechtsverhältnis mit der Bundesbahn stehen. Die Entlohnung dieser Personen geschieht in der Währung Westdeutschlands und wird auf Konten bei der Eisenbahn-Spar- und Darlehenskasse in Kassel überwiesen. Die 5 Bürger unserer Republik erhalten also kein Geld in unserer Währung. Ihren Lebensunterhalt erwerben sie sich zum Teil aus der Ablieferung landwirtschaftlicher Produkte. Ob dies aber reicht, kann ich nicht feststellen. Nach Auskunft des Leiters der Zentralen Kaderabteilung der Rbd Erfurt, Genossen M., besteht eine Anmeldung der Konten bei der Deutschen Notenbank[139] laut § 8 des Gesetzes zur Regelung des innerdeutschen Zahlungsverkehrs nicht. Die Staatsanwaltschaft Erfurt befaßt sich ebenfalls mit dieser Angelegenheit. Wie weit dort Ergebnisse vorliegen, konnte ich noch nicht ermitteln und ist auch dem Genossen M. nicht bekannt. Einen ähnlichen Zustand, d. h. in der örtlichen Lage, findet man auch in dem Streckenabschnitt Wommen und Herlaßhausen.[140] ... Die Eisenbahner auf den beiden Bahnhöfen sind westdeutsche Bürger und haben ein Arbeitsrechtverhältnis zur Deutschen Reichsbahn. Die Entlohnung erfolgt in der Währung Westdeutschlands (wird über die DN[141] geregelt). Dort sind nach meiner Ansicht die Verhältnisse in Ordnung.

Auf Grund der Tatsache, daß unsere Bürger mit Westgeld entlohnt werden und ein Konto in Westdeutschland besitzen, kann der Tat einer beabsichtigten Republikflucht aufkommen.[142] Darüber hinaus besteht die Möglichkeit der Spionagetätigkeit, da die Voraussetzungen örtlich gesehen, günstig sind. Diese 5 Bürger unseres Staates gehen zum Dienstunterricht nach Westdeutschland. Sie überschreiten die Grenze allerdings offiziell mit Genehmigung der Grenzpolizei. Jedoch ist es nicht bekannt, welche Gespräche dabei noch geführt werden. Darüber hinaus besteht noch eine weitere Möglichkeit der Gesprächsführung. In dem Streckenabschnitt, welcher durch unser Territorium führt, ist auch der Streckenfernsprecher vorhanden. Er ist in den Schrankenposten eingeführt und geht zum Endstellwerk des Bf Hönebach. Dieses Stellwerk liegt ebenfalls auf unserem Gebiet. Die Stellwerkswärter sind westdeutsche Eisenbahner. Nun bringt die Bundesbahndirektion Kassel den Vorschlag, die Schrankenanlagen mit Wechselsprechanlagen auszurüsten. Die Zentrale soll dabei in dem Endstellwerk errichtet werden, von wo auch die Bedienung der Schranken erfolgen soll. Hierbei besteht dann die Gefahr, daß nicht nur die 5 Bediensteten eventuell nach Westdeutschland sprechen, sondern auch die Einwohner der Gemeinde, die jenseits der Strecke ihre Felder haben. Auf Grund dieser Möglichkeiten halte ich diesen Vorgang, aus staatlichen Sicherheitsgründen, für so wichtig, Sie zu orientieren."[143]

Dass Bauern mit dem Stellwerkswärter sprechen, muss für den obersten Fernmeldechef aus Berlin ein unvorstellbarer Vorgang gewesen sein. Welchen Gedanken saß er auf, als er die biederen Schrankenwärter unter Verdacht der Spionage stellte? Genosse H. sah in den Schrankenwärtern auch noch Republikflüchtlinge, nur weil sie im üblichen Verfahren mit Banküberweisung entlohnt wurden. Bald sollte hier ein bewachter Stacheldrahtzaun stehen, der das Verlassen des Arbeiter- und Bauernparadieses wie die Flucht aus dem Dunstkreis solcher Zyniker, wie der Genosse H. einer zu sein schien, verhinderte. H. hatte auch Vorschläge aus der westlichen Ecke unserer DDR mitgebracht. „Um diesen gesamten Verhältnissen zu begegnen, schlagen wir folgende Regelung vor: Die Wegübergänge in dem Streckenabschnitt Hönebach – Bosserode nicht – wie die Bundesbahndirektion Kassel vorschlägt – mit Anrufschranken auszurüsten, sondern mit

In der Kleidung der Jungen Pioniere stellen junge Mitglieder aus der Stadt Forst dem Präsidenten der Reichsbahndirektion Cottbus, Rudolf Hoff, eine Modelleisenbahn-Anlage vor
Foto: Sammlung Starus

Haltlichtanlagen. Dazu müßten wir allerdings die Genehmigung der HA[144] Verkehrspolizei einholen, da zur Zeit Haltlichtanlagen nur an Nebenbahnen verwendet werden dürfen. Aus den obengenannten Gründen denke ich, eine Ausnahmegenehmigung zu erhalten, da auch der Verkehr sehr gering ist (Bauernwege zur Feldbestellung und Ernte). Durch diesen Vorschlag würde eine Verständigung mit westdeutschen Eisenbahnern so gut wie unterbunden. Es bleibt lediglich der Streckenfernsprecher, welcher aber unter Verschluß ist. Gleichzeitig würden sich die Arbeitsrechtsverhältnisse der Bürger mit der Bundesbahn erübrigen, bis auf den Gleiswart (Streckenläufer)."

Bis zum Abbau der Grenzanlagen führte dort der 1961 errichtete Stacheldrahtzaun mit Schutzstreifen über die Strecke. Für Republikflüchtlinge konnte der Grenzübertritt tödlich sein.

Das Ministerium gründet einen Verband

Die Abteilung Schulung und Berufsausbildung im Ministerium für Verkehrswesen schätzte 40.000. So viele Interessierte würden sich in der Freizeit mit dem Eisenbahnmodellbau oder mit der Eisenbahn beschäftigen, ohne dass dazu staatliche Vorgaben bestanden. Das Spontane erweckte bei Funktionären, die gewohnt waren, immer wieder Appelle und Losungen an das Volk vorzugeben oder sie selbst auf Kommando auszuführen, Misstrauen. Hinter der Arbeit der Modellbauer musste also mehr sein. Aber was? So berichtete der Abteilungsleiter dem Minister in einer Dienstberatung am 26. September 1961: „Es gibt keine Kenntnis oder Kontrolle darüber, wer in den Gruppen und Zirkeln mitarbeitet und sich dabei Kenntnisse über die Deutsche Reichsbahn verschafft."[145] Und weiter: „Die gute individuelle Arbeit einiger Arbeitsgemeinschaften und Einzelpersonen kann zurzeit nicht für alle Modelleisenbahner ausgewertet und gute Erfahrungen nicht verallgemeinert werden."

Hinzu kam, daß auch nach dem Mauerbau Modelleisenbahner Kontakte in die Bundesrepublik Deutschland pflegten, schon um Modelle und Eisenbahn-Literatur, die es damals in der DDR nur im bescheidenen Umfang gab, zu erlangen. Selbst die DDR-Zeitschrift „Der Modelleisenbahner" (Auflage 29.500 Stück) konnte manch einer nur in der Bibliothek lesen, weil der für die Verteilung zuständige Postzeitungsvertrieb keine weiteren Abonnenten belieferte und die Auflage wegen des Papierkontingents nicht erhöht wurde.

Um jedes kleine Stück staatlicher und halbstaatlicher Anerkennung sorgte sich die DDR. Im Ministerium für Verkehrswesen ärgerte sich nicht nur die Abteilung Schulung und Berufsausbildung, dass die DDR nicht Mitglied in der Vereinigung Europäischer Modelleisenbahn-Verbände (MOROP) sein konnte, weil in der DDR ein nationaler Verband fehlte. Auch ohne offizielle staatliche Mitgliedschaft arbeiteten bereits zwei „zuverlässige" Personen, einer vom transpress-Verlag und einer von der Hochschule für Verkehrswesen Dresden, in dem internationalen Verband mit, aber auch „einige indifferente Modelleisenbahner aus der DDR", wie in der Vorlage geklagt wurde. Die Abteilung Schulung und Berufsausbildung übersah nicht die „Freunde der Eisenbahn", eine Bezeichnung für solche Leute, die sich für die Eisenbahn interessierten, ohne sich mit dem Modellbau zu beschäftigen.

Vieles lasse sich einfacher regeln und überblicken, wenn ähnlich der anderen Massenorganisationen, wie es solche für Frauen, Kleingärtner und die Gewerkschaft gab, gleichfalls für die Modelleisenbahner und Eisenbahnfreunde eine Organisation gäbe. Dem Minister wurde die Bezeichnung „Allgemeiner Deutscher Modelleisenbahn-Verband" (ADME) und dessen Statut vorgeschlagen. Ebenfalls hatte der Abteilungsleiter für die neue Planstelle einen Generalsekretär parat, aus den eigenen Reihen versteht sich. Im Einzelnen sollten die Aufgaben des Verbandes sein:

- Unter den Jugendlichen für einen gut vorgebildeten und mit Liebe am Aufbau eines sozialistischen Eisenbahnwesens mitarbeitenden Eisenbahnernachwuchs zu sorgen
- Verständnis für die technischen und ökonomischen Belange der Deutschen Reichsbahn in allen Bevölkerungskreisen zu wecken
- Die anerkannte gute Arbeit der Modelleisenbahner der Republik durch Beitritt zum MOROP zu legitimieren und die Modelleisenbahner der DDR international gegenüber Westdeutschland zu vertreten
- Die Einzelarbeit auf dem Gebiet des Modelleisenbahnwesens zu einer Kollektivar-

Der MOROP-Kongress findet in Dresden statt, die Mitglieder für Modellbahnnormen sehen sich die Anlage im Verkehrsmuseum Dresden an (1971)
Foto: Historische Sammlung Deutsche Bahn

beit zu entwickeln und auf die Belange der Deutschen Reichsbahn auszurichten

- Durch Organisieren von Wettbewerben auch im Modelleisenbahnwesen den Wettbewerbsgedanken zu fördern.

Tatsächlich vollzog mancher Schüler den Übergang vom Hobby zur Berufsausbildung bei der Eisenbahn.

Das höchste Organ des ADME sei der alle vier Jahre stattfindende Verbandstag. Der habe die Aufgabe, den Rechenschaftsbericht des Präsidiums und der Zentralen Revisionskommission entgegen zu nehmen. Bis zuletzt sah das Statut den in der Vorlage angeführten „demokratischen Zentralismus" für den Verband vor. Nach dem Organisationsprinzip eines sozialistischen Staates würden die Leitungen des Verbandes von unten nach oben gewählt (mit regelmäßiger Berichterstattung), Beschlüsse von oben nach unten als verbindlich betrachtet, und die Minderheit hatte sich der Mehrheit unterzuordnen. Den Einzelnen störte das Prinzip bei seiner Freizeitgestaltung wenig.

Der Verband finanziere sich mit eigenen Mitteln, von recht niedrig veranschlagten Beiträgen von 50 Pfennig bis 3 Mark, die Deutsche Reichsbahn werde Kosten nur für zentrale Aufgaben tragen. Tatsächlich übernahm sie für die Verbandsarbeit, Organisation von Veranstaltungen usw. eine hohe Belastung. Sehr wichtig wurde für die Zukunft, dass die Zentrale Kaderabteilung Freifahrten ermöglichte – immer unter dem Gesichtspunkt der Berufswerbung. Das erleichterte manche Exkursion zu Eisenbahnstrecken und -objekten auch den Nicht-Eisenbahnern und begründete überwiegend die Mitgliedschaft im Verband. Die Freifahrt wurde von den Bezirksvorständen am Sitz der Reichsbahndirektionen vergeben. Der Präsident beauftragte in der Regel seine Vizepräsidenten für den operativen Dienst, die Arbeitsgemeinschaften des Modelleisenbahn-Verbandes und die Objekte im Direktionsbezirk zu unterstützen. Am Sitz jeder Reichsbahndirektion unterhielt der Verband einen Bezirksvorstand. Noch war es nicht soweit. Schließlich konnte nicht ein Minister das Statut einer Organisation in Kraft setzen. Zum Statut, das bis 1. November 1961 fertiggestellt sein sollte, musste noch die Zustimmung der Minister des Inneren, der Finanzen und für Volksbildung eingeholt werden. Sogar an das Ministerium für Auswärtige Angelegenheiten wurde bei der Mitzeichnung gedacht. Danach kam es am 7. April 1962 in Leipzig zur Gründung der Organisation mit der Bezeichnung „Deutscher Modelleisenbahn-Verband" (DMV). Der Generalsekretär richtete, wie vorgedacht, seinen Sitz in Berlin ein.

Ein fortschrittliches Emblem besaß der Deutsche Modelleisenbahn-Verband

Nun wurde auch die DDR als Veranstaltungsort für einen MOROP-Kongress ausgewählt, wie sich bald herausstellte, eine zweischneidige Angelegenheit. Denn mit der Tagung und den Veranstaltungen kamen mit DDR-Bürgern geplante und spontane Kontakte zustande, die doch mit der Mitgliedschaft im Verband kontrolliert oder gar verhindert werden sollten. Da die Kosten vom Ministerium für Verkehrswesen getragen wurden (denn die völkerrechtliche Anerkennung durfte etwas kosten), musste der Generalsekretär dem Minister die Vorbereitung des MOROP-Kongresses mit einer Vorlage zur Kenntnis geben.[146] Selbst ein solches Treffen nutzte der Deutsche Modelleisenbahn-Verband zu politischen Zwecken. Außerdem wollte man wachsam sein, denn „Der Kongreß wird unter Umständen von Teilnehmern aus dem NSW[147] ausgenutzt, um private Kontakte zu Bürgern der DDR zu knüpfen, bestehende Kontakte auszubauen und Informationen über die DR zu erlangen, die der Öffentlichkeit nicht zugänglich sind. Deshalb ist die Gewährleistung der inneren Sicherheit bei allen Veranstaltungen größte Aufmerksamkeit zu widmen. Eine enge Zusammenarbeit mit den zuständigen Organen des MfS[148] und dem MdI[149] ist sicherzustellen."

DMV

MOROP

Deutscher Modelleisenbahn-Verband der DDR

Programm des XVIII. MOROP-Kongreß 1971
vom 16. bis 20. 8. 1971 in Dresden

Association allemande des modèlistes ferroviaires de la République Démokratique Allemande

Programme du XVIIIième Congrès MOROP 1971
du 16 au 20 août à Dresde

Wir heißen alle Modelleisenbahner und Freunde der Eisenbahn in der Deutschen Demokratischen Republik und in Dresden herzlich willkommen.

Nous souhaitons la bienvenue à tous les modèlistes ferroviaires et amis du chemin de fer dans la République Démocratique Allemande et à Dresde.

Titelblatt des Programmheftes zum MOROP-Kongress, für den eine Reihe interessante Veranstaltungen vorbereitet wurden

Fotografieren werde den Teilnehmern des Kongresses gestattet. Wo es nicht erlaubt ist, würde die Transportpolizei dass verhindern. Den angereisten Gästen fiel auf, dass es zwischen Ausländern und Bürgern der Bundesrepublik Deutschland sowie West-Berlins Unterschiede bei der Aufenthaltsgenehmigung gab. Letzteren wurde sie auf Dresden und die angrenzenden Kreise beschränkt. Auf Diskussionen dazu bereiteten sich die DDR-Teilnehmer vor, berichtete der Generalsekretär. Den Gästen werden auch die spottbilligen Hotelpreise aufgefallen sein: Eine Nacht im Interhotel-Einzelzimmer für 12 $! Das Veranstaltungsprogramm des Verbandes sah nicht nur Ansprachen prominenter Gäste des Verkehrswesens der DDR vor, auch sehr interessante Sonderzugfahrten und am 19. August 1971 die Eröffnung der Fahrzeugschau in Radebeul Ost, die für weitere Fahrzeugausstellungen in der DDR zum Maßstab wurde.

Im Jahre 1982 fiel der Generalsekretär ungewollt bei seinen Vorgesetzten in Ungnade. Er durfte das angebliche Wahlamt nicht mehr ausüben. Ein Neuer wurde eingesetzt. Das war der bislang farblose M. N. Zum Verband gehörte ein Präsident, hochrangig beim Ministerium für Verkehrswesen oder bei der Deutschen Reichsbahn beschäftigt. Schließlich lebte der Verband immer von der großzügigen Unterstützung beider Gremien. Nach Helmut Scholz, Stellvertreter des Ministers, wurde Dr. Ehrhard Thiele, Leiter der Abteilung Recht im Ministerium für Verkehrswesen, der Präsident des Modelleisenbahn-Verbandes. Er belegte nicht als Letzter diese Funktion, denn noch am 6. Juli 1990 übernahm Reiner Enders, Ressortdirektor für Technische Dienste der Deutschen Reichsbahn, die Präsidentschaft für kurze Zeit. Beim 20-jährigen Bestehen 1982 gehörten dem Verband 7.600 Mitglieder an. Aus den Arbeitsgemeinschaften hätten, wie es in der Laudatio hieß, seit Bestehen des Verbandes 2.000 Schüler und Junge Pioniere, einen Beruf bei der Deutschen Reichsbahn erlernt – und das waren nicht die schlechtesten Facharbeiter, die die Deutsche Reichsbahn auf diesem Weg erhielt. Auf der einen Seite erfreuten sich die Verbandsmitglieder der großzügigen finanziellen und organisatorischen Förderung von Ausstellungen, Sonderzugfahrten, Exkursionen, Wettbewerben u. ä. Die Mitglieder hielten nicht nur die offene Hand hin, sondern unterstützten die Reichsbahn durch Arbeitseinsätze und Pflege historisch wertvoller Triebfahrzeuge, sahen in der Verbandstätigkeit eine Freizeitaufgabe. Anderseits ahnte und spürte mancher, welchen politischen Zielen sich der Verband unterwarf. Damit kam der Verband auch in den Strudel nach der politischen Wende 1989. Im Juli 1990 entfiel wieder der Zusatz „der DDR", der 1971 den Verbandsnamen ergänzte. Auf einem Außerordentlichen Verbandstag am 23. Februar 1991 stimmten 104 von 120 Delegierten im Kongresssaal des einstigen Stasi-Objektes Ruschestraße in Berlin dafür, den Verband aufzulösen.

Quellen und Anmerkungen

1 alle Zitate dazu: Barch DM 1-12732

2 II steht für Länder des nichtssozialistischen Wirtschaftsgebietes (NSW)

3 Streik der in der Unabhängigen Gewerkschaftsorganisation UGO organisierten Eisenbahner 1949 um Bezahlung in Westmark statt in Ostmark

4 1960 beliefen sich die Forderungen auf 6 Millionen West-Mark. Die Deutsche Reichsbahn negierte die Urteile und die West-Berliner Gerichte.

5 BGL = Betriebsgewerkschaftsleitung

6 Sozialistische Einheitspartei Westberlin, Ableger der SED, Sozialistische Einheitspartei Deutschlands. SEW-Betriebsgruppen bestanden in West-Berlin nur bei der Deutschen Reichsbahn.

7 Quelle und Zitate zu diesem Thema stets: Barch DM 1-21881

8 Gemeint ist Ost-Berlin, bis 1949 sowjetisch besetzter Sektor, später von der DDR-Führung als „Hauptstadt der DDR" bezeichnet.

9 Damit nicht unerlaubt in das West-Berliner Gebiet gefahren wird. Reisende wurden vom Passdienst kontrolliert. In Griebnitzsee verließ das den Zug durch die DDR begleitende Kommando der Transportpolizei die Transitzüge und besetzte sie von da in der Gegenrichtung.

10 in West-Berlin

11 Deutscher Gewerkschaftsbund [Verfasser]

12 Voßstraße 33

13 Barch DY 30-3088

14 Der Bahnhof Helmstedt (DB) war für die Briten die Gegenseite bei der Abfertigung der Besatzungszüge durch die DDR.

15 Barch DY 30-3088, Büro Hager 138

16 Fußnote 13

17 3 Staaten: DDR, Westberlin, BRD

18 Barch DY 30-3088

19 Dr. Huber wird nicht von „Bindungen" gesprochen haben, den Begriff – um den die BRD mit der UdSSR zugunsten des Begriffes „Verbindungen" stritt – hat Krink für seinen Reisebericht benutzt, wie er auch überwiegend von Westberlin schreibt statt korrekt von West-Berlin.

20 Barch DM 1-12865

21 TGL = Technische Güte- und Lieferbedingungen

22 Barch DM 1-12868

23 Barch DM 1-12686

24 vom Bundesverkehrsministerium

25 NSW = nichtsozialistisches Wirtschaftsgebiet

26 entspricht 0,72 Millionen bis 0,82 Millionen Euro

27 Bis 1987 und ab 1998 Berlin Ostbahnhof

28 SMPS-Tarif

29 Quellen Barch DM 1-14722

30 Im Original hieß es immer noch „Westberlin".

31 Union der Sozialistischen Sowjetrepubliken

32 Barch DY-30/vorl SED 27572

33 Nach der offiziellen Sprachregelung in der DDR in dieser Weise falsch geschrieben.

34 Umschreibung für DM.

35 Das heutige Deutsche Technik-Museum

36 Leerwagenausgleich: zwischen den Direktionsbezirken für den Binnenverkehr, Regulativ Ausgleich für OPW-Wagen zwischen den Mitgliedsbahnen

37 Kleines politisches Wörterbuch, Dietz Berlin 1973, S. 794

38 Barch DM 1-6741

39 Barch DM 1-4496

40 wie Fußnote 37, Seite 59

41 Barch DM 1-4496

42 Quelle ebenda

43 Barch DM 1-8501

44 Barch DM 1-8501

45 Barch DM 1-1198

46 Schulungsbeilage der „Fahrt frei" 03/1956

47 Barch DM 1-1198

48 Die Generaldirektion forderte 160 km/h.

49 Barch DM 100-1835

50 Andere Quellen geben 539,5 km an; die Abweichung hängt wohl mit dem Zeitpunkt der Datenaufnahme zusammen.

51 Barch DM 100-7202

52 Vorlage, Seite 10

53 Die Privatisierung eines Teils scheint die in „Daten und Fakten" angeführten 142 km Schmalspurstrecken der Deutschen Reichsbahn zu erklären.

54 Landeshauptarchiv Greifswald Rep 209 X 1466

55 Barch DM 100-1835

56 Barch DM-1 7202

57 VVB = Vereinigung volkseigener Betriebe. Die Kohlenbahnen besitzen unterschiedliche, auch schmale Spurweiten.

58 „Zur Kenntnis nehmen" heißt nach den Regeln der Minister-Besprechungen, dass der Minister den Text akzeptiert.

59 Barch DY 30-2917

60 seit 1992 Sassnitz

61 Barch DM-1 10968

62 Barch DM-1 10968

63 Barch DM 1-12414

64 GUS = Gemeinschaft unabhängiger Staaten

65 Nach Bernd Kuhlmann: Konfiszierte Schienen. In: Modelleisenbahner, Berlin 1991

66 Barch DM-1 359. Die Reichsbahndirektion Erfurt fehlt in der Aufstellung.

67 K steht für „Kraftstellwerk" bzw. elektromechanisches, „M" für Stellwerke mechanischer Bauart.

68 Barch DM 1-3210

69 Barch DM 1-2220

70 Die Deutsche Reichsbahn wandelte, wie seit 1994 die Deutsche Bahn, auch (vorübergehende) Langsamfahrstellen in (ständige) örtliche Geschwindigkeitsbeschränkungen um, die dann in keiner Statistik erschienen.

71 1987 immer noch 6.610 Schienenbrüche mit Auswirkungen auf den Zugverkehr.

72 Das war der Leiter der Hauptverwaltung.

73 Alle Angaben zu den militärischen Gesichtspunkten aus Armin Wagner: Walter Ulbricht und die geheime Sicherheitspolitik der SED, Berlin 2002

74 siehe auch Peter Bley in: Militärische Brücken und Strecken in „Das war die Deutsche Reichsbahn", München, Folgen 53 und 55

75 Parteiinternes Material: „Erfahrungen der Führungstätigkeit von Politischen Abteilungen und Grundorganisationen der SED im Eisenbahnwesen und Ergebnisse der Reichsbahndirektionen im Vergleich ausgewählter Kennziffern 1987"

76 Barch DY 30-2917

77 Fahrzeuge für den Militärverkehr

78 Barch DM 1-7592

79 Zum Vergleich: 1961 beschäftigte die Deutsche Bundesbahn mehr als 7.600 ausländische Arbeitskräfte, vorwiegend Italiener im Bau-, Betriebsmaschinen-, Rangier-, Werkstätten und Ladedienst.

80 Für die beiden Kolonnen wurde das Rangierpersonal von bestimmten Bahnhöfen abgezogen. Die Kolonne wurde bei erheblichem Engpass auf einem großen Rangierbahnhof bis zur Dauer von vier Wochen eingesetzt, das Personal internatsmäßig in Übernachtungsgebäuden oder Ferienheimen untergebracht.

81 LAB C Rep 309 Nr. 803

82 LAB C Rep 309 Nr. 545

83 Barch DY 30-2917

84 Umschreibung für die kapitalistischen Länder (mit harter Währung)

[85] Gerhard Tautenhahn 1986 – 1989 Minister für Allgemeinen Maschinen-, Landmaschinen- und Fahrzeugbau; Heinz Klopfer Staatssekretär bei der Staatlichen Plankommission; Otto Arndt 1970 – 1990 Minister für Verkehrswesen; Gerhard Beil 1986 – 1990 Minister für Außenhandel

[86] Paraphe von Erich Honecker, Erster Sekretär der Sozialistischen Einheitspartei Deutschlands, Vorsitzender des Staatsrates der DDR und Vorsitzender des Nationalen Verteidigungsrates der DDR

[87] Barch DM 1-14854

[88] Barch DY 30-2918, Blatt 391

[89] Barch DM 100-592 mit sparsamen Kürzungen und stilistischen Änderungen

[90] Gemeint ist das der Reichsbahndirektion Dresden.

[91] Vereinigung der Lokomotiv- und Waggonbauindustrie

[92] Barch DM 1-8218

[93] Barch DM 1-5304

[94] Barch DM 1-5304

[95] Barch DM 1-5304

[96] Barch DM 1-4703

[97] Deutsche Demokratische Republik (1949 – 1990) auf dem Gebiet der sowjetischen Besatzungszone mit Hauptstadt auf dem Gebiet des sowjetischen Sektors von Berlin

[98] Barch DM 1-5400

[99] Union der Sozialistischen Sowjetrepubliken

[100] Barch DM 1-5400

[101] Mit der Umstellung der Betriebsnummern im Jahre 1970 erhielt die Baureihe die Bezeichnung 120.

[102] Королево

[103] Тиса

[104] Виноградів

[105] Хуст

[106] Чоп

[107] Barch DM 1-5641

[108] von 1992 an 230

[109] von 1992 an 231

[110] Кіндрашівська Нова

[111] Старобільськ

[112] Auch die in der DDR dafür zuständige Deutsche Post ließ der Reichsbahn bei Frequenzen nicht freie Hand.

[113] Barch DM 1-18073

[114] Rapid

[115] Barch DM 1-8220

[116] ebenfalls Barch DM 1-8220

[117] Barch DM 1-7818

[118] 12 = Vorwärmegeräte, Dieselmotoren, Hilfsgetriebe; 31 = Strömungsgetriebe, elektrische Steuerung und Überwachung; 32 = Rheostatprüfung der Heizanlage

[119] VVB = Vereinigung Volkseigener Betriebe

[120] Barch DM 1-5304

[121] Auch Wagen 1./2. Klasse (ABme) wurden gebaut.

[122] MOROP = Verband Modellbahn Europa

[123] ÜK = Übergangs-Kriegslokomotive

[124] Barch DM 1-6559

[125] Ausführlicher behandelt in der 22. Lieferung des Sammelwerks „Das war die Deutsche Reichsbahn“ von diesem Verlag

[126] Barch DM 1-6496

[127] Walter Ulbricht

[128] Klaus Sämrow: Bahnpolizisten, Berlin 2000

[129] Alle Zitate aus Barch DM-1 8213. V-Tfz = Dieseltriebfahrzeug

[130] 13. Oktober 1972

[131] Barch DM 1-1782

[132] Union der Sozialistischen Sowjetrepubliken

[133] Barch DY 30-22798

[134] Die Formulierung „in Deutschland“ gehörte zum Anspruch, in Wirklichkeit war die sowjetische Armee nur in der DDR stationiert, von den Ausnahmen in Berlin (West) abgesehen.

[135] Barch DY 30-39589

[136] Barch DM 1-14794

[137] Mit „ZK“ ist das Zentralkomitee der Sozialistischen Einheitspartei Deutschlands, mit MfS das Ministerium für Staatssicherheit, die politische Geheimpolizei der DDR, gemeint.

[138] Barch DM 1 - 2854

[139] der DDR

[140] gemeint ist Herleshausen

[141] Deutsche Notenbank (der DDR)

[142] Der korrekte Begriff für „Republikflucht“ lautete „ungesetzlicher Grenzübertritt“, seit 1954 durch das Passgesetz § 8 (1), danach durch das Strafgesetzbuch § 213 unter Freiheitsstrafe (bis acht Jahre) gestellt.

[143] Gemeint ist wohl „informieren“.

[144] Hauptabteilung

[145] MfV-Archiv Akte 6220

[146] MfV-Archiv Akte 6477

[147] NSW = nichtsozialistisches Wirtschaftsgebiet, also der Westen

[148] MfS = Ministerium für Staatssicherheit,

[149] MdI = Ministerium des Inneren

Nicht mehr lange sind in Wünsdorf die Weitstreckenwagen zu sehen. Sie stehen hier für Züge nach Moskau, mit denen Angehörige aus dem in Wünsdorf stationierten Hauptquartier der sowjetischen Streitkräfte in Deutschland reisen. Am Rande warten die Lokomotiven 112 007 und 112 006 (1991)

Foto: Emersleben

DR
112 007-0
112 007-0

Ebenfalls erhältlich ...

ISBN 978-3-86245-107-4

ISBN 978-3-7654-7015-8

ISBN 978-3-86245-102-9

ISBN 978-3-7654-7094-3

ISBN 978-3-7654-7319-7

GeraMond

www.geramond.de